절기따라 만나는 **생태이야기**

정보 제공 및 내용 감수에 참여한 **국립생태원 연구원**

강성룡, 강종현, 강지현, 권인기, 권혁수, 김백준, 김수환, 도재화, 배해진,
서형수, 안정섭, 유승화, 윤희남, 이상훈, 이희천, 장환진, 전용락, 정길상,
정진우, 조광진, 차진열, 천광일, 최아름, 최원균, 최인수

절기따라 만나는 생태이야기

발행일 2022년 2월 4일 초판 1쇄 발행 | 2022년 11월 15일 초판 2쇄 발행

기획 국립생태원
저자 신경아 | **그림** 이크종(임익종)

발행인 조도순
책임편집 유연봉 | **편집** 홍주연
본문 구성·진행 이소연, 윤민지, 이미진 | **디자인** (주)더다츠
발행처 국립생태원 출판부 | **신고번호** 제458-2015-000002호(2015년 7월 17일)
주소 충남 서천군 마서면 금강로 1210 | www.nie.re.kr
문의 041-950-5999 | press@nie.re.kr

ⓒ 국립생태원 National Institute of Ecology, 2022
ISBN 979-11-6698-071-8 03400

※ 이 책에 실린 모든 글과 그림을 저작권자의 허락 없이 무단으로 사용하거나
복사하여 배포하는 것은 저작권을 침해하는 것입니다.

절기따라 만나는
생태이야기

글 신경아 · **그림** 이크종 · **기획** 국립생태원

서문

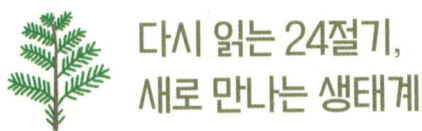
다시 읽는 24절기, 새로 만나는 생태계

24절기는 과학이었다. 시계도 없고 인공위성도 없던 시절, 해와 달과 별은 시간의 흐름과 계절의 변화를 가늠하는 척도였다. 인류의 조상들은 긴 세월 자연을 관찰하여 하루, 한 달, 일 년을 정하고, 이를 24절기로 구분하여 변화무쌍한 자연의 변화를 예측해 왔다.

조상들은 절기마다 해야 할 일을 정해 두고 자손들에게도 그 지혜를 전수했다. 생계가 달린 한 해 농사의 성패가 자연의 변화와 맞물려 있었기 때문에 절기는 자연스럽게 문화가 되었다. 하지만 이제 더 이상 자연의 변화를 예측하기 위해 절기를 사용할 필요가 없다. 지구 위를 돌고 있는 인공위성이 있어 날씨 변화를 예측할 수 있으며, 농업의 양상도 크게 바뀌었다.

더구나 최근에는 급격한 기후변화로 인해 절기와 계절이 따로 흐르는 것 같기도 하다. 수천 년간 우리 삶의 지혜가 되어준 24절기를 현대를 사는 우리들이 새롭게 읽는 방법은 없을까. 24절기를 다시 읽어보며 절기 이야기 속에 녹아들어가 있는 생태이야기를 꺼내보도록 하자.

　먼저 1장에서는 현대인이 24절기를 되새기는 이유에 대해 알아보고, 농사법의 변화와 함께 24절기를 생태계의 변화와 연결하여 다시 읽는 방법에 대해 생각해 보았다.

　2장에서는 24절기의 특색에 따라 2개씩 절기를 묶어서 떠올려볼 수 있는 동물과 식물의 생태와 관련된 재밌는 이야기들을 모아보았고, 환경 이슈도 함께 생각해 보았다.

　3장에서는 기후와 생태계의 변화를 실감할 수 있도록 다양한 기후환경 정보를 담았으며, 국립생태원의 동식물 보호활동과 일상에서 실천할 수 있는 생태보호 활동을 생태학자들의 삶과 더불어 알아보았다.

　이번 책은 변화하는 생태계의 움직임과 동식물 보호에 초점을 맞춰 24절기를 새롭게 읽어볼 수 있는 계기가 되어줄 것이다. 24절기에 따른 삶의 지혜가 지구생태계를 위한 모두의 지혜로 확장되길 바라며, 우리 생태계를 위한 생활 속 실천들이 더욱 더 많아지길 기대해 본다.

차례

4　서문 _ 다시 읽는 24절기, 새로 만나는 생태계

1장 24절기의 과거와 현재

10　24절기를 다시 읽어야 하는 이유
15　자연과 함께 한 지혜의 역사, 24절기
48　24절기와 기후환경의 변화

2장 24절기와 동식물 그리고 환경이야기

56　**입춘과 우수**
　　호랑이 민족의 호랑이 이야기
　　상록수 곁에서 상록수처럼 살기
　　바이러스, 인류의 천적이 될 것인가

70　**경칩과 춘분**
　　개구리에게는 억울한 사연이 있다
　　누가 꽃가루를 옮겨 놨을까
　　보이지 않을수록 더 강력한 미세먼지

84　**청명과 곡우**
　　저어새가 돌아온 이유
　　봄나물 인기는 식을 줄을 모르고
　　끝나지 않는 유전자변형생물체(LMO) 논쟁

98　**입하와 소만**
　　지렁이는 땅 속의 용
　　나무도 풀도 아닌 대나무
　　여름의 길목에서 생동하는 습지생태계

110　**망종과 하지**
　　멸종위기에 처한 장수 동물, 바다거북
　　뿌리 식물이 지켜낸 역사
　　해안사구라는 세계

122 **소서와 대서**
　　대멸종으로부터 살아남은 파충류
　　영웅의 족적 메타세쿼이아
　　지구의 열 조정능력, 장마

134 **입추와 처서**
　　왱~, 귀뚜르르, 맴맴, 곤충들의 교향악
　　시간을 달리는 연꽃
　　태풍이 가르쳐 주는 것

148 **백로와 추분**
　　참새와 벌을 지켜야 인간이 산다
　　벼와 보리의 서사
　　인간은 멸종위기에서 자유로울까

162 **한로와 상강**
　　미꾸라지만큼만 이롭기를
　　흔들리는 것은 갈대일까 인간일까
　　와인과 커피에 스민 노예들의 눈물

174 **입동과 소설**
　　다람쥐 수난사가 남긴 교훈
　　사람의 모습을 한 귀한 약재, 인삼
　　해양쓰레기를 먹이로 착각하는 해양동물들

188 **대설과 동지**
　　하늘높이 날아라, 두루미
　　금빛으로 겨울을 빛내는 귤
　　미생물이 주인공인 세계

200 **소한과 대한**
　　북극곰과 남극펭귄
　　향기로 전해진 난초의 역사
　　지구 밖 생명체를 찾는 일

3장 생태계를 위한 노력들

214　기후와 생태계의 변화

247　동식물 보호 활동

264　우리 모두 생태학자

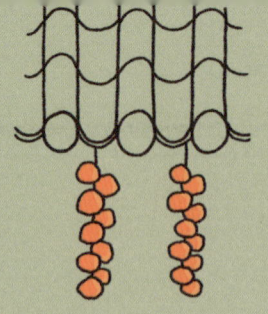

1

24절기의 과거와 현재

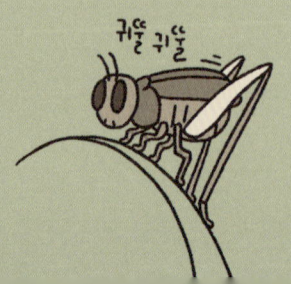

1. 24절기를 다시 읽어야 하는 이유

"오늘이 하지래, 일년 중 해가 가장 긴 날"
"입추가 지나서 그런지 확실히 공기가 서늘해졌어."
"소한이 대한보다 춥다더니, 너무 추워!"

24절기는 우리의 일상 대화에 종종 등장한다. 정확한 날짜는 모르더라도 그 '무렵'을 감각하며 살아가고 있다. 대부분의 사람들이 농사를 짓던 과거에는 절기를 따지는 일이 중요했다. 절기에 맞춰 씨를 뿌리고 해충을 잡고 곡식을 거뒀다. 절기와 관련된 일련의 행사들이 그대로 우리의 생활문화였다. 그러나 지금은 많은 사람들이 농사와 멀어졌다. 기계화된 도시의 삶 속에서 절기는 흔적만 남은 전통이 되었다. 때맞춰 씨를 뿌리거나 수확할 일이 없는 현대 도시인들에게 절기는 과연 어떤 의미일까? 절기에 맞춰 삶을 영위하던 우리는 지금 무엇을 기준으로 살아가고 있을까? 24절기를 다시 읽어 보며 해와 달과 별 그리고 자연과 환경으로 눈을 돌려보자.

인류의 문화유산, 24절기

24절기는 고대 중국의 주나라(기원전 1046년 ~ 기원전 256년) 때부터 사용되었다. 주나라가 점령했던 지역인 지금의 중국 화북지방을 기준으로 삼은 역법이 24절기이다. 역법의 목적은 매년 반복되는 계절의 주기를 밝혀 자연의 변화를 예측하는 데 있다. 자연의 변화를 예측하는 일은 농업을 비롯하여 중국 고대인들의 삶 전반에 중요한 문제였다. 때문에 절기와 관련된 정보를 잘 익힐 수 있도록 노래로 만들어 후세대에 전달했으며 이런 문화는 중국 문화의 영향권 아래 있던 동아시아로 퍼져나갔다. 우리나라와 일본의 달력에는 지금도 24절기가 표시되어 있다. 2천년이 넘게 이어져 온 24절기는 '시간에 관한 지식과 실천'의 측면에서 우수성을 인정받아 2017년에 유네스코 인류무형문화유산으로 등재되었다.

봄	
입춘 – 立春	2월 4일경
우수 – 雨水	2월 19일경
경칩 – 驚蟄	3월 6일경
춘분 – 春分	3월 21일경
청명 – 淸明	4월 5일경
곡우 – 穀雨	4월 20일경

여름	
입하 – 立夏	5월 6일경
소만 – 小滿	5월 21일경
망종 – 芒種	6월 6일경
하지 – 夏至	6월 21일경
소서 – 小暑	7월 7일경
대서 – 大暑	7월 23일경

가을	
입추 – 立秋	8월 8일경
처서 – 處暑	8월 23일경
백로 – 白露	9월 8일경
추분 – 秋分	9월 23일경
한로 – 寒露	10월 8일경
상강 – 霜降	10월 23일경

겨울	
입동 – 立冬	11월 7일경
소설 – 小雪	11월 23일경
대설 – 大雪	12월 7일경
동지 – 冬至	12월 22일경
소한 – 小寒	1월 6일경
대한 – 大寒	1월 21일경

24절기표(양력 기준)

24절기는 일 년을 열두 번의 절(節)과 열두 번의 중(中)으로 나눈다. 절과 중을 모두 합하면 24개, 24절기가 완성된다. 한 달은 한 번의 절과 한 번의 중으로 이루어진다. 지구에서 볼 때 태양이 15도씩 이동하면서 대략 보름에 한 번씩 절기가 바뀐다. 절기의 이름은 아주 직관적인 정보들로 구성된다. 계절의 구분이나 우리 곁에 가까이 사는 동식물의 생태, 농사를 지을 때 중요한 시기 등에 대한 정보가 각 절기의 이름에 담겨있다.

24절기는 태양의 움직임을 기준으로 삼는데, 고대 동아시아에서는 날짜를 셀 때 달의 움직임을 기준으로 하는 음력을 사용했다. 당연히 음력 날짜는 절기와 잘 맞지 않았다. 이 차이를 조정하기 위해 주기적으로 윤달을 넣어 날짜를 맞췄다. 윤달에는 절만 두고, 중은 두지 않는다. 음력으로는 각 절기의 날짜가 매번 달라지는 셈이지만, 조상들은 이런 방식으로 계절의 주기를 계산하는 게 더 유리하다는 사실을 일찌감치 터득했다.

이처럼 날짜를 셀 때는 달의 움직임을 이용하고, 태양의 움직임을 통해 계절의 변화를 예측하는 역법을 태음태양력이라고 부른다. 태음태양력은 태양의 움직임과 달의 움직임을 모두 고려하는 독특한 역법이다. 고대의 중국과 한국, 일본, 베트남 등 동아시아 지역에서 주로 이용되었다. 메이지유신 이후 일본은 태음태양력을 폐지하고, 태양력만을 채택했다. 이런 이유로 일제강점기 이후 한동안 우리나라 역시 양력으로 설을 쇠었다.

계절의 변화나 날씨, 온도 등 기후를 정확하게 예측하는 일은 가능하지 않다. 수백억 원대 슈퍼컴퓨터를 기상 예측에 활용하는 지금도 정확한 예측은 불가능하다고 한다. 기후의 변화상이 예측 가능하지 않을 정도로 변화무쌍해진 측면도 있다. 갈수록 더 고도화된 기술이 필요해질 것이다. 슈퍼컴퓨터를 활용해도 정확히 예측할 수 없는 자연의 변화를 인류의 조상들은 한 달에 두 번 돌아오는 24절기만으로 예측했다. 이는 조상들에게 충분히 실용적이고 정교한 방법이었다. 오랜 시간에 걸쳐 몸소 체득한 생활 과학이라 할 수 있다.

우주의 움직임을 담은 24절기

고대인들은 지구가 고정되어 있고, 태양과 달과 별이 움직인다고 믿었다. 그러다 16세기 코페르니쿠스적 전환을 계기로 잘못된 천문 지식은 수정되었다. 신기한 것은 태양이 돌고 있다고 믿었던 시절이나 지구가 돈다고 믿는 지금이나 절기의 과학은 달라지지 않았다는 점이다. 우주는 국소적인 지식의 발견과는 무관하게 일정한 양상으로 인간에게 모습을 드러내고 있다. 24절기로 변화를 기록했던 고대인들은 인간의 눈으로 관찰하기 힘든 우주의 움직임을 느꼈을 지도 모른다.

 24절기는 인간이 우주를 이해해온 방식 가운데 하나였다. 우주가 한순간도 멈추지 않고 움직인다는 사실에 대한 통찰이 절기에 담겨있다. 달이 갑자기 움직이기를 멈춘다거나 지구가 단 몇 초라도 자전을 쉬어버리면 당장 엄청난 혼란이 발생할 것이다. 우주가 한 순간도 멈추지 않고 움직이듯이 우리 인간들도 쉬지 않고 계속 변화하는 존재이다. 우주도 멈추지 않고, 인간도 멈추지 않는다. 24절기는 우주의 변화에 맞춰 상호작용하는 만물의 흐름을 읽게 해주는 기준점이 되어 주었다. 이 기준점은 단단히 고정된 틀을 의미하지는 않는다. 24절기의 강점은 정확성보다는 유연성에 있다. 절기가 이렇게 오래 살아남은 이유는 자연의 변화에 맞춰 인간이 변해야 한다는 기본적인 지혜가 담겨있기 때문일 것이다.

 만약 지구에 뭔가 급격한 변화가 생긴다면, 절기는 그 변화를 이해하는 중요한 도구가 될 수 있다. 많은 이들이 앞으로 지구에 일어날 변화에 대해 걱정한다. 환경 파괴로 인한 기후 변화는 날이 갈수록 심각해지기만 한다. 변화는 그 과정 속에 있을 때는 잘 느껴지지 않다가 어떤 분기점을 넘어서면 그 실체가 적나라하게 드러난다. 변화의 과정을 감지해야 너무 늦지 않게 대처할 수 있다. 경칩이 되었는데도 개구리 소리가 들리지 않거나, 상강 날 저녁에도 여전히 햇볕의 기세가 등등하다면 한번쯤 절기 안테나를 세워볼 필요가 있다.

  우리는 언제나 같은 방식으로 살아갈 수 없다. 고대인들의 지혜인 24절기 또한 그것을 그 모습 그대로 고수하기보다 변화에 맞춰 새롭게 적용해 나가야 한다. 우주의 움직임을 매순간 체감할 순 없어도 24절기라는 도구를 통해 항상 변하고 있는 우주를 감각할 수 있어야 한다. 24절기는 오늘을 사는 우리들에게도 여전히 유연한 기준점으로서 얼마든지 활용이 가능하다.

2. 자연과 함께 한 지혜의 역사, 24절기

24절기 중 춘분, 추분, 하지, 동지, 입하, 입추, 입동은 계절의 변화를 의미하고, 소서, 대서, 처서, 대한은 더위와 추위를 나타낸다. 우수, 곡우, 소설, 대설은 강수 현상을 보여주고, 백로, 한로, 상강은 수증기의 응결 정도를 나타낸다. 소만, 망종, 경칩, 청명은 계절에 따른 만물의 변화상을 보여준다. 24절기의 다양한 이야기 속에서 잊고 있었던 삶의 지혜를 다시 한번 떠올려 보자.

입춘
立春
봄이 온다

24절기 중 첫 번째 절기는 입춘이다. 입춘은 크게 두 가지 의미를 담고 있다. 한 해의 시작과 봄의 시작이다. 양력으로는 2월 3일이나 2월 4일에 해당한다. 절기는 태양의 움직임을 기준으로 삼지만, 우리나라의 명절은 주로 달의 움직임인 음력을 기준으로 삼는다. 양력을 기준으로 하는 입춘과 음력을 기준으로 하는 설날은 겹치는 때가 많다. 입춘은 한 해의 시작점으로, 겨울 추위가 곧 누그러진다는 사실을 알리는 역할을 한다.

새해의 첫 달을 정월(正月)이라고도 부른다. 우리 조상들은 새로운 해가 좋은 일을 가져다주리라 기대하면서 정월에는 서로 새해 인사를 건네며 복을 빌어 주었다. 입춘이 되면 대문이나 대들보에 입춘대길(立春大吉)이라는 글자를 길게 써서 붙였다. 종이를 마름모꼴로 잘라 '용(龍)'자와 '호(虎)'자를 크게 써서 대문에 붙이기도 했다. 음력으로 한 해에 입춘이 두 번 들어있는 경우도 간혹 생기는데, 이런 해를 '쌍춘년(雙春年)'이라고 부른다. 복을 주는 입춘이 두 번이나 있으니 쌍춘년에 결혼하면 좋다는 믿음은 여전히 남아있다.

입춘의 음식 풍습으로 '입춘절식'이 있다. 궁중에서는 다섯 가지 나물로 만든 '오신반'을 수라상에 올렸다. 오신반의 재료는 움파(대파), 당귀, 산갓, 미나리, 무 등의 싹으로 눈 쌓인 산이나 들에서 주로 채취했다. 채취한 싹은 살짝 데치거나 겨자즙에 무쳐냈다. 모두 겨울에는 구하기 힘든 신선한 채소들이라 일반 가정에서는 오신반 대신 쌉쌀하고 신맛이 나는 산나물을 먹었다. 오신반의 재료들은 모두 시고 매운맛이 나는 자극적인 음식들이다. 겨우내 부족하기 쉬운 비타민 등 영양소를 공급하고, 자극적인 맛으로 신체를 깨우려는 조상들의 지혜가 엿보이는 풍습이다.

입춘이 되면 농가에서는 농사를 시작할 준비를 서둘렀다. 입춘 날에는 굿놀이를 하고, 입춘 전날에는 무당들이 모여 나무로 만든 소에게 제사를 지내기도 했다. 한 해의 농사가 풍성하기를 바라는 기원을 담은 농경의례였다. 아직 겨울의 정취가 남은 이 시기에 실제로 농사일을 시작하지는 않더라도 한 해의 농사를 계획하고 준비하는 마음가짐이 필요했다. 지금은 비닐하우스 재배 등으로 겨울에도 농사일이 끊이지 않지만, 과거 조상들은 겨울에 농사일을 잠시 쉬어야만 했다. 땅과 사람들에게 짧은 휴식이 끝나감을 알리는 절기가 바로 24절기의 첫 절기인 입춘인 것이다.

우수
雨水

봄비가 내리고 싹이 돋는다

24절기로 일 년을 나눌 때 한 달은 하나의 절기와 하나의 중기로 구성된다. 새해의 첫 번째 달인 정월의 절기는 입춘이고, 중기는 우수이다. 입춘에서 보름의 날짜를 더한 2월 18일경이 우수가 된다. 조선 세종 때 출판된 《칠정산 내편》에서는 우수를 다음과 같이 소개

한다. '동풍이 불어 언 땅이 녹고 땅속에서 잠자던 벌레들이 움직이기 시작하며, 얼음이 녹아 물고기가 돌아다닌다. 기러기가 북으로 날아가며, 초목에서 싹이 튼다.'

우수는 빗물이라는 뜻이다. 우수에는 기온이 높아져 눈이 녹아 비가 된다는 말이다. '우수 뒤의 얼음갈이'라는 표현이 있는데, 우수가 지나면 아무리 춥던 날씨도 누그러지고 얼음이 녹아 없어진다는 뜻이 담겨 있다. 우리 조상들은 우수가 오면 한반도 전체에 봄기운이 시작된다고 보았다. 겨우내 얼어붙었던 강이 녹고, 눈이 아닌 비가 내렸으며, 바람은 방향을 바꿔 차가운 북풍 대신 동풍이 불어왔다. 이제 정말로 농사일을 시작할 시기였다.

과거에는 농사일을 본격적으로 시작하기 전에 논두렁이나 밭두렁을 태우는 일이 많았다. 땅속에 숨어든 해충을 없애고 겨우내 묵었던 땅을 기름지게 하려는 이유에서였다. 이렇게 논두렁과 밭두렁을 태우는 시기가 바로 우수였다. 우리 조상들은 논두렁이나 밭두렁을 태우고 정비하면서 한 해의 농사를 시작했다. 요즘에는 산불이나 미세먼지 발생의 원인이 된다고 하여 논두렁이나 밭두렁을 잘 태우지 않는다. 대신에 해충을 방제하고 땅을 비옥하

게 만드는 약품이나 퇴비 등이 이용된다.

　방식은 조금 달라졌지만, 우수가 한 해 농사를 시작하는 시기라는 사실에는 변함이 없다. 우수에 내리는 비는 얼어붙은 땅을 녹이고, 땅속의 벌레들을 깨운다. 보리나 밀처럼 땅에서 겨울을 나는 작물들은 우수 무렵에 얼었던 땅이 녹으면서 뿌리가 흙에서 들뜨게 된다. 대체로 우수와 시기가 겹치는 우리의 명절 정월대보름에 하는 '보리밟기'는 이런 작물들을 돌보는 농사일과 관련된 풍습이다. 아직 추위가 완전히 가시지는 않았지만, 우수에 내린 비로 땅속 세계는 생명의 기운을 머금고 봄을 맞을 채비를 끝낸다.

경칩
驚蟄
개구리가 깨어난다

　우수가 지나면 땅이 낮에는 녹았다가 밤에는 다시 얼기를 한동안 반복한다. 낮 기온이 서서히 오르면서 3월에 접어들면 밤에도 땅이 얼지 않는 시기가 온다. 이때가 24절기 중 세 번째 절기인 경칩이다. 양력으로 3월 5일경에 해당한다. 땅의 변화는 땅속의 벌레나 식물들뿐 아니라 겨울잠을 자던 동물들도 깨운다. 경칩이라는 이름은 겨울잠에서 깨어난 동물의 꿈틀거림에서 비롯되었다.

　개구리나 도롱뇽 같은 양서류는 체온을 조절하는 능력이 약해 외부의 온도에 영향을 많이 받는다. 이들은 추운 겨울에는 땅속에서 깊은 잠을 자면서 생명을 유지한다. 겨울에 살아가기 힘든 개구리가 깨어나 활동을 시작하는 모습을 보며 우리 조상들은 완연한 봄을 느꼈다. 꽃샘추위가 오더라도 이제 더는 땅이 얼지 않는 시기가 온 것이다. 경칩은 겨울을 견딘 집을 보수하는 시기이기도 했다. 벽에 흙을 새로 바르거나 담을 보수하는 일이 경칩에 이루어졌다. 지금도 우리는 겨울을 지낸 후 봄에 집을 고치거나 대청소를 한다.

겨울에 싹을 틔워 봄에 자라는 보리는 새해 농사를 시작하는 중요한 작물이다. 아직 본격적인 농사일이 시작되지 않은 경칩 무렵에는 보리가 농부들의 관심을 독차지했다. 농부들은 보리싹의 성장을 보고 그해의 농사가 어떻게 될지를 예상했다. 조선시대에는 왕이 선농제를 지내며 풍년을 기원하기도 했다. 선농제는 선농단에서 지내는 유교식 국가 의례로 왕이 직접 땅을 갈고 씨를 뿌리며 농사일에 솔선수범을 보이는 행사였다.

요즘은 도심에 살더라도 공원에 꾸며진 생태연못 등에서 개구리를 어렵지 않게 볼 수 있다. 3월에 공원 연못가 산책로에서 개구리알이나 도롱뇽 알을 발견할 때도 많다. '벌써 개구리가 깨어나 알을 낳았네'라고 깨닫는 순간 경칩이 지났음을 기억하자. 경칩과 함께 우리가 딛고 선 땅은 더 물러지고, 햇볕은 한결 따뜻해짐을 느낀다. 봄은 겨울잠에서 깨어난 개구리처럼 꿈틀거리다 어느 순간 폴짝 뛰어오른다.

춘분
春分
낮이 길어진다

춘분에는 태양의 중심이 적도 위를 비추면서 낮과 밤의 길이가 같아진다. 겨울에는 밤이 낮보다 길었지만, 춘분을 기점으로 낮이 밤보다 길어진다. 춘분이 되면 들에는 이름 모를 풀과 쑥, 냉이, 달래 등 봄나물들이 자란다. 낮의 길이가 길어진 만큼 기온이 올라가고, 사람들의 활동력도 높아진다. 춘분은 양력으로 3월 21일경에 해당하며, 사람들은 춘분을 봄의 생명력이 되살아나는 시기로 이해했다.

아시아뿐 아니라 다른 문화권에서도 춘분 이후부터를 봄으로 인식한다. 특히 기독교 문화권에서 예수의 부활을 기념하는 큰 명절인 부활절 날짜를

계산할 때 춘분이 중요하다. 대체로 춘분 이후 첫 보름이 지난 일요일을 부활절로 삼는다. 이란을 비롯한 서아시아와 중앙아시아에서도 춘분에 봄을 맞는 큰 축제가 열린다. 메이지유신 이후 태양력만을 사용하게 된 일본에서는 춘분과 추분을 공휴일로 지정하는 등 중요한 날로 여긴다.

조선시대에도 춘분에 관리들에게 하루 휴가를 주는 풍습이 있었다고 전해진다. 고려시대와 조선시대에는 춘분에 얼음 보관 창고인 '빙실'에서 얼음을 꺼내며 제사를 지냈다. 겨울이 얼음을 보관하는 계절이라면, 이제 얼음을 사용해야 할 시기가 온 것이다. 농가에서는 춘분의 날씨로 길흉을 점치기도 했다. 춘분에 비가 오면 열병이 돌지 않고, 맑으면 열병이 돈다는 예측이었다. 보통 맑은 날씨를 좋아하는 이들이 많은데, 맑은 날씨와 열병을 연결하는 사고방식이 흥미롭다. 이 시기에 내리는 비가 햇볕 이상으로 농사에 중요했기 때문에 비를 좋은 기운으로 여겼을 수도 있겠다.

춘분에 볶은 콩을 나누어 먹으면 곡식에 해로운 새나 쥐가 사라진다는 믿음도 있었다. 겨우내 곡식을 아끼며 살아오다 땅의 생명력이 부활함을 느끼며 서로가 음식을 나누어 먹기 위한 풍습으로 보인다. 볶은 콩 이외에도 춘분에는 음식을 나누어 먹는 풍습이 많았다. 떡을 나누어 먹는 풍습에는 힘든 농사일을 시작해야 할 머슴과 일꾼들을 배불리 먹이고 잘 부탁한다는 의미가 담겨 있다. 되살아난 땅의 생명력만큼 사람들도 활발해지고 인심도 넉넉해지는 시기가 바로 춘분이다.

청명
清明
하늘이 맑고 깨끗하다

청명은 하늘이 맑고 깨끗하다는 의미이다. 옛말에 '청명에는 부지깽이를 꽂아도 싹이 난다'고 했다. 부지깽이는 아궁이에 불을 지필 때 사용하던 도구이다. 이미 죽은 나뭇가지인 부지깽이를 심어도 싹이 날 만큼 청명에는 만물의 생명력이 왕성했다. 청명은 양력으로 4월 4일경에 해당하는데, 간혹 한식이나 식목일과 겹치기도 한다. 한식은 조상의 산소를 돌보는 날이고 식목일은 나무를 심는 날이니, 모두 청명의 맑은 날씨나 왕성한 생명력과 관계가 있다.

청명이 오면 농촌은 바쁘고 활기가 넘쳤다. 산소를 벌초하거나 잔디를 새로 입히고 미뤄왔던 이장을 하기도 했다. 집을 수리하는 일 역시 이때가 적기였다. 날씨도 적당하고 곧 농번기가 시작되니 이 시기를 놓치면 언제 날을 잡을지 기약하기가 힘들었다. 본격적인 농번기에 앞서 논밭의 흙을 고르고 둑을 정비하는 일도 청명에 할 일이었다. 벼농사를 시작할 시기가 다가오기에 분주한 가운데서도 어딘가 경건한 분위기가 남아있었다.

한식(寒食)은 동지로부터 105일이 지난 날로, 조상의 묘를 돌보며 차가

운 음식을 먹는 날이다. 청명과는 하루 정도 차이가 나거나, 겹치기도 한다. '청명에 죽으나 한식에 죽으나'라는 속담에서 두 날을 크게 구분하지 않았음이 짐작된다. 차가운 음식을 먹는 한식의 풍습도 새로 불을 지핀다는 청명의 유래와 관련이 깊다. 청명에 왕은 버드나무와 느릅나무를 비벼 새로 불을 일으켜 신하들과 각 고을의 수령들에게 나누어 주었다고 전해진다. 이 불을 기다리는 동안에는 백성들이 밥을 지을 수 없으니 청명 다음날인 한식에 차가운 음식을 먹게 되었다.

식목일의 유래를 짐작해볼 수 있는 풍습도 있다. '내 나무'라는 풍습으로, 어린아이를 위한 나무를 심는 일이다. 심은 나무는 아이가 자라 결혼을 할 때 혼수를 만들 재목으로 쓰이게 된다. 아이가 커서 혼인을 할 때까지 함께 자란 나무는 든든한 재목으로 쓰기에 손색이 없을 것이다. 식목일에 나무를 심는 활동이 뜸해진 요즘, 아이가 평생 함께할 '내 나무' 심기를 함께 해 보는 것도 좋겠다. 혼수가 아니더라도 아이들의 미래에는 여전히 많은 나무가 필요하다.

곡우
穀雨
농사비가 내린다

청명이 지나면 본격적인 농사철이 시작된다. '곡우에 비가 오면 풍년이 든다'는 말대로 곡우는 농사지을 비를 기다리는 절기이다. 이때는 못자리를 설치하기에 좋은 때일 뿐 아니라 모든 농작물을 파종하기에 적합한 시기이다. 양력으로 4월 20일경에 해당하며 실제로 봄비가 자주 내리는 시기이다. 만일 곡우에 비가 내리지 않는다면, 안타깝지만 그해의 농사는 망치기 쉽다.

곡우에는 한해의 먹거리 중 가장 중요한 벼농사가 시작된다. 볍씨를 물에 담가 싹을 틔울 못자리를 준비하는 때가 곡우이다. 논에서 작물을 키워야 하는 벼농사에는 밭농사보다 많은 물이 필요하다. 당연히 벼농사를 시작하는 시기에는 햇볕보다 비가 중요하다. 못자리를 준비할 시기에는 부정한 일을 겪은 사람은 밖에서 부정한 기운을 털어낸 뒤에야 집에 들어갈 수 있었다는 풍습에서 조상들이 벼농사를 얼마나 신성하게 여겼는지를 엿볼 수 있다.

벼농사에는 많은 노동력과 정성이 든다. 생산량을 늘리기 위해 볍씨를 한 번에 땅에 뿌리지 않고, 모내기하는 방법이 선택되었다. 못자리에서 벼를 싹 틔우고 어느 정도 키워 논에 옮겨 심는 방법이 모내기이다. 옮겨 심을 때 많은 일손이 필요한데, 요즘은 모심는 기계인 이앙기가 일손을 대체한다. 어느 정도 자란 벼를 논에 옮겨심기 때문에 모내기를 할 때는 논에 물이 많아야 벼가 잘 자라고, 심는 시기가 조금만 늦어져도 수확량에 영향을 미친다.

벼농사와 비의 관계를 이해하고 나면 절기 이름에 비를 뜻하는 우(雨) 자가 왜 들어갔는지 충분히 이해할 수 있다. 곡우에 내리는 비는 이름 그대로 농사비이다. 농사를 가능하게 해 주는 비고, 우리를 살게 해 줄 먹거리를 만드는 비다. 벼농사를 시작으로 농촌은 새삼 분주해진다. 차를 경작하는 다원에서는 곡우 전에 첫 찻잎을 딴다. 이른 봄 가장 먼저 딴 이 찻잎을 곡우 전에 땄다 하여 우전(雨前)이라 부른다. 빗소리와 함께 봄비를 머금은 은은한 차 향기를 떠올리게 하는 절기가 바로 곡우이다.

입하
立夏
여름이 시작되다

24절기 중 가장 앞에 있는 여섯 개의 절기가 봄에 해당한다면, 일곱 번째 절기인 입하부터는 여름을 가리킨다. 입하는 양력으로 5월 5일 무렵이고, 날씨가 한층 따뜻하며 농사일로 바쁜 시기이다. 이때

부터 한낮에 조금씩 더위가 느껴지기 시작한다. 입하는 이름 그대로 여름이 시작됨을 알리는 절기이다. 풀과 나무들의 잎은 더 푸르러지고, 개구리 우는 소리가 사방에서 우렁차게 들려오기 시작한다.

곡우에 만든 못자리에서 볍씨가 싹을 틔우고 점점 자라 모내기할 시기가 다가온다. 모내기 시기가 다가옴은 곧 보리가 익어감을 의미한다. 곡식의 이삭이 생겨 나오는 모양을 '패다'라고 표현하는데, 보리 이삭들이 한창 패고 익어가는 시기가 이때이다. 날씨가 더워지기 시작하므로 밭에는 작물들이 자라고 잡초와 해충이 넘쳐난다. 잡초와 해충을 없애기 위해서도 일손이 귀한 시기이다.

특히 여성들이 농사일뿐 아니라 누에치기로 바쁜 시기이기도 하다. 누에는 비단을 만드는 원료가 되는데, 누에를 키우기 위해서는 뽕잎을 먹이로 주어야 한다. 뽕잎을 먹고 자란 누에가 고치 상태가 되면 고치에서 실을 뽑아 비단을 만든다. 이렇게 누에를 키워 비단을 만드는 과정을 양잠이라고 부른다. 지금은 양잠하는 광경은 보기 드물지만, 과거에는 농촌에서 농사일외에 부수입을 올리는 좋은 방편이었다.

입하에는 각종 나무와 작물들이 자라 꽃이 피기도 한다. 온 산과 들이 꽃으로 붉고, 희고, 노랗게 물든다. 화사한 꽃과 따뜻한 날씨는 야외에서 보내는 시간이 늘어나게 만든다. 지금도 우리는 입하 무렵인 5월 초에 소풍이나 나들이를 한다. 어린이들이 손꼽아 기다리는 어린이날도 이 무렵이다. 아무리 바쁘게 일하는 시기라 해도 이 시기에만 느낄 수 있는 정취를 포기하기란 쉽지 않다. 입하의 강렬한 꽃향기와 햇볕 속에서 행복한 추억을 만들며 저물어가는 봄과 다가오는 여름의 기척을 만끽할 수 있는 시기다.

소만
小滿
만물이 풍성해진다

소만은 만물이 풍성해져 가득 찬다는 뜻을 지닌 절기이다. 양력으로 5월 21일경이며, 햇볕은 점점 더 풍부해지고 여름의 기운이 한층 짙어지는 시기이다. 소만에는 우리나라 일부 지역에서 모내기가 시작된다. 모내기 시기는 기온이 높아져 일교차가 적어지는 시기와 관련이 깊다. 우리나라 중부지방과 남부지방은 기온 차이 때문에 모내기 시기가 조금씩 다르다. 기온이 조금 더 높은 남부지방의 모내기는 소만 무렵에 시작되고, 중부지방의 모내기는 다음 절기인 망종 무렵부터 시작된다.

모내기가 시작되고 보리가 한창 익어가지만, 풍성한 가운데 배고픈 시기가 소만이기도 했다. 우리 조상들은 이 무렵을 '보릿고개'라고 불렀다. 지난해 가을에 추수한 쌀은 다 떨어지고 보리는 아직 덜 여물어서, 보리가 익을 때까지 굶주리며 지내는 시기가 바로 보릿고개이다. 보릿고개로 굶주리고 곡식은 부족했기 때문인지 소만에 먹는 대표적인 음식은 다름 아닌 씀바귀 잎이었다. 많은 이들이 쌉싸름한 씀바귀 잎으로 허기를 달래며 힘든 농사일을 견뎌냈다.

씀바귀 이외에도 밭과 들에는 상추와 쑥갓, 냉이 등이 지천이었다. 이 채소들은 때를 놓치면 꽃이 피고 쓴맛이 강해지거나 시들어버려 먹을 수가 없었다. 마침 먹거리가 부족할 때이니 이런 채소들도 반갑지 않을 수 없었다. 대나무의 순인 죽순도 빼놓을 수 없다. '우후죽순'이라는 말은 비 온 뒤에 대나무 순이 여기저기 돋아나는 모양에서 비롯된 말이다. 비 온 뒤에 돋아나는 죽순도 채소들과 마찬가지로 반갑게 여겨지던 시기였다. 죽순은 다른 요리의 보조 재료로도 많이 이용되지만, 이 시기에는 그 자체로 훌륭한 음식의 주재료였다.

우리가 흔히 봉숭아라고 부르는 봉선화도 이 무렵에 꽃이 피기 시작한다. 예전에는 집 담벼락 아래 봉선화나 맨드라미를 기르는 집들이 많았다. 맨드라미꽃은 따서 찹쌀반죽 위에 얹어 화전을 부쳐 먹고, 봉숭아는 손톱에 물을 들이는 데 쓰였다. 봉숭아꽃을 따서 찧어 즙을 낸 후 손톱 위에 얹고 비닐로 묶어두면 손톱에 꽃물이 든다. 첫눈이 내릴 때까지 손톱의 봉숭아꽃물이 남아있으면 첫사랑이 이루어진다는 말에 설레는 이들도 많았던 시절이었다.

망종 芒種
벼를 심고 보리를 거둔다

망종은 '까끄라기가 있는 곡식'을 의미하는 말로, 벼나 보리 같은 작물을 가리킨다. 양력으로 6월 6일 무렵이 망종이다. 망종에는 논에 모를 심고, 보리를 베느라 바쁘다. 벼를 심고 보리를 거두는 때이니 아예 곡식을 가리키는 말이 절기 이름이 되었다. 농촌은 여전히 분주하지만 보릿고개를 넘기면서 끼니 걱정은 한시름 덜었다. 보릿고개를 넘기게 해 준 햇보리의 수확을 기뻐하는 마음이 절기의 이름에서부터 느껴진다.

보리처럼 겨울에 심었다가 이듬해 수확하는 작물들이 이 무렵에 여무는데, 마늘과 양파가 여기에 속한다. 늦가을에 심어 추운 겨울과 봄을 거치며 여물어간 양파를 수확해서 건조를 시작한다. 양파는 잎이 스스로 넘어질 때까지 두었다가 수확해서 바람이 잘 통하게 두고 건조한다. 마늘은 잎끝이 절반 이상 말랐을 때 수확해서 수분 함량이 65%가 될 때까지 건조해야 장기 보관이 가능하다. 마늘과 양파는 우리나라 음식에서 빠지지 않는 양념 재료이니, 주식인 곡식만큼이나 중요한 작물들이다.

6월 6일은 현충일이기도 하다. 현충일은 나라를 위해 희생한 순국선열과 국군 장병들을 기리고 위로하는 중요한 기념일이다. 관공서와 각 가정에서 조기를 게양하고 묵념을 하면서 선열들의 넋을 기린다. 현충일과 망종의 날짜가 겹치는 이유는 분명하지 않지만, 망종에 나라를 위해 목숨 바친 이들을 추모하는 제사를 지내던 풍습이 있었기 때문이라는 설이 유력하다. 망종

에 제사를 지낸 역사는 약 1,000년 전 고려시대까지 거슬러 올라간다. 동국통감 고려기에 거란군과 싸우다 죽은 병사의 유해를 집으로 돌려보내 제사를 지내게 해 준 날짜가 망종이라는 기록이 남아있다.

현충일은 해방 이후인 1956년에 처음 기념일로 지정되었고, 1970년에는 법정 공휴일로 지정되었다. 햇보리를 수확하며 보릿고개를 넘긴 기쁨을 만끽하고, 평화를 위해 싸우다 죽어간 이들을 엄숙하게 기렸던 절기인 망종. 지금도 우리는 6월 초인 망종 무렵에 햇곡식과 햇과일의 풍성함을 누린다. 그 풍성함 속에서 우리의 소중한 삶을 가능하게 해 준 이들의 희생에 감사하는 마음 역시 잊지 않는다.

하지
夏至
낮이 길다

하지는 태양이 가장 북쪽에 위치하기 때문에 북반구에서 낮이 가장 길어지는 날이다. 낮이 14시간 35분이나 이어지며, 양력으로는 6월 21일경에 해당한다. 극지방과 가까운 곳에서는 태양이 하루 종일 지지 않는 백야 현상이 관찰된다. 곧 장마철이 다가오므로 장마에 대비하고, 병충해를 방지하는 준비도 해야 한다. 밭에서는 온갖 작물을 수확하고, 다른 작물을 심는 시기이다. 여름 더위를 대비하기 위한 여러 풍습도 남아있다.

하지 무렵 지구의 북반구는 태양으로부터 직격으로 열을 받는다. 조금씩 더워지기 시작하는데 만일 장마철에 비가 내리지 않으면 볕이 뜨거워 농작물이 말라 죽는다. 우리나라에서는 하지가 지나도 비가 내리지 않으면 가뭄피해를 우려하여 기우제를 지내는 풍습이 고대부터 있었다. 기우제는 왕이 주관하며 큰 규모로 지내기도 하지만, 민간에서 산이나 냇가에 제단을 만들고 마을 사람들이 참여하는 작은 규모로도 지냈다.

초여름에 수확한 감자를 '하지감자'라고 부르는데, 하지 무렵에 캔 감자를 이르는 말이다. 하지는 감자를 캐기 좋은 시기로, 감자뿐 아니라 마늘과 보리도 수확하는 때였다. 고추밭을 매고 메밀과 콩을 심는 일도 하지에 해야 할 일들이었다. 제철을 맞는 농작물이 많으니 봄보다 밥상이 풍성했다. 감자 농사를 많이 짓는 강원도에서는 밥을 지을 때 감자를 섞어 감자밥을 지어 먹었다. 이렇게 먹으면 감자가 더 잘 열린다는 믿음 때문이었다.

이 무렵엔 마늘도 제철이다. 하지 전에 마늘을 수확하면 맛이 연해서 장아찌를 담기에 좋다. 마늘 속에 들어있는 알리신이라는 성분은 여름철 잃기 쉬운 입맛을 돋우고, 혈액 순환에도 도움을 준다. 갓 수확한 보리와 감자, 마늘로 차린 밥상. 우리도 여전히 이 음식들을 즐겨 먹는다. 더위나 장마로 활력을 잃고 기운이 빠지기 쉬운 이때, 땅과 태양의 기운을 머금고 영근 감자와 마늘, 보리로 차린 밥상을 준비해 보아도 좋을 것 같다.

소서
小暑
더위가 시작되다

소서는 더위의 시작을 알리는 절기이다. 양력으로 7월 7일경에 해당하며, 이 무렵 우리나라는 장마철에 들어간다. 한반도 중부지방을 가로질러 형성되는 장마전선은 꽤 오래 머무르며 비를 뿌린다. 높은 습도와 함께 무더위도 이때 시작된다. 모내기를 마친 논에서는 모가 뿌리를 내리는 시기이다. 대부분 모내기 20일 후에 논을 매는데, 소서 무렵이 논을 매기에 가장 적당하다. '소서 때는 새각시도 모 심는다'는 속담이 있을 정도로 농촌이 바쁠 시기였다.

동아시아 전체에 영향을 미치는 장마는 북태평양 고기압의 이동에서 시작된다. 여름이 가까워지면 북태평양 고기압이 태평양을 건너 아시아로 다가

온다. 이때 봄부터 시베리아대륙에서 눈 녹은 물이 흘러든 오호츠크해의 온도는 한참 낮아져 한랭습윤한 오호츠크해 고기압이 형성된다. 온도 차가 큰 북태평양 고기압과 오호츠크해 고기압이 만나면 장마전선이 형성된다. 두 고기압의 세력 싸움은 한반도를 터전 삼아 집중호우로 이어지기 쉽다. 장마철에 태풍이 겹치면 농작물을 비롯한 각종 재산 피해는 물론 인명 피해도 발생한다.

  습하고 더운 날씨 때문에 논둑과 밭두렁에 풀이 무성하게 자라는데, 이 풀을 베어 퇴비로 썼다. 보리를 베어낸 자리에 콩이나 조, 팥을 심어 이모작을 준비하기도 했다. 우리나라는 겨울이 길어 한 해에 두 번 경작하는 이모작을 하기가 쉽지 않은데, 남부지방에서는 보리와 다른 작물을 교대하여 심는 방식으로 이모작을 한다.

  소서에는 더위가 본격적으로 시작되는 만큼 과일과 채소가 많이 난다. 여름 과일인 수박, 참외, 자두가 이 무렵 제철이고, 토마토도 한창 맛이 좋을 때다. 과일과 채소는 풍부한 비타민으로 여름 더위를 이겨낼 힘을 준다. 과일과 채소뿐 아니라 이때 먹는 밀이 가장 맛이 좋다고 한다. 우리 조상들은 밀가루로 국수나 수제비, 전과 같은 음식을 만들어 먹으면서 여름 더위를 대비하고 장마철을 보냈다.

대서
大暑
몹시 덥다

대서의 뜻은 '몹시 심한 더위'이다. 말뜻 그대로 대서는 일 년 중 가장 더운 때이며, 양력으로는 7월 23일경에 해당한다. 옛말에 '대서에는 더위 때문에 염소 뿔도 녹는다'고 할 정도로 더위가 기승을 부렸다. 가끔은 소서 때 시작된 장마가 대서까지 이어지기도 한다. 비가 많이 내린다면 무더위는 잠시 피하겠지만, 이 무렵에만 맛볼 수 있는 과일들의 맛은 떨어지기 십상이다. 우리가 더위를 피하려고 잠시 여름휴가를 떠나는 시기가 바로 대서 무렵이다.

음력으로 6월에서 7월 사이의 더운 시기를 초복, 중복, 말복이라고 부른다. '삼복더위'에서 삼복이 이 초복, 중복, 말복을 이르는 말이다. '동국세시기'는 삼복이 중국 진(秦)나라에서 유래되었다고 전한다. 복날의 복(伏)자는 '엎드리다'라는 뜻을 담고 있다. 무더위를 두려워하며 세 번 엎드리고 나면 더운 여름이 지나간다는 말이다. 초복, 중복, 말복은 우리가 더위를 두려워하며 엎드려야 할 시점을 알려준다. 자연에 저항하지 않고 순응하며 때를 기다리면 곧 더위가 물러가고 시원한 계절이 오리라는 지혜가 담긴 풍습이다.

대서는 이 삼복 중에서도 가장 덥다는 중복과 대체로 겹친다. 날씨가 더워져도 농촌은 여전히 농사일로 바빴다. 논밭에 잡초를 뽑고 퇴비도 만들어 놓고, 비가 오면 논둑이나 밭둑도 손을 봐야 했다. 그렇게 더위에 일만 하다가 더위를 먹고 기력을 잃는 경우도 많았다. 복날은 더위를 피해 쉴 고마운 명분을 만들어 주었다. 아무리 바빠도 복날에는 하루쯤 시간을 내어 계곡이나 물가를 찾아 노는 풍습이 조상들부터 오래 이어졌다. 지금도 우리는 복날에 '복달임'을 한다며 보양식을 챙겨 먹곤 한다.

현대의 대도시에 사는 사람들도 과거 농촌 사람들 못지않게 더위로 고생한다. 시멘트와 아스팔트로 덮인 땅은 열기로 점점 달아올라 밤에도 좀처럼

식지 않는다. 도심의 여름밤에는 열기가 빠져나가지 못하는 열섬현상으로 열대야가 계속된다. 우리에게 에어컨은 이제 사치품이 아니라 필수품이 된 지 오래고, 에어컨이 늘어나는 만큼 도심의 더위도 점점 가혹해진다. 더위 앞에 엎드려 굴복하며 여름을 버텨내던 조상들의 삶과 더위를 정복해버리려고 하는 우리의 삶은 아주 큰 차이를 만들어내고 있다.

입추
立秋
가을에 들어서다

가을을 알리는 입추가 되면 선선한 바람과 붉게 물드는 단풍나무를 떠올리기 쉽다. 김종서, 정인지 등이 편찬한 〈고려사(高麗史)〉에서는 15일 간의 입추 기간을 세 가지 날씨, 즉 삼후(候)로 구분해, "초후에는 서늘한 바람이 불어오고, 차후에는 흰 이슬이 내리며, 말후에는 쓰르라미*가 운다"라고 했다. 깊어지는 가을과 쓸쓸함이 시작되는 절기처럼 느껴진다.

그러나 양력으로 8월 7일 경에 해당하는 입추는 이전 절기인 대서에 이어 1년 중 가장 더운 시기에 해당한다. 이런 차이는 24절기가 시작된 중국 화북지방의 기후를 기준으로 삼았기 때문이다. 중국 화북지방은 우리나라 남한보다 위도가 높다. 우리나라의 실질적인 가을은 다음 절기인 처서부터 시작한다고 할 수 있다. 고려사 내용 중 "입하(立夏)부터 입추까지 백성들이 조정에 얼음을 진상하면 이를 대궐에서 쓰고, 조정 대신들에게도 나눠주었다."에서도 입추까지도 더위가 기승을 부렸음을 알 수 있다.

공기는 더워도 들판은 가을을 맞이할 채비를 한다. 장마가 지나가고 입추

---

* 쓰름—매미 : 매미과에 속한 곤충. 우리나라 방언 쓰르라미로 널리 알려져 있는 매미의 진짜 이름

가 되면, 맑은 날씨가 이어져 벼가 한창 익어간다. '입추 때는 벼 자라는 소리에 개가 짖는다'라는 속담도 있다. 벼가 자라는 속도가 워낙 빨라서 실제로 자라나는 소리를 들을 수 있다고 한다. 그러나 입추가 지나도 비가 계속 내리면 흉작이 들 수 있다. 조선시대에는 입추 이후 닷새 이상 비가 내리면 비를 멈추게 해달라는 기청제(祈晴祭)를 올렸다. 날씨점을 치면서 앞으로의 농사를 예측하기도 했는데, 입추에 하늘이 맑으면 풍년이고 비가 조금 내리면 길하고 많이 내릴 경우 벼가 상한다고 생각했다.

입추는 농민들이 잠시 쉼표를 찍을 수 있는 시기였다. 작물이 잘 자라도록 잡초를 제거하는 김매기가 끝나가는 때라 비교적 한가했다. '어정 7월 건들 8월'이란 말처럼 잠시 여유가 생긴 이때에 농민들은 김장용 배추와 무를 심어 다가올 김장을 미리 준비했다. 입추는 한 해 농사의 성공을 가늠하는 중요한 시기다. 어느 절기보다도 풍작을 바라는 농민들의 마음이 가득 퍼지는 때였다.

처서
處暑
더위가 물러간다

처서는 양력으로 8월 23일 무렵으로, 처서에 이르러서야 무더위가 한풀 꺾이고 선선한 바람이 부는 가을이 찾아온다. 농사일에 바쁜 농부들은 잠시나마 시원한 바람에 땀을 식히고, 아이들은 떠나는 늦여름이 아쉬워 노느라 여념이 없다.

처서에는 유독 날씨에 관한 말이 많다. '땅에서는 귀뚜라미 등에 업혀오고, 하늘에서는 뭉게구름 타고 온다'는 무더위와 장마로 지쳤던 여름이 가고 가을이 다가오는 것에 대한 반가움을 표현했다. '처서가 지나면 모기도 입이 비뚤어진다'는 여름 내내 극성을 부리던 모기도 기온이 서늘해지는 처서에는 맥을 못 춘다는 의미다. '처서에 비가 오면 독 안에 든 쌀이 줄어든다'는 입추와 마찬가지로 처서에 비가 올 경우 쌀농사가 잘 되지 않아 흉작이 될 것을 우려한다는 뜻이다. 이처럼 처서에 다양한 속담이 유래한 데는 처서를 어떻게 보내느냐에 따라 농사의 성패가 갈렸기 때문이다.

따가운 햇볕이 점차 부드러워지고 선선한 바람이 부는 가을이 되면, 가장 두드러진 변화는 바로 풀이 잘 자라지 않는다는 점이다. 조상들은 여름에는 하지 못했던 일들을 처서에 비로소 시작했다. 논두렁에 아무렇게나 난 풀을 뽑고 산소는 깨끗하게 벌초했다. 긴 장마에 눅눅하게 보관할 수밖에 없었던 젖은 옷과 책을 햇볕에 말리는 포쇄(曝曬)도 이 무렵에 진행했다.

농사일도 잠시나마 한가로운 때다. 여름 내내 쓰던 호미와 쟁기도 갈무리하며 다가올 추수를 기다린다. 처서에는 일명 '호미씻이'라는 민속놀이를 한다. 호미씻이는 '논매기가 끝나고 호미를 씻어둔다'라는 뜻으로, 여름 내내 뜨거운 태양 아래서 김매기를 마친 농부에게 주어진 휴식시간이었다. 논매기를 마친 후 농부들은 호미를 씻고 하루간 놀이를 즐겼다. 마을 사람들은 음식을 나눠먹으며 힘든 여름을 이겨낸 자신들을 위로했다. 무더위를 지내고 잠시 농사를 쉴 수 있는 처서에는 보양식을 섭취하며 건강을 지켰다.

최근에는 지구온난화의 영향으로 처서가 지나도 여전히 기온이 높을 때가 많다. 근래 2~3년 새 낮 기온이 최고 30도까지 오르며 '가을이 사라졌다'라는 말을 하곤 한다. 여름이 길어지고 가을이 점점 짧아지니 경계도 없이 바로 겨울로 넘어가는 느낌이 들 때도 있다.

백로
白露
하얀 이슬이 맺히다

대개 음력 8월에 접어드는 때이자 양력으로는 9월 7~8일에 해당하는 백로는 더위가 가고 본격적으로 가을이 시작되는 절기다. 백로는 '하얀 이슬'이란 뜻으로 밤 기온이 이슬점 이하로 떨어져 풀잎에 이슬이 맺히는 현상에서 유래했다. 장마가 지나간 이후로 하늘은 맑고 낮 기온은 높지만 밤사이에는 기온이 확연히 내려가 일교차가 크다. 건강에 특히 유의해야 할 시기이기도 하다.

그러나 낮과 밤의 기온차가 크고 맑은 날씨가 계속되면 벼이삭이 여물기에 좋다. 백로 이전에 벼이삭이 생기면 추수 전까지 여물 시간이 충분해 좋은 작황을 기대할 수 있다. 백로 무렵에도 이삭이 나지 않으면 여물 시간이 부족해져 먹을 수 있는 벼로 자라지 못한다. 백로에는 농부들이 긴장의 끈을 놓지 못했다. 이런 마음을 증명하듯, 백로에 불어오는 바람을 관찰해 농사의 풍흉을 점치는 '백로보기'를 했다. 백로에 바람이 많이 불거나 백로 전에 서리가 내리면 찬바람이 불어 농사가 잘 되지 않는다고 생각했다. 반면 '백로에 비가 오면 십리 천석(千石)을 늘인다'라고 하여 비는 풍년의 조짐으로 여겼다.

백로는 '포도순절(葡萄旬節)'이라고도 불렸다. 포도가 가장 맛있게 여물고 수확량도 풍부해서다. 이는 밤에는 서늘하지만 낮에는 일조량이 많아 가능했다. 이 시기에 안부 편지를 쓸 때는 "포도순절에 기체만강하시고"란 구절이 꼭 들어갔다. 포도알이 주렁주렁 탐스럽게 달린 모습은 곧 다산(多産)을 의미했다. 그해 첫 포도를 수확한 후에는 사당에 올리고 맏며느리가 한송이를 통째로 먹어야 하는 풍습도 있었다. 이육사 시인의 시 〈청포도〉에 '내 고장 칠월은/청포도가 익어가는 시절'이란 구절이 나오는데, 여기서 '내 고장 칠월'은 음력 7월로 백로를 지칭한다.

추분
秋分
밤이 길어진다

춘분과 마찬가지로 추분은 낮과 밤의 길이가 다시 같아지는 절기다. 춘분에는 낮이 밤보다 길어졌다면 추분에 이르러 밤이 낮보다 길어진다. 저녁에도 해가 남아있던 이전과는 달리 해가 일찍 저물면서 가을이 왔음을 실감하게 된다. 양력으로는 9월 23일 무렵이다.

농민들은 추분에 이르러 한 해 농사의 결실을 맺는 '가을걷이', 즉 추수를 시작한다. 벼를 수확하고 콩, 팥, 옥수수, 메밀 등 가을에 여무는 곡식을 거둔다. 가을걷이를 하면서 이웃과의 정도 돈독해진다. 추위가 오기 전 추수를 마쳐야하기 때문에 이웃들은 품앗이를 통해 서로의 가을걷이를 돕는다.

그해에 새로 난 쌀인 햅쌀로 밥을 짓고 고사리, 호박, 가지 등 햇볕에 잘 말린 나물로 찬을 해먹으며 한 해의 결실을 즐겼다.

지금까지는 그해 농사의 결실을 점쳤다면, 추분에는 다음해 농사의 풍흉을 점쳤다. 추분에 건조한 바람이 불거나, 비가 약간 내리면 풍년의 징조라고 여겼다.

사라진 풍습이지만 조상들은 추분이 되면 노인의 장수를 비는 '노인성제(老人星祭)'를 지냈다. 노인성은 밤하늘의 별자리 중 용골자리*에 위치한 카노푸스(Canopus)를 말한다. 태양을 제외하고 시리우스 다음으로 밝게 빛나는 별이다. 예로부터 노인성이 인간의 수명을 관장한다고 여겼다. 고려시대부터 시작한 노인성제는 조선시대에 이르러 나라에서 제사를 주관했다. 남반구에 위치한 별이어서 우리나라에서는 주로 남쪽 해안과 제주도에서 목격할 수 있다. 아시아에서는 잘 나타나지 않는 별이라 노인성을 보면 좋은 일이 생기고, 오래 산다는 징조로 여겼다.

추분(秋分)은 가을을 반으로 나눈다는 뜻이지만, 사람들에게는 한 해간 흘린 땀의 결실을 수확하면서 기쁨은 배가 되는 때였다.

한로
寒露
찬 이슬이 맺힌다

한로에 접어들면 농촌은 바빠진다. 한로의 뜻처럼 찬 이슬이 맺히는 시기여서 기온이 더 떨어지기 전에 가을걷이를 마쳐야 한다. 한로는 양력으로는 10월 8일 무렵에 해당한다. '한로 상강에 겉보리 간다'라는 속담은 한로와 다음 절기인 상강이 보리를 이모작하기 좋은 시기라는

* 『천문』 돛자리와 날치자리 사이에 있는 별자리.(출처: 국립국어원 표준국어대사전)

뜻이다. 보통 여름에 벼를 심어 수확한 다음 가을에는 보리나 밀을 심는다.

오곡백과를 수확하는 농부들의 손길은 더 바빠지지만 공기가 서늘해지면서 울긋불긋한 단풍이 드는 때도 한로 즈음이다. 동국세시기를 보면 한로는 '중양절(重陽節)'과 겹치곤 했다. 음력 9월 9일을 구(九)가 두 번 있다고 해서 중양절이라고 하는데 고려와 조선시대 모두 이날 잔치를 열었다. 사람들은 한로에 중양절의 풍속을 따르며 즐기고는 했다. 높은 산에 올라가 붉은 수유 열매를 머리에 꽂으면 잡귀를 쫓을 수 있다고 믿었다. 수유 열매의 붉은 색이 귀신을 쫓을 수 있다고 믿은 것이다. 가을꽃의 대표 격인 국화가 예쁘게 피어 산과 들을 장식하는 때이기도 하다. 국화를 따서 국화전을 지지고 국화술을 담가 마시며 가을 정취를 만끽했다.

가을걷이가 한창인 만큼 농부들의 체력도 쉬이 떨어지는 이때에 미꾸라지는 더할 나위 없이 좋은 보양식이었다. 미꾸라지는 가을에 누렇게 살찐다고 해서 '추어(秋魚)'라고도 불렸다. 여름내 무더위로 잃은 원기를 회복하고자 찬바람이 부는 초가을에 추어탕을 먹었다. 『본초강목』에서 미꾸라지는 양기를 채워주는 음식이라고 기록돼있다.

이전 절기까지는 따뜻한 기온이 이어졌지만 한로가 되어 급격히 기온이 떨어지는 것은 날아가는 새들을 보고도 알 수 있다. '한로가 지나면 제비가 강남으로 가고, 기러기는 북에서 온다'라는 속담도 한로가 겨울에 다가서는 절기임을 나타낸다. 제비, 저어새처럼 따뜻한 곳을 찾아 봄에 우리나라를 찾은 여름철새는 떠나고 기러기와 같은 겨울철새가 찾아오는 때가 이 즈음이다.

세상은 붉고 노란색으로 옷을 갈아입고 새는 자기가 있을 곳을 찾아 떠나는 한로. 찬 이슬은 내리지만 곡식을 거두는 농부의 움직임은 바쁘기만 하다.

상강
霜降
서리가 내리다

가을의 막바지에 이르는 상강은 양력으로 10월 23일 경이다. 가을답게 맑고 청명한 날씨가 이어지지만 밤이 되면 기온이 급격하게 떨어지는 때다. 서리가 내리기 시작한다고 해서 상강이란 이름이 붙었다.

서리는 기온이 어는점 아래로 내려가면 공기 중의 수증기가 서리 결정이 되어 주변 물체나 식물에 달라붙는 것을 말한다. 농작물에 서리가 생기면 상품가치가 떨어지기 때문에 서둘러 수확을 마쳐야 한다. 농부들의 손길은 더욱 바빠진다.

농촌에서는 상강이 되면 곡식을 거두며 한해 농사를 마무리하고 겨울맞이를 한다. 장롱에 넣어놨던 두툼한 옷과 이불을 꺼내고, 추수 때 수확한 채소를 말렸다. 겨울에 사용할 땔감을 미리 준비하며 한파를 대비했다. 만물도 겨울을 맞을 채비를 한다. 중국에서는 상강을 '승냥이가 산짐승을 사냥하고 초목이 누렇게 떨어지며 겨울잠을 자는 벌레들이 땅 속에 숨는 때'라고 설명했다. 먹을 것이 부족한 겨울을 견딜 수 있도록 생명들은 자연이 정해준 방식을 충실히 따른다.

상강 무렵이 되면 전국은 울긋불긋한 단풍이 절정에 이른다. 어디서든 아름다운 단풍을 만끽할 수 있기에 옛 사람들은 상강이 되면 나들이를 나서곤 했다. 야산에 핀 국화를 따 국화주를 담가 나누어 마셨고 차에 국화잎을 띄워 풍류를 즐겼다. 배, 유자, 석류 등 가을 제철 과일로 만든 화채도 상강 무렵 기운을 북돋는 먹거리였다.

상강을 맞아 여는 행사 중 가장 대표적인 것은 조선시대에 국가 제사였던 '둑제(纛祭)'다. 둑(纛)이란 군대 행렬 앞에 세우는 대장기(大將旗)로, 군대를 출동시킬 때 군령권을 상징하는 깃발이었다. 한 해 중 경칩과 상강에 병조판서의 주관 하에 이뤄졌으며 무관들이 진행하는 유일한 제사이기도 했다. 보통 제사에는 돼지 한 마리를 제물로 사용하지만 둑제는 돼지 한 마리에 더해 양 한 마리도 제사에 바쳤다. 춤과 노래까지 시행됐으니 다른 제사보다 더 중요시된 국가 제사라 할 수 있다.

상강을 끝으로 가을절기가 끝난다. 24절기 중 가을절기는 가장 풍성한 절기이며 상강은 그중에서도 농민들의 보람이 가장 큰 절기라고 해도 좋다.

입동
立冬
겨울에 들어서다

입동을 시작으로 겨울절기의 문이 열린다. 양력으로는 11월 7~8일 즈음이다. 이 시기가 되면 파란 가을 하늘이 이어지는 것 같다가도 갑자기 기온이 급격하게 떨어져 겨울이 왔음을 실감한다. 낙엽이 떨어지고 공기는 건조해지며 풀들은 말라간다.

이 무렵 동물들은 겨울잠에 들어갈 채비를 하는데 다람쥐, 곰, 개구리, 뱀은 땅 속에 굴을 파고 숨는다. 조상들은 달리 몸을 피할 곳도 없고 먹을 것을 구하기 힘든 새들을 잊지 않았다. 입동 무렵에는 감을 따서 곶감으로 말리는데, 이때 감나무에서 감을 전부 따지 않고 까치가 먹을 감 '까치밥' 몇 개를 남겼다. 까치밥은 열매 중 가장 좋은 것만 골라 남겼다. 까치는 좋은 소식을 알려주는 길조로도 여겨졌으니 까치밥을 남기는 선조들의 마음도 한층 여유로웠을 것이다.

입동 무렵 사람들이 가장 중요하게 여기는 행사는 김장이다. 조상들은 입동을 전후해 닷새 안팎으로 김장을 해야 가장 맛이 좋다고 생각했다. 입동이 지나면 냉해로 인해 채소가 상하고, 싱싱한 채소를 찾기도 어렵기 때문이다. 입추 무렵에 심은 배추, 무 등을 수확해 겨우내 먹을 김장김치를 담근다. 온 마을 사람들이 모여 김장을 하던 옛날과 달리, 농업 기술이 발달한

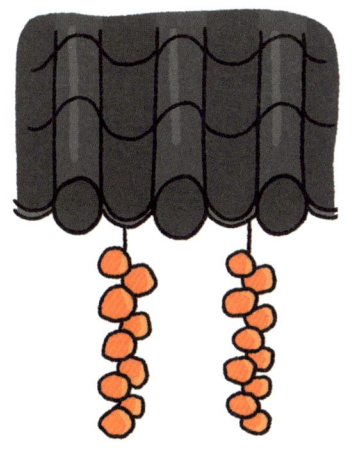
현대에는 입동에 상관없이 늘 신선한 김치를 먹을 수 있다. 채소를 구하기도 쉽거니와 직접 김장을 하지 않고 구매해 먹는 가정이 많다. 예전처럼 이웃들이 모여 김장을 담그는 경우도 줄고, 김장김치를 장독에 넣어 땅에 묻는 대신 김치냉장고를 이용하는 것도 시대의 변화가 가져온 차이점이다.

요즘은 많이 잊힌 세시풍속이지만, 입동이 되면 '치계미(雉鷄米)' 행사를 열어 어르신께 음식을 대접했다. 마을 사람들은 형편에 상관없이 일 년에 한 번은 치계미에 쓸 음식을 내놓았다. 치계미의 뜻은 '꿩, 닭, 쌀'로 '사또의 밥상에 올릴 반찬값', 즉 뇌물을 말했다. 마을의 어르신들을 사또처럼 귀하게 대접한다는 의미로 풀이된다. 치계미에 내놓을 수 없을 만큼 형편이 어려운 사람들마저도 도랑에 숨은 살진 미꾸라지를 잡아 추어탕을 대접했다. 이를 '도랑탕 잔치'라고 불렀다.

농가에서는 햇곡식으로 만든 시루떡과 제물을 장만해 곳간과 마루, 외양간에 고사를 지냈다. 고사를 지낸 후에는 이웃과 음식을 나눠먹고 농사철에 말없이 고생한 소에게도 고사음식을 가져다주었다. 추위가 다가오고 산천초목은 얼어붙기 시작하지만 사람들의 마음은 더욱 따뜻해지는 때가 입동이다.

소설
小雪
첫눈이 내린다

소설은 직역하면 작은(小) 눈(雪)이란 뜻으로 양력 11월 22일 무렵에 해당한다. 평균 기온이 5도 이하로 떨어지면서 첫눈이 내리고 겨울의 추위를 느낄 수 있는 때다. 냇가에는 살얼음이 끼고 약한 눈발이 날리니 겨울임을 체감할 수 있다. 하지만 하늘은 청명하고 종종 따뜻한 햇볕이 내리쬐는 덕분에 작은 봄이란 뜻의 '소춘(小春)'이라고도 불렸다.

한겨울이 오기 전 농촌에서는 겨울맞이로 바쁘다. 농사일은 한가해져도 입동부터 이어진 김장을 이쯤에는 마무리해야 한다. 저장기술이 발달한 현대사회에서는 늦게 김장을 하기도 하지만 옛날에는 소설은 김장하기엔 늦은 시기였다. 이때는 김장하고 난 시래기를 엮고, 무와 호박을 말리고, 겨우내 소가 먹을 볏짚을 쟁여놓는다. 겨울을 나는데 가장 중요한 것 중 하나는 따뜻한 침구다. 목화를 따서 솜이불에 두툼하게 채우는 것도 소설에 꼭 해야 할 일이었다.

월동준비로 잔일이 많은 때지만 '소설 추위는 빚을 내서라도 한다'라는 속담을 보면 추위가 반가운 사람들도 있다. 이 무렵 기온이 떨어져야만 보리 농사가 잘 됐기 때문이다. 소설에 부는 바람과 추위를 손돌 바람이라고 부르곤 하는데, 여기엔 오랫동안 전해지는 전설이 있다. 피난 가는 임금을 배에 태운 사공이었던 손돌(孫乭)이 물살이 센 곳으로 배를 향하자, 이를 의심한 임금은 손돌을 참수하라 명한다. 손돌이 죽고 나서 물살은 점차 강해졌고, 손돌의 뜻대로 세찬 물살을 타고 흘러간 배는 결국 무사히 뭍에 도착할 수 있었다. 그제야 왕은 손돌의 충심을 깨달았다고 해서 소설 무렵에 부는 거친 바람을 손돌 바람이라고 한다.

대설
大雪
큰 눈이 내리다

'큰 눈'을 의미하는 대설은 양력으로 12월 7일 경으로, 이 무렵에 오는 눈은 상서로운 눈이라는 '서설(瑞雪)'로 불렸다. 특히 보리농사를 짓는 겨울에 눈은 보리 풍년을 가져오는 복이었다. '눈은 보리의 이불이다'라는 말처럼 많은 눈이 내려 보리를 덮으면 그 자체로 보온 역할을 했다. 게다가 눈이 녹으면 물이 되어 수분을 공급해주니 대설의 눈은 늘 고마운 존재였다.

대설이라고 해서 늘 많은 눈이 내린 건 아니었다. 우리나라의 경우 대설보다 늦은 양력 1~2월 즈음에 눈이 더 많이 오는 편이다. 24절기가 중국 화북지방의 특징을 반영했기 때문이기도 하지만 지구온난화로 인해 기온이 오른 만큼 눈을 보기가 더 어려워진 면도 있다.

대설은 농부들이 겨울맞이를 마치고 본격적으로 농한기에 접어드는 때다. 농사일이 한가한 대설에는 콩으로 메주를 쑤는 풍습이 있다. 메주는 된장, 간장, 고추장 등 각종 장의 원료가 되는 우리나라 전통 음식이다. 먼저 삶은 콩이나 보리, 밀, 쌀 등 곡식을 익힌 후 덩어리로 만들어 볏짚 위에 2~3일간 말린 후 바람이 잘 통하는 처마 밑이나 기둥에 매달아 발효시킨다. '집안이 망하려면 장맛부터 변한다'라는 속담처럼 메주 만들기는 한 해 농사의 화룡점정(畫龍點睛)과도 같았다.

면역력이 떨어지는 대설 무렵에는 비타민이 풍부한 귤과 말린 곶감을 먹으며 영양을 보충했다. 팥죽은 동지를 대표하는 음식이지만 대설부터 이른 팥죽을 끓여 먹기도 했다. 땅은 얼고 동물은 몸을 숨겨 겨울잠에 드는 시기지만 사람들의 마음은 곳간에 가득 찬 곡식만큼이나 풍성했다.

동지
冬至
밤이 가장 길다

양력으로 12월 22일에 해당하는 동지는 겨울절기 중에서도 가장 중시됐던 절기다. 기온은 영하로 떨어지는 날이 잦고, 일 년 중 밤의 길이가 가장 길고 낮의 길이는 가장 짧은 날이다. 밤이 길어서 '호랑이 장가가는 날'이라는 표현도 생겼다. 밤이 긴 만큼 호랑이가 교미할 시간이 늘기 때문이라는 의미에서였다.

동지는 새해를 시작하는 '설'의 의미를 갖기도 했다. 아세(亞歲), 작은설이라고 불렸으며 '동지를 지나야 한 살 더 먹는다'라고 믿었다. 동지가 한 해를 시작하는 기준이 된 건 동서양을 막론한다. 동지는 태양의 남방고도가 1년 중 가장 낮아 밤이 길어진다. 북반구를 기준으로 동지가 지나면 태양이 점차 북상하면서 낮이 길어진다. '태양이 부활하는 날'은 여기에서 유래했다. 중국에서는 동지를 설이라고 여겼고 서양에서는 크리스마스가 서양의 동지 축제인 '율타이드(Yuletide)' 의식에서 비롯됐다고 본다.

동지에는 다양한 풍습이 있다. 가장 잘 알려진 풍습은 '동지첨치'다. 동지에 팥죽을 먹는 풍습으로 팥죽을 한 그릇 먹으면 한살을 더 먹는다고 생각했다. 붉은 팥죽은 귀신을 쫓는 힘이 있다고 여겨 잡안에 뿌리고 고사를 지내 잡귀를 물리치는 '동지고사'도 열렸다. 또한 뱀 사(蛇)를 종이에 써서 거꾸로 붙이는 '동지부적'으로 잡귀를 쫓을 수 있다고 믿었다.

집안의 며느리가 시할머니, 시어머니나 시누이 등 시집 여성들에게 버선을 지어주면서 수복을 비는 '동지헌말' 풍습도 있다. 형편이 좋지 않은 집도 버선만큼은 꼭 지어 바쳤다. 이밖에도 책력(달력)을 만들어 주고받는 '동지책력'도 빠지지 않았다. 조선시대 궁중은 농사의 적기와 일상 속 풍습이 기록된 책력을 간행하는 것이 국가적으로 매우 중요한 행사였다.

동지가 되면 사람들은 빚을 탕감해주고 서로의 안녕을 기원했다. 동지는 삶을 방해하는 모든 귀신과 액운을 쫓고 새로운 시작을 응원해주는 희망찬 절기였다.

소한
小寒
강추위를 대비하다

소한은 문자 그대로 읽으면 '작은(小) 추위(寒)'란 뜻이다. 양력 1월 5일 무렵이며 음력으로는 12월이다. 다음 절기가 대한(大寒)인 것으로 미뤄볼 때, 소한은 대한보다 덜 추워야 하지만 우리나라에서는 소한이 가장 추운 시기다. '소한에 얼어 죽은 사람은 있어도 대한에 얼어 죽은 사람은 없다', '대한이 소한의 집에 가서 얼어 죽는다'라는 속담을 봐도 알 수 있다. 중국 화북지방과는 다르게 우리나라는 대한보다 닷새가량

앞선 1월 15일 무렵이 1년 중 가장 춥다.

  소한은 양력을 기준으로 새해가 되어 맞는 첫 절기다. 한겨울 강추위인 '정초한파(正初寒波)'가 몰려오는 때로, 2021년 소한 무렵은 무려 영하 10℃를 기록하기도 했다. 한파로 인해 활동이 어려운 만큼 소한은 앞선 절기인 동지처럼 다양한 풍속을 행하진 못했다. 대부분이 혹한기에 들어서기 때문이다. 이때는 소한부터 입춘까지 약 한 달간 혹한에 대비하며 시간을 보냈다. 폭설이 자주 내리는 지방에서는 눈이 쌓여 바깥출입이 어려울 것을 대비해 땔감과 음식을 집안에 보관했다. 눈밭에 찍힌 동물의 발자국을 보며 사냥에 나서기도 했다. 먹을 것이 풍부하지 않은 계절이지만 사람들은 소한 무렵의 제철 음식인 귤, 고구마, 꼬막 등을 먹으며 영양을 보충했다.

  소한에 찾아오는 강한 한파는 현대사회처럼 난방시설이 잘 갖춰지지 않았던 농경사회에서는 가장 힘든 시기였다. 한파는 농작물에 냉해를 입혔고 건조한 날씨 탓에 화재가 날 위험도 컸다. 온 자연이 혹독한 시간을 보내는 소한, 사람들은 이 시간을 그저 버티고 견디며 다시 다가올 봄을 기다린다.

대한
大寒
한 해를 마무리하다

겨울절기의 마지막인 대한은 양력으로 1월 20일 무렵이다. 대한은 강한 추위를 의미하지만 실제로는 소한보다 기온이 높다. '대한 끝에 양춘이 있다'라는 속담은 대한이 지나면 봄의 첫 절기인 '입춘'이 돌아오는 데서 유래했다. 이는 절기의 순서를 뜻하는 것만은 아니다. 비록 지금은 어려움을 겪더라도 슬기롭게 이겨내면 좋은 결과가 있을 것이란 희망을 주고 싶을 때 많이 쓰였다.

  우리나라를 비롯한 동아시아 지역에서 대한은 한 해를 마무리하는 연말이라고 여겼다. 대한에서 다음날로 넘어가는 밤을 '해넘이'라고 불렀으며 이때 방과 마루에 콩을 뿌려서 악귀를 쫓는 풍습이 있었다. 대한이 다가오면 하루 중 한 끼는 죽을 먹기도 했다. 겨울에는 농사일, 바닷일 등 일감이 많이 줄어든다. 옛 사람들은 이런 상황에서 삼시세끼를 먹는 것에 대한 죄책감이 들어 한 끼는 죽을 먹었다는 이야기다. 밥을 먹을 때는 겨울 제철 음식인 시래깃국과 찰밥, 녹두전, 백김치 등을 반찬으로 곁들여 먹었다.

대한에서 눈에 띄는 또 다른 풍습은 '신구간(新舊間)'이다. 신구간은 대한 이후 5일부터 입춘이 되기 전 3일까지 약 일주일간의 기간을 뜻한다. 제주도에서는 이 한주간의 시간을 특별하게 생각했다. 이 기간에는 신들이 인간 세상에서 하늘로 올라가 옥황상제에게 새해의 직책을 맡고 지상에 내려오기 전이다. 신이 부재하는 시간으로, 이사, 집수리를 포함한 집안 손질을 이 기간에 반드시 해야 한다. 신들이 부재하는 동안 일어난 일은 신들이 모두 용납해준다고 믿었기 때문에, 평소에 꺼리고 미뤄둔 일을 해도 무탈하다고 여겼다. 반면 신구간이 아닌 때에 이런 일을 했다가는 동티*가 나서 집안에 우환이 생긴다고 생각했다. 이는 과거의 풍습이 아니라 현재에도 유효한 믿음이다. 지금도 제주도는 신구간에 이사를 하고 이 무렵에 부동산 매물도 많다. 이 시기를 놓치면 부동산 매물을 구하거나 세입자를 구하기 힘들다고 한다. 대한은 따뜻한 봄과 새로운 삶의 준비로 소리 없이 분주하다.

* 동티 : 건드리지 않을 일을 공연히 건드려서 스스로 걱정이나 해를 입게 됨을 의미

3. 24절기와 기후환경의 변화

우리 조상들에게 24절기가 유용했던 이유는 무엇보다 농사가 중요했기 때문이다. 24절기는 어떻게 농사에 대비하고 때맞춰 무엇을 해야 하는지 알려주었다. 그러나 지금은 과거만큼 농업을 생계 수단으로 삼는 이들이 많지 않다. 농업은 현대의 기술과 접목하여 기계화되고 있으며, 기후와 식성의 변화로 재배하는 농산물의 종류도 많이 변했다. 많은 이들이 농업의 생산자보다는 소비자로 살아가고 있다. 그동안 과거의 농업과 생활상을 중심으로 24절기를 읽었다면 이제 다른 방식으로 24절기를 읽어야 할 때이다.

달라진 농업, 달라진 생활문화

〈농가월령가〉는 약 200년 전 정약용 선생의 아들인 정학유 선생이 당시 농민들을 위해 지은 노래다. 월령이란 그 달 그 달 할 일을 적어놓은 표라 할 수 있다. 계절의 변화에 따라 농사와 세시풍속, 놀이, 행사는 물론 제철 음식과 명절 음식 등 미풍양속을 월별로 나누어 알려주고 있다. 농촌에서는 아직도 〈농가월령가〉에 나와 있는 행사를 이어가는 곳도 있다. 그러나 이제는 지역 축제나 민속 놀이 이벤트로 잠시 잠깐 등장할 뿐이다.

  200년 전과 비교하면 지금의 농업은 농업을 넘어 산업이 되었다. 농업 외에는 다른 일거리가 없던 때에는 모든 사람이 농사꾼이었지만 지금의 농사꾼은 전문 지식 능력을 갖춘 전문가를 의미한다. 자급자족이 목표였던 농업이 달라진 것은 자본주의가 도래된 이후라고 볼 수 있다. 자본의 발달로 공장제 공업이 전개되면서 농업에도 큰 변화를 몰고 왔다. 도시가 생겨나고 비농업인구가 늘어났고 식량의 수요는 급증했다. 한편으로 공업의 발달로 공업의 원료가 되는 농산물의 수요도 폭발했다. 그 결과 자급자족보다는 상품생산 농업이 발달하게 되었고, 농업 종사자들도 점점 농업상품을 생산하는 노동자가 되었다. 농업 기술은 나날이 발전해 대형 플랜트 농업이 가능해지고 기계 기술이 발달하여 농업의 산업화는 속도를 내기 시작했다. 기업화된 농업으로 소형 작물 재배는 점점 사라지고 대형 단일 작물 재배가 늘어나 각국마다 대량 수출 품목이 생겨났다.

　농업에도 점차 최첨단 과학기술이 활용되면서 농산물의 수확량이 증가하고 재배 품종이 다양해졌다. 그러나 우리나라는 1980년대를 기점으로 제조업과 서비스업을 중심으로 경제가 성장함에 따라 농업의 비중은 급격히 줄어들었다. 이 과정에서 청장년층이 도시로 빠져나가 농업 종사자도 눈에 띄게 줄었고 농촌은 노동력 부족과 고령화로 농업 경쟁력이 현저히 떨어졌다. 산업화와 도시화로 경지 면적도 크게 감소하였다. 자본주의 산업화는 농촌과 도시 모두를 변화시켰고, 우리의 생활문화도 변화를 겪을 수밖에 없었다.

　우리나라는 2007년을 기준으로 도시의 인구가 농촌의 인구보다 많아졌다. 국토교통부에 따르면, 전 세계 도시화율이 60%인 가운데 한국은 92.7%의 도시화율을 보이고 있다. 급격한 도시화는 공동체 의식이 끈끈했던 농촌과는 달리 소외된 개인들을 낳았다. 직업 이동으로 인한 거주지 이동이 잦고, 교육문제나 부동산 가격 변동으로 인한 이동이 빈번하기 때문에 지역에 기반을 둔 인간관계를 지속하기가 어렵다. 가족형태도 1인 가족이나 자녀 한 명을 둔 핵가족이 주를 이룬다. 도시화는 교통문제나 환경오염, 범죄 등 많은 문제를 야기하지만 사람들이 도시를 떠나지 못하는 이유는 분명하다.

모든 지식과 정보 문화가 도시에 집중되어 있기 때문이다.

  자연의 시계대로 사계절을 살던 시대를 지나 대부분의 사람들이 도시인으로 살고 있는 지금 우리들의 시계는 노동의 강도와 함께 흘러간다. 일주일 중의 5일은 일을 하고 2일은 쉬는 직업이라면 그나마 다행이다. 대부분이 나름의 강도대로 산업사회의 일꾼이 되어 있다. 가끔 달력을 보며 24절기 중 하나를 가리키는 날이 되면 모처럼 핑계 삼아 휴식의 시간을 갖기도 한다. 경칩에는 개구리 소리를 떠올려 보고, 청명에는 맑은 하늘을 올려다 본다. 복날에는 삼계탕을 먹고 동짓날에는 동지죽을 먹는다. 24절기 문화가 가끔은 바쁜 도시인들에게 잠깐의 휴식과 즐거움을 선사해준다.

24절기, 달라지는 생태계를 새롭게 읽는 법

어른이 된다는 것은 친숙했던 것들과의 이별에 익숙해지는 일이다. 친구들과도 헤어지고 가깝게 지내던 친척들과도 이별한다. 갑자기 유학을 떠나거나 이민을 가는 친구도 있다. 살가웠던 할머니, 할아버지가 돌아가시기도 하고, 부모님이 일찍 돌아가시기도 한다. "매일 이별하며 살고 있구나"라는 노래 가사가 사무칠 즈음이면 어느새 어른이 되어 어깨가 무거워져 있다.

  알게 모르게 또 이별하게 되는 것들이 있다. 어릴 적엔 그토록 가깝게 느껴지던 동물들과 식물들이다. 개구리, 미꾸라지, 벌, 매미, 참새, 거북이, 온갖 종류의 나무들과 들에 피어있던 여러가지 꽃들. 어릴 적 동네에서 뛰어놀다 눈에 익었거나 교과서에 자주 등장해서 친숙했던 친구들이다. 어른이 되어가면서 이들과 멀어지는 것은 생계에 필요한 전문지식을 채워가느라 바쁘기 때문이다. 해당 전공자가 아니라면 그 존재를 까맣게 잊게 된다. 도시에 살게 되면서 더 멀어지게 됐을 것이다. 우화나 동화에 등장해서 말도 하고 재주도 부렸던 친구들인데 어느새 잊혀져 있다. 가끔 뉴스에 등장하는 모습을 보게 되는데, 멸종 위기의 주인공으로 혹은 전염병의 원흉으로 인간에 의해 고통받는 모습이다. 그리고 새삼 야생동물의 삶의 위기, 멸종 등 환경 파괴가 얼마나 심각한지 깨닫게 된다.

동식물들은 노동의 시계를 따라 사는 인간과는 달리 여전히 날씨와 기후에 따라 살아간다. 온도가 높으면 높은 대로, 낮으면 낮은 대로 자신을 자연에 맞춘다. 해와 달과 별의 움직임을 따라, 지구 자기장의 신호를 따라 최선을 다해 집을 짓고 번식을 하면서 생태계를 풍요롭게 만든다. 생태계를 파괴하는 것은 자연의 시계를 따르지 않는 인간뿐이다. 사실 인간은 농사를 지으면서부터 생태계를 파괴해왔다. 농사 자체가 인위적인 대량생산을 이끌어내기 때문에 자연의 흐름을 끊고 재단하게 된다. 기계가 만들어지고 석탄과 석유 같은 화학 연료를 사용하기 시작하면서 상태는 더욱 심각해졌다. 현대 농업은 석유로 짓는 것과 마찬가지라는 말도 있다. 석유로 움직이는 대형 농기계, 밭을 덮어두는 비닐, 작물을 크게 빨리 키워주는 화학 비료 모두 석유가 있어야 만들어낼 수 있다.

농업혁명 이후 1만 년, 산업혁명 이후 200년의 시간이 흘렀다. 지구온난화가 지속되어 왔지만, 자연에 자신을 맞추던 동식물들은 스스로 변형되거나 서식지를 이동해 삶을 이어왔다. 그러다 스스로 맞출 수 있는 지경을 벗어나면 멸종의 길을 걷게 된다. 동식물의 멸종은 단순히 한 종의 멸종으로 끝나지 않는다. 생태계는 상호 연결되어 서로가 서로를 의지하며 살아가는 곳이다. 그 곳에서 인간만 예외일 수 없다. 인간은 생태계의 창조자가 아니라 생태계의 일원이다.

24절기는 농업이 삶의 근간이었던 시기부터 만들어진 자연을 따르는 지혜를 의미한다. 24절기가 이끄는 대로 살아야 인간에게 이익이었다. 그러나 이제 절기 문화를 그대로 따를 수 없는 시대가 되었다. 기후 변화가 극심해져 절기에 맞게 계절이 흐르지 않는다. 기후 변화는 생태계에 심각한 변화를 몰고 왔다. 도시화된 현대를 살아가는 우리들에게 24절기는 전통의 지혜로만 남을 것이 아니라 생태계 보호를 위해 다시 활용되어야할 유산이다. 24절기마다 이야기 속에 등장하는 동식물들 중에는 이미 멸종했거나 멸종 위기에 처한 종들도 많다. 달력에서 24절기를 읽을 때마다 잠시 이별했던 친구를 떠올리듯 동물과 식물 친구들을 소환해 봐야 한다. 잘 안다고 생각했지만 잊어 버렸거나, 전혀 몰랐던 사실들이 너무도 많을 것이다. 보호하기 위해 먼저 기억해내고 알아봐주는 일이 필요하다.

2

24절기와 동식물 그리고 환경이야기

입춘
―
우수

동물 호랑이
식물 상록수
환경 바이러스

한 해의 시작과 봄의 시작을 알리는 입춘과 우수에는 용맹과 기개를 상징하는
호랑이와 상록수 이야기가 어울린다. 백수의 제왕 호랑이와
늘 푸르른 상록수는 우리 민족에게 가장 친근한 동식물로 꼽힌다.

호랑이 민족의 호랑이 이야기

 "호랭이 물어가네" 어릴 적 어르신들이 어처구니없는 상황이면 입버릇처럼 하시던 말씀이다. 물론 그 시절 어르신들도 누군가가 호랑이한테 물려 눈앞에서 끌려가는 일은 경험해 보지 못했을 것이다. 하지만 황당하고 기막힌 일은 어김없이 호랑이가 물어갈 만한 일이 되었다. 우리 조상들에게 호랑이는 너무 무서워 대적하기 힘든 존재이면서 주변에 늘 있는 용맹스러운 동물이었다. 흔한 방언이나 동화 속 이야기를 통해 어르신들의 어르신들, 또 그 어르신들의 어르신들로부터 전해진 호랑이 이야기를 만날 수 있다.

유독 우리 민족과 친한 동물인 호랑이. 민족 신화인 단군 신화부터 호랑이가 등장한다. 곰과 호랑이가 사람이 되게 해 달라고 환웅에게 간청했고, 하나님의 아들인 환웅은 이들의 간청을 듣고 쑥 한 단과 마늘 스무 쪽을 주면서 100일간 동굴에 들어가 햇빛을 보지 않으면 사람이 될 수 있다고 했다. 곰은 시키는 대로 약속을 지켜 여자 사람이 되었으나 호랑이는 참지 못하고 중간에 뛰쳐나와 사람이 되지 못했다. 사람이 된 곰, 웅녀가 아이를 갖기를 원하였기에 환웅은 웅녀와 혼인하여 아들을 낳았고, 그 아들의 이름이 단군이다.

보통 곰은 소원을 이루기 위해 참고 인내하여 결국 목표를 달성하는 존재로, 호랑이는 참을성이 부족하여 중간에 포기하는 존재를 상징한다고 말한다. 또 한편에서는 곰은 잡식성 동물이라 쑥과 마늘로 허기를 달랠 수 있지만, 호랑이는 육식성 동물이라 배고픔을 참지 못했다고 해석하기도 한다. 애초에 불공정 계약인 환웅과의 약속을 파기하고, 곰을 잡아먹을 수도 있었지만 그대로 동굴 밖으로 나간 호랑이를 호탕하고 기개 넘치는 존재로 봤다는 해석도 있다. 성격이 급하고 낙천적인 우리 국민성이 호랑이와 더 어울린다고 말하는 사람들도 많다. 또 곰족은 자신의 정체성을 버리고 다른 존재가 되었지만, 호랑이족은 자신을 지켜 산신이 된 단군과 대등한 존재가 되었다고 해석하기도 한다. 어쩌면 이런 해석이 곰 정신보다 호랑이 정신이 각광받는 이유를 보여주는지도 모르겠다.

호랑이 정신은 우리나라 지도를 호랑이 형상으로 그리는 데도 녹아 들어갔다. 1903년 일본의 지질학자인 고토 분지로는 한반도의 형태가 중국을 향해 네 발을 모으고 비굴한 자세를 취하고 있는 토끼의 모양이라고 주장했다. 육당 최남선은 1908년 〈소년〉지 창간호에서 한반도의 형상을 호랑이로 그려 고토 분지로의 주장에 대항했다. 우리 민족은 먹이사슬의 아래에 있는 토끼가 아니라 제일 상위에 있는 백수의 제왕 호랑이라는 것이다. 호랑이 지도에 대해 최남선은 "맹호가 발을 들고 허우적거리면서 동아 대륙을 향하야 나르난 듯 뛰난 듯 생기 있게 할퀴며 달려드는 모양"이라고 설명했다. 우리 국민은 열렬한 호응과 응원으로 반응했고 이후 〈소년〉 잡지에는 호랑이 그림이 자주 등장했다. 호랑이 지도는 원작자가 누구인지도 모른 채 널리 보급되었고 지금은 당연히 호랑이 형상으로 우리나라 지도를 인식하는 사람들이 많다. 포항 호미곶의 지명에서도 "호랑이 꼬리"가 등장하는 것을 보면 호랑이 지도가 얼마나 국민의 마음을 움직였는지 알 수 있다.

호랑이와 더 친근해진 계기는 1988년 서울올림픽이다. 서울올림픽의 마스코트 호돌이는 서울올림픽이 개최되기 5년 전인 1983년 11월 29일에 공식 발표되었다. 88올림픽 당시 어린이였던 이들은 호돌이 그림을 수없이 그리고, 호돌이 티셔츠에 호돌이 신발을 신고 호돌이 가방을 메고 학교에 갔다. 호돌이의 영향으로 2018년 열린 평창동계올림픽에서도 백색 호랑이(이름 수호랑)가 마스코트로 채택되었다. 이처럼 호랑이를 올림픽 상징으로 삼은 나라는 우리나라가 유일하다. 호랑이 정신, 호랑이 민족으로 브랜딩을 하자는 의도가 무색하게 무척 귀여운 생김새를 가진 호돌이와 수호랑은 각국 선수들과 관광객들로부터 많은 사랑을 받았으며 지금까지도 국민의 애정과 관심을 듬뿍 받고 있다.

88올림픽을 계기로 대한민국은 많은 부분에서 호랑이 기운이 샘솟는 "다이나믹 코리아"로 불리며 세계 곳곳에서 인정받는 선진국으로 나아가고 있다. K-POP과 K-DRAMA로 대표되는 K-CULTURE는 한국의 위상까지도 달라지게 할 만큼 신드롬을 만들어가고 있다. 최근에는 한국관광공사에서 홍보 노래로 사용한 "범 내려온다"가 세계적인 인기를 끌기도 했다. K-CULTURE의 마스코트 호랑이를 콘텐츠로 만들어 한국을 홍보하는 일은

이제 너무도 자연스러운 일이 되었다.

　이처럼 호랑이와 친숙한 우리이지만 실제로 호랑이를 보거나 만져본 이는 드물 것이다. 호랑이는 실재하는 동물이 아니라 책이나 다큐멘터리에 등장하는 귀엽고 친근한 동물 친구 내지는 전설 속의 존재가 되어 버렸다. 호랑이는 한반도에서 이미 멸종위기종이다. 이렇게 된 데는 그 역사가 길다. 불살생(不殺生)을 기본으로 하는 불교를 숭상한 고려와 달리 유교를 국가 바탕으로 한 조선에서는 백성을 해치는 호랑이를 해로운 동물로 여겨 호랑이 사냥을 권장했다. 국가 차원에서 '착호갑사'라는 관직까지 만들어 호랑이를 전문적으로 사냥한 것이다. 당시 호랑이를 잡는 착호군이 한때 1만 명에 이른 것을 보면 호랑이가 얼마나 많이 살고 있었는지 짐작할 수 있다. 조선시대에 매년 조정에 바치던 호피의 숫자로 호랑이와 표범의 개체수를 계산하면 한반도에만 약 4,000~6,000마리가 살았을 것으로 추정한다. 일제강점기에는 '해수구제(해로운 동물로부터 국민을 보호한다)'라는 명분으로 호랑이를 포획하여 조금 남아 있던 호랑이마저 사라져 버렸다. 조선총독부의 통계에 따르면 1919년부터 23년 동안 포획된 표범의 수는 624마리, 호랑이는 97마리라고 한다. 1924년 1월 21일 강원도 횡성군에서 잡힌 호랑이가 한반도 야생 호랑이의 마지막 기록이다. 이후로 많은 언론과 연구자들, 주민들이 호랑이를 보았다고 증언했으나, 공식적으로 우리 땅에 서식하는 야생 호랑이는 사라진 것으로 보고 있다.

　사실 호랑이와 인간의 공존은 쉬운 일은 아니다. 호랑이가 늘어나면 인간이나 가축에 대한 피해와 위험이 커진다. 공존하는 지역도 물론 있다. 러시아에서 서식하는 아무르 호랑이의 경우, 인간이 먼저 도발하지 않는 이상 먼저 피해를 주는 경우는 거의 없다고 알려져 있다. 호랑이는 생물다양성 및 건강한 생태계를 유지하는 데 매우 중요한 역할을 한다. 어느 동물인들

그렇지 않으랴. 그러나 덩치가 큰 동물일수록 서식지의 훼손과 같은 인위적 변화에 적응하기가 힘들다. 세력권이 넓은 만큼 숲속의 도로나 댐 공사 등으로 활동 공간이 쉽게 단절될 수밖에 없다. 지구상에는 호랑이가 살 수 있는 곳이 점점 사라지고 있다.

호랑이는 생물종 분류로는 고양잇과에 속한다. 노란 바탕에 검은 가로줄 무늬가 특징인데, 생후부터 성장 후에도 남아 있다. 몸통은 길고 발은 비교적 짧고 코와 입 끝의 폭이 좁다. 귀는 폭이 좁고 그 등면은 검은색이며 중앙에 크고 흰 얼룩점이 있다. 수컷은 암컷보다 크고 강한 턱과 긴 송곳니가 특징이다. 발톱의 발달이 좋고 특히 첫 번째, 즉 엄지발톱이 강력하다. 보통 때에는 발톱 집 속에 넣어 둔다고 한다. 호랑이의 이런 특징들은 주변에서 흔히 볼 수 있는 고양이의 특징과 많이 닮았다. 우리 민족은 애완동물로 전통적으로 개를 선호했지만, 고양이도 많이 키운다. 호랑이의 귀여운 버전인 고양이에게서 호랑이의 기운이 감지될 때도 있을 것이다. 호랑이 민족의 호랑이 이야기가 호랑이 담배 피던 시절 이야기로 끝나지 않고 꾸준히 이어지기 위해 우리가 할 수 있는 일은 과연 무엇일까.

상록수 곁에서 상록수처럼 살기

저 들에 푸르른 솔잎을 보라/ 돌보는 사람도 하나 없는데/
비바람 맞고 눈보라 쳐도/ 온누리 끝까지 맘껏 푸르다…
우리 나갈 길 멀고 험해도/ 깨치고 나아가 끝내 이기리라/
깨치고 나아가 끝내 이기리라.

'상록수' 하면 가장 먼저 이 노래를 떠올리는 이들이 많다. '상록수'는 언제 어디서 울려 퍼져도 모든 국민이 따라 부를 수 있기에 '국민가요'라 불린다. '상록수'는 1978년 가수 양희은의 음반에 수록되었다. 당시에는 작사자와 작곡자의 이름을 숨기고 '거치른 들판에 푸르른 솔잎처럼'이라는 제목으로 실렸다. 이 곡은 작곡자 김민기 씨가 1977년 부평의 한 공장에서 일할 당시 노동자들의 합동결혼식을 주선하면서 축가로 부르기 위해 만들었다고 한다. 이후 김대중 정부 때 공익광고 캠페인송으로 전파를 탔고, 박세리 선수의 US 여자 오픈 우승 장면을 실은 광고음악으로 큰 사랑을 받았다. 2002년 대통령 선거 때는 당시 노무현 후보가 기타를 치며 이 노래를 부르는 모습이 선거 홍보 영상으로 제작되기도 했다.

'상록수'라는 고유명사를 차지한 또 하나의 유명한 이야기는 소설 '상록수'이다. 심훈의 소설 '상록수'는 1935년 동아일보 특별공모 당선작으로 당시의 농촌계몽운동을 소재로 한 청춘 소설이다. 주인공인 채영신은 실제 농촌계몽운동을 펼쳤던 최용신(1909~1935)을 모델로 했다고 한다. 일제강점기 시절임에도 소설에 묘사된 것처럼 "누구든지 학교로 오너라." "배우고야 무슨 일이든지 한다."의 정신으로 학생들에게 배움의 장을 활짝 열어주었던 분이다. 최용신은 농촌계몽운동을 더 체계적으로 배우기 위해 일본으로 유학을 떠났고, 각기병 악화로 6개월 만에 돌아온다. 함께 공부하던 아이들은 선생의 귀환을 반겼지만, 강습소는 지원을 받지 못해 운영이 어려워진다. 최용신은 각계각층의 지원을 호소하며 여성잡지 여론(女論)에 글을 발표하기도 했으나 반응은 냉담했다. 선생은 과로와 병의 과중으로 1935년 1월 생을 마감한다. 25년 6개월의 짧은 생애였다. 불꽃 같았던 그의 삶은 꺼지지 않는 생명력으로 여전히 우리들의 마음속에 살아 움직이고 있다. 선생의 강습소가 있던 안산의 샘골 마을에는 2007년 최용신 기념관이 만들어졌다.

우리 문화 속에 녹아 있는 상록수는 이처럼 맑고 푸른 불굴의 정신과 맞닿아 있다. 이는 '항상 푸른 나무'라는 뜻을 가진 상록수가 우리에게 보여주고 있는 모습과 닮았다. 상록수는 겨울에도 초록색 잎을 그대로 달고 있다. 세상이 모두 생기를 잃고 길고 긴 추위를 견뎌내야 할 때도 상록수는 푸른 자태를 유지하며 내일에 대한 희망과 용기를 전해준다. 물론 이것은 인간의 눈에 비친 상록수의 모습일 뿐이다. 상록수라는 이름은 상록수 자신에게는 아무런 의미가 없다. 상록수는 환경에 맞춰 자신의 유전학적 기호를 풀어내고 있을 뿐, 인간을 위해 푸르름을 유지하는 것은 아니기 때문이다. 다른 나무의 잎은 봄에 피어나 겨울에 모두 떨어지지만, 상록수의 잎은 봄에 나와서 몇 년이 지난 후에 떨어진다. 상록수 가지에는 몇 년 동안 나온 잎이 차곡차곡 붙어 있고, 그 잎들 가운데 오래된 잎만 낙엽이 된다. 가을이 되었다고 해서 한꺼번에 모든 잎을 떨어뜨리지 않기 때문에 항상 푸르게 잎을 유지하는 것처럼 보인다. 상록수의 길고 긴 생명력은 이렇게 눈에 보이지 않는 바통 터치의 결과이다. 인간의 눈은 그 기나긴 과정의 평균만을 감지할 수 있다.

상록수의 잎갈이 주기는 나무 종류에 따라 다르다. 소나무는 2~3년에 한번 잎갈이를 한다. 오래된 잎은 새로 돋은 1~2년생 젊은 잎에게 자리를 내주고 갈색으로 변한다. 주목이나 전나무는 4~5년 주기로 단풍이 든다. 비자나무는 6~7년이 넘어야 단풍이 들고 10년을 넘기기도 한다. 잎갈이 수명이 왜 이렇게 다른지 그 이유에 대해 정확히 밝혀진 바는 없다. 아마도 나무들의 유전자 구조에 따라 나름대로 환경에 적응해 나간 결과일 것이다. 잎이 젊을수록 광합성 효율이 높고, 오래된 잎일수록 광합성 효율이 낮다. 광합성 효율만 따진다면 가능한 짧은 기간 안에 새잎으로 바꿔주는 것이 낫다. 그러나 나무가 새잎을 생성하기 위해서는 엄청난 에너지를 써야 한다. 매년 새잎을 만들고 기존에 있던 잎들까지 오랜 시간 지속적으로 양분을 배분하는 상록수는 단년생 잎을 만드는 나무들보다 에너지 관리를 체계적으로 하는 셈이다. 상록수를 변하지 않는 불굴의 정신과 연결하는 은유는 이런 자기 돌봄과 관리에서 기인한 것일지도 모르겠다.

우리에게 가장 익숙한 상록수는 소나무이다. 예부터 소나무는 우리가 태어나서 죽을 때까지 함께 하는 나무였다. 아이가 태어나면 금줄에 솔가지를 매달아 나쁜 기운을 쫓아냈으며, 소나무로 만든 집을 짓고 살다가 죽으면 소나무로 만든 관에 들어가 소나무가 있는 산에 묻혔다. 우리 민족은 소나무와 떼래야 뗄 수 없는 관계이다. 애국가 2절에도 소나무가 등장한다. "남산 위에 저 소나무 철갑을 두른 듯 바람 서리 불변함은 우리 기상일세"로 소나무의 강인함을 표현한다. 소나무 줄기에는 끈끈한 송진이 있다. 송진은 몸에 난 상처를 막아주는 반창고 같은 역할을 한다. 송진 덕분에 소나무 목재로 지은 집은 습기에 강하고 뒤틀리지 않으며 벌레가 먹지 않는다고 한다. 그래서 궁궐을 지을 때도 꼭 소나무 목재만 사용했다.

소나무는 몹시 추운 지대를 빼면 어디서든 잘 자란다. 제주도 한라산에서 북한의 백두산까지 우리나라에서 가장 넓은 면적을 차지하며 자라고 있다. 그런데 소나무는 자신들이 터를 잡은 땅에 누가 들어와 사는 것을 아주 싫

어한다. 다른 식물들이 잘 자라지 못하도록 잎과 뿌리에서 특이한 화학 물질인 갈로탄닌(Gallotannin)을 분비한다. 소나무들끼리만 무리 지어 울창한 숲을 이루는 것은 이런 이유 때문이다. 소나무가 지구에 나타난 것은 약 1억 7천 만 년 전쯤이다. 우리나라에는 약 6천 년 전쯤에 나타났다. 이렇게 지구의 오랜 벗인 소나무도 최근에는 온난화의 영향으로 밀집 지대가 사라지고 있다. 50년 뒤에는 서울에서 소나무를 보기 힘들어질 것이라는 이야기도 나온다.

  소나무과에 속하는 나무로 역시 대표적 상록수인 잣나무가 있다. 소나무와 잣나무는 생김새가 비슷하지만, 잎의 개수가 다르다. 소나무는 잎이 한 곳에서 2개가 나오고 잣나무는 한 곳에서 5개의 바늘잎이 나온다. 잣나무는 줄기가 굽지 않고 대부분 한 줄기로 곧게 자란다. 곧고 아름다운 잣나무 목

재는 가볍고 부드러워 다양한 모양을 내기 때문에 고급 건축재와 가구재로 많이 쓰인다. 잣나무 씨앗인 잣은 고소한 맛으로 사람뿐 아니라 동물에게도 인기가 많다.

전나무도 울창한 숲을 이루며 곧게 자라는 상록수이다. 전나무는 30~40m가 될 때까지 굽거나 휨 없이 곧게 자란다. 겉모습만 보면 홀로 씩씩하게 자랄 것 같지만 전나무는 반드시 동료들과 함께 자라야 한다. 뿌리를 땅속으로 깊게 내리지 않고 옆으로 넓게 뻗으며 자라기 때문에 혼자 있으면 잘 넘어지고 부러지기 쉽다. 또 전나무는 환경오염에 아주 약하고 공해가 심한 곳에는 잘 자라지 못한다. 또 다른 상록수인 주목은 줄기 껍질과 속이 모두 붉은색이라 붉을 주(朱)와 나무 목(木)자를 써서 이름을 붙였다. 주로 태백산이나 지리산처럼 높은 산에서 잘 자란다. 소백산에 있는 주목 숲은 천연기념물로 지정됐다. 주목은 자라는 속도가 느린 만큼 아주 오래 사는 나무이다. 천년 사는 것으로도 부족해 죽어서도 천년 동안 썩지 않는다는 말이 있다. 자라는 속도가 느려서 한 번 만들어 놓은 모양이 잘 변하지 않는다. 그래서 정원이나 공원을 꾸밀 때 많이 심는 나무다. 주목의 씨앗에는 독이 있다. 또 줄기 껍질에 암을 치료하는 데 쓰이는 택솔(Taxol)이라는 성분이 들어 있다.

우리 주변에서 쉽게 볼 수 있는 상록수는 대부분 침엽수이다. 물론 잎이 넓은 활엽수 중에도 상록수가 있다. 활엽수 상록수로는 사철나무와 동백나무가 대표적이다. 사철나무는 추운 곳만 아니라면 어디서든 볼 수 있다. 메마른 땅에서도, 공해가 심한 곳에서도 심지어 소금기가 있는 땅에서도 잘 자란다. 키우기도 쉽고 원하는 대로 가지치기를 해도 잘 자란다. 잎이 두껍고 질긴 특성이 있으며 잎에서 반들반들 윤기가 난다. 동백나무도 잎에 광택이 있다. 반짝이는 잎과 겨울철 붉은 꽃의 자태로 한겨울 인기를 독차지하는 동백나무는 동북아시아 지역에서 오랫동안 사랑받아온 상록수이다. 우리나라에서는 울릉도와 제주도 등 중부 이남의 해안 산지에 주로 자생하고 있다. 이 외에도 항상 푸르게 빛나는 나무들이 우리 주변을 늘 지켜주고 있다. 묵묵히 있지만 푸른 잎을 유지해주는 것만으로도 인간에게 얼마나 큰 축복인지 모른다. 인간은 상록수의 순환을 따라 울고 웃는다. 늘 푸른 상록수의 의미처럼 "깨치고 나아가 끝내 이기는" 법칙을 상록수는 진짜 알고 있을지도 모른다.

바이러스, 인류의 천적이 될 것인가

2020년 2월, 찬바람을 뚫고 전해진 소식은 따뜻한 봄소식이 아니었다. 가깝고도 먼 바이러스의 출현. 사스, 메르스 등 근간에 경험한 바이러스에 대한 기억이 남아 있었기 때문에 처음에는 새로운 바이러스에 대한 경각심이 크지 않았다. 그러나 곧 세계보건기구는 전염병 대유행을 의미하는 팬데믹을 선언하였고, 여름 개최를 준비하던 도쿄올림픽이 연기되는 등 역사에 새겨질 바이러스 사태는 해를 넘기고 2021년 현재까지도 진행 중이다. 코로나19 바이러스는 작게는 일상의 변화를, 크게는 인류의 운명을 좌우할 중대한 시험대이다. 최첨단 과학기술로 문명화된 인류가 바이러스와의 전쟁 내지는 공생을 어떤 식으로 처리해 나갈지 온갖 예측이 쏟아지고 있다.

바이러스는 핵산과 단백질로 구성된 20~30nm 정도의 병원체를 말한다. 세균보다 훨씬 작아 세균 여과기를 그냥 통과해버린다. 생물과 무생물의 특성을 모두 가지고 있으며 전형적인 세포의 형태를 갖추고 있지 않기 때문에 생물체 밖에서는 단백질 결정체에 불과하다. 스스로 물질대사를 할 수 없어서 독립적으로는 살아갈 수 없고 생물체 안으로 들어가야만 기능할 수 있다. 바이러스가 기생하여 사는 생물체를 숙주(宿主)라고 하는데, 적당한 숙주세포를 찾아 들어가면 바이러스는 효소를 이용하여 물질대사를 하면서 증식하게 된다. 바이러스는 핵산의 종류에 따라 유전물질로 DNA를 가지면 DNA바이러스라 하고, RNA를 가지면 RNA바이러스라고 한다. 코로나19 바이러스는 RNA바이러스이다.

코로나19로 인해 바이러스라는 새로운 적을 만난 것 같지만 우리는 바이러스와 항상 가까이 있었다. 감기와 독감도 바이러스에 의한 감염증이다. 후천성면역결핍증(AIDS), 소아마비, 간염, 홍역, 천연두, 풍진, 수두 등도 바이러스가 원인이다. 바이러스에 의한 질병은 치료가 쉽지 않다. 해당 바이러스에만 선택적으로 작용하는 약물을 개발해야 하고, 약물을 개발하더라도 돌연변이가 잘 생겨서 치료제의 효과가 낮기 때문이다. 코로나19처럼 더 많이 퍼질수록 새로운 돌연변이가 발생할 확률은 높아진다. 바이러스는 숙주세포에 기생하기 때문에 약물로 바이러스를 소멸시키고자 할 때 숙주세포도 함께 피해를 입는다. 숙주세포가 죽어버리면 자신도 죽을 수밖에 없으니 바이러스는 어떻게든 다른 숙주를 찾아 옮아가거나 숙주세포를 자신이 상주하기 편한 상태로 변형시켜 버린다. 숙주세포가 되는 인간이 피해를 입지 않고 바이러스를 완전히 사멸시키는 일은 생각보다 쉽지 않다.

백신과 치료제에 대한 기대가 높아지고 있지만, 한편에서는 인류가 경험해 보지 못한 바이러스의 등장에 대해서도 대비해야 한다는 목소리가 있다. 기후변화가 심각해지면서 영구동토, 만년설, 빙하 속에 동면하고 있는 고대 바이러스가 부활하게 될 것이란 예측이 있다. 2016년 러시아 야말로네네츠라는 자치구에서 '시베리아의 역병'이라고 불리던 탄저병이 다시 발생했다. 목동 1명이 사망하고 2,300여 마리의 순록이 집단 감염되어 떼죽음을 맞았다. 주민들을 대상으로 검사한 결과 8명이 탄저균에 감염됐다. 온난화로 기온이 매년 증가하자 영구동토층이 녹으면서 탄저균에 감염됐던 동물 사체가 드러났고 탄저균이 지하수로 흘러들면서 온 마을에 병이 퍼졌을 것이라고 한다. 티베트고원의 빙하를 뚫고 표본을 채취하여 약 15,000년 전에 발생한 것으로 추정되는 바이러스를 발견하기도 했다. 앞으로 깨어날 바이러스가 인류를 어떻게 공격할지, 과연 인류가 대처할 수 있을지 아직 오리무중이다. 기후변화와 고대 바이러스의 부활이 인류의 미래를 한 순간에 바꿔버릴 가능성도 충분히 있다.

경칩
춘분

동물 개구리
식물 꽃가루
환경 미세먼지

경칩의 주인공은 누가 뭐래도 개구리다. 개구리가 깨어났다는 것은 지상의 공기가 따뜻해지고 땅이 녹기 시작했다는 의미다. 이즈음엔 개구리뿐 아니라 봄의 전령들이 하나둘 생존신고를 하며 새 세상이 열렸음을 알린다. 겨우내 조용하던 세상이 소란스러워지고 사방에서 뭔가 뿌옇게 날아다닌다.

개구리에게는 억울한 사연이 있다

 개구리는 아주 가깝고 친근한 동물이다. 개구리로 대표되는 절기가 있을 정도로 언제 어디서나 눈에 띄는 동물이다. 기원을 따져보면 인간보다도 먼저 지구에 살기 시작했고, 종류도 다양하게 진화했으며, 개체수도 많다. 남극과 그린란드 같은 극지역을 제외하고 지구상 어느 곳에서나 개구리를 볼 수 있다. 하지만 최근 들어서는 개구리가 서식할 수 있는 곳이 줄어들고 있다. 개구리는 물가 주변이나 풀숲이 있는 곳에 살아야 한다. 대부분의 양서류가 물과 땅 양쪽에서 살 수 있지만, 물이 없는 곳에서는 오래 버티지 못한다. 아파트나 공장을 짓기 위해 못이나 습지가 메워지고 도로가 생기면 개구리들은 갈 곳이 없다. 도시화 과정에서 개구리가 살만한 장소가 많이 사라지고 있다. 아직 남아있는 서식지도 언제 사라질지 모른다. 당연한 귀결(歸結)이다. 이런 상황이라면 미래에는 개구리를 만나기 위해 박물관에 가야할지도 모를 일이다.

동화나 속담에 등장하는 개구리는 교훈적인 메시지를 담고 있을 때가 많다. 개구리는 현명한 동물보다는 어리석은 동물로, 강하기보다는 약하고 보잘 것 없는 존재로 묘사되곤 한다. 그 유명한 청개구리 이야기만 해도 어리석고 미련한 이미지로 그려지고 있다. 평생 엄마 말을 안 듣고 거꾸로만 행동했던 어린 청개구리는 엄마가 돌아가시자 연못가에 무덤을 만들었는데, 비가 오면 무덤이 떠내려갈까 봐 몹시도 구슬피 울고 있다는 이야기. 엄마는 '어린 청개구리가 당연히 거꾸로 행동하겠지', 하며 연못가에 무덤을 만들어 달라고 한 것인데, 이 녀석은 엄마의 마지막 말이라고 곧이곧대로 연못가에 무덤을 만드는 어리석은 짓을 하고 만다. 물론 청개구리 이야기는

짝짓기 시기에는 연못가 근처에서 활동하다가, 짝짓기가 끝나면 주변의 나무나 숲으로 들어가는 청개구리의 생태를 알고 이를 응용해 만든 이야기이다. 참고로 비가 오고 습도가 충분해지면 개구리들의 산란 조건이 좋아진다. 피부의 적정습도보다 습도가 높아져서 피부호흡을 중단하고 폐호흡에 에너지를 쓸 수 있다. 그래서 짝을 부르는 개굴개굴 소리도 시원하게 낼 수 있다. 비 오는 날 더 커지는 개구리 소리는 청개구리의 슬픈 울음소리가 아니라 즐거운 환호성일 가능성이 크다.

그림 형제의 동화 〈개구리 왕자〉는 마법에 걸려 개구리가 됐던 왕자가 공주를 만나 우여곡절 끝에 마법에서 풀려난다는 이야기다. 많고 많은 동물 중에 왜 하필 개구리로 만들었을까? 아주 작고 하찮은 존재, 혹은 물컹하고 징그러운 존재로 마법의 효과를 극대화시킨 것이다. 공주는 연못에 빠진 자신의 황금공을 찾아주면 친구가 되어주기로 약속해 놓고도 공을 찾아 준 개구리를 외면한다. 공주는 약속을 지키라고 찾아간 개구리가 징그럽다며 바닥에 던져버리는데, 그때 개구리가 '펑'하고 왕자가 된다. 이야기는 해피엔딩이지만 뭔가 석연치는 않다. 이 이야기의 교훈은 두 가지 버전이다. 한번 한 약속은 무슨 일이 있어도 지켜야 된다는 것. 외모로만 상대를 판단하거나 타인을 무시하지 말라는 것. 그러나 〈개구리 왕자〉는 교훈만 골라내기에는 이야기의 개연성이 너무 떨어져서 재밌게 읽기에는 한계가 있다.

개구리가 인용된 속담도 많다. 가장 흔한 속담에는 "우물 안 개구리"가 있다. 개구리가 자신이 사는 우물 안이 세상의 전부인 줄 안다는 의미로, 넓은 세상의 형편과 정보에 어둡고 견식이 좁은 사람을 일컫는 말이다. "개구리 올챙이적 생각 못 한다"에서도 개구리는 어리석은 존재를 상징한다. 이름을 날리고 성공한 사람이 지난날 미천하거나 어려웠던 때를 잊고 처음부터 잘났었다는 듯이 행동할 때 하는 말이다. "어정뜨기는 칠팔월 개구리"라는 속담도 있다. 혹서기라 활동하기 힘든 계절임에도 눈에 띄는 개구리를 일컫는 말로 마땅히 해야 할 때를 모르고 엉뚱하게 움직이는 것을 뜻한다. "성균관 개구리"는 성균관의 선비들이 줄곧 앉아서 글을 읽는 것이 마치 개구리가 함께 우는 모습과 비슷하다는 말로 자나깨나 글만 읽는 사람을 비웃으며 하는 말이다. 이처럼 개구리가 인용된 이야기나 속담은 대부분 개구리를 하찮고 못난 존재로 취급한다. 그러나 우리들의 친구 개구리는 그렇게 쉽게 취급할 동물은 아니다.

경칩 즈음에 겨울잠에서 깨어난 개구리는 꽤 바쁜 일상을 보낸다. 기지개를 켠 개구리는 뒷다리 근육을 사용해 폴짝폴짝 뛰며 번식을 위해 주변을 탐색한다. 번식기에 이른 수컷 개구리는 산란지를 미리 선정하고 울음소리로 암컷을 유인한다. 소리가 크면 클수록 암컷 개구리를 많이 차지할 수 있다고 한다. 수컷의 앞발은 산란기가 되면 앞발가락에 산란혹이 생겨 암컷을 끌어안기 좋게 두툼하게 발달한다. 수컷이 암컷의 겨드랑이나 허리를 껴안는 행동을 포접(抱接)이라고 하는데 산란혹이 두툼할수록 포접 성공률이 높아진다. 산란기가 끝나면 산란혹이 사라지고 다시 원래 모습으로 돌아온다. 포접에 성공하여 암컷이 알을 낳으면 수컷이 알 위에 정자를 뿌려서 체외수정이 이루어진다.

　알에서 아가미가 생기고 꼬리와 입이 생겨 올챙이가 되기까지 2일~10일 정도가 걸린다. 15일 정도가 되면 눈, 코가 생기고 뒷다리가 나온다. 25일 정도가 되면 앞다리가 나오고 이후 꼬리가 짧아지면서 우리가 익히 알고 있는 개구리 모습이 나온다. 성체가 되기까지 짧으면 20일, 길면 두 달이면 충분하다. 종류에 따라 알을 낳는 시기가 조금씩 다르지만, 개구리는 2월부터 늦게는 8월까지 알을 낳는다고 한다. 날씨가 차츰 추워지는 10월이 되면 개구리는 겨울잠을 준비한다. 금개구리의 경우 뒷다리로 흙을 20~40센티미터쯤 파고 들어가 겨울잠을 자고, 큰산개구리(북방산개구리)는 계곡 물속 바위 아래나 산속 낙엽 밑이나 흙 속에 겨울 보금자리를 만든다. 이렇게 한 해를 보낸 개구리는 다음 해 경칩 무렵까지 겨울잠에 든다. 야생에 사는 개구리의 수명은 평균 7~8년 정도라고 한다. 여리고 약하게만 보이지만 개구리의 번식력과 생존 능력은 뛰어나다 할 수 있겠다.

　개구리는 사냥 능력도 뛰어나며, 보통 파리, 모기, 지렁이, 메뚜기 등을 잡아먹는다. 개구리가 눈 깜짝할 사이에 먹이를 타격하는 모습을 슬로모션으로 잡은 영상을 한 번쯤 보았을 것이다. 사실 눈 깜짝할 시간보다 5배 정도 빠르며, 빠를 뿐만 아니라 초고도로 부드럽다. 발사된 혀가 목표물에 닿았을 때, 혀는 철썩대는 것처럼 먹이를 감싼다. 개구리의 타액은 점성도가 높은 상태로 끈적끈적하다. 혀가 표적에 부딪치면 타액이 얇은 막을 형성하여 먹이의 표면을 에워싼다. 혀가 개구리의 입으로 다시 들어가면 타액은 더 두꺼워져서 먹이가 요동치더라도 안전하게 잡아먹는다. 독특한 특성의 침, 신축성이 뛰어난 혀를 사용한 개구리의 한 끼 식사는 눈 깜짝할 시간, 아니 그보다 더 짧은 시간에 끝나버린다.

개구리는 움직이는 먹이만을 잡을 수 있다. 개구리의 눈은 눈동자가 고정되어 있기에 움직이지 않는 사물을 볼 수 없다. 코앞에 벌레가 있어도 움직이지 않으면 알아채지 못한다. 하지만 돌출된 눈은 360°를 보는 것이 가능하다. 볼록렌즈처럼 개구리의 시각에는 가깝고 낮은 물체는 크게 보이고, 자신에게서 멀어지는 물체는 아주 작게 보인다. 가까이에서 낮게 날아가는 파리는 엄청나게 크게 보이기 때문에 절대 놓치지 않고 사냥이 가능하다. 시야에서 벗어난 파리는 개구리에게는 작고 의미 없는 벌레일 뿐이다. 화려한 색을 자랑하는 벌레도 개구리에게는 의미가 없다. 색맹이기 때문이다. 개구리는 자신의 특성에 맞는 눈을 갖도록 진화함으로써 이제껏 살아남았다. 개구리는 개구리만의 생존 DNA를 멋지게 발휘하여 생태계의 중요한 일원으로 자리 잡을 수 있었다.

개구리와 같은 양서류를 환경지표종이라고 한다. 양서류는 물과 땅을 오가며 살기 때문에 양쪽 환경이 모두 중요하다. 폐로도 피부로도 숨을 쉬는 개구리는 오염된 공기도 더러운 물도 그대로 빨아들인다. 그만큼 환경변화를 빠르게 감지하여 다른 동물보다 먼저 영향을 받게 된다. 기형 개구리가 나타나거나 개구리 개체수가 줄면 그만큼 환경이 나빠졌다는 의미다. 현재 기후변화로 양서류의 30% 이상이 멸종위기에 처해 있다. 한반도에 서식하는 개구리도 그 개체수가 급격히 줄어든 상태다. 봄비와 함께 울어대는 개구리 소리가 끊이지 않도록 우리가 해야 할 일을 생각해야 할 때다.

누가 꽃가루를 옮겨 놨을까

꽃이 피는 계절이 오면 세상이 화사해진다. 무채색이던 세상이 형형색색 옷을 입고 춤을 추는 것 같다. 경칩과 춘분은 꽃들이 무대를 준비하는 시기다. 이즈음에는 찬 공기가 물러가고 따뜻한 남쪽의 기운이 강해져 바람도 온순해진다. 그러나 여몄던 옷깃을 열고 따뜻한 공기를 마셔보자고 깊게 숨을 들이쉬었다가는 '엣취'하고 재채기를 내뱉기가 십상이다. 공기 중에 온갖 가루들이 날리고 있기 때문이다. 먼지인 듯 먼지 아닌 먼지 같은 이 가루들, 바로 꽃가루다.

일본에서는 봄만 되면 '화분증(花粉症)'이라 불리는 국민병이 유행한다. 화분증은 꽃가루 알레르기로, 알레르기 체질인 사람이 꽃망울이 터지면서 나오는 아주 작은 꽃가루를 들이마실 때 발생하는 호흡기 질환이다. 화분증은 재채기로만 끝나지 않고 증세가 심해지면 피부염이나 천식까지 유발한다. 도쿄의 경우 2명 중 1명은 화분증으로 고생한다는 조사가 있었다. 보통 2월부터 4월까지는 삼나무 꽃가루가, 3월 중순부터 4월 말까지는 편백 꽃가루가 날린다. 일본은 1950년대부터 국가재건에 필요한 목재를 얻기 위해 비교적 빨리 자라는 삼나무와 편백을 전국적으로 심었는데 십여 년 후 이 나무들이 국민의 반이 고생하는 알레르기의 주범이 되어버렸다. 나무를 몽땅 뽑아버릴 수는 없으니 일본인들은 개개인이 알아서 화분증에 대비해야 했다. 외출할 때는 꼭 마스크를 쓰고 집에 돌아오면 옷을 잘 털어서 보관하고, 집안 곳곳의 먼지를 제거해야 한다. 일본인들이 일찍부터 마스크 쓰기를 생활화했던 데는 이런 이유가 있었다.

일본처럼 심하진 않지만, 우리나라도 봄만 되면 알레르기로 고생하는 사람이 많아졌다. 도시의 건조하고 따뜻한 열섬 현상은 알레르기를 증폭시키는 원인이 된다. 꽃가루 알레르기는 기후 환경에 따라 강도가 달라지는 것이다. 꽃가루는 너무 작아서 눈에 잘 띄지 않고, 많이 날릴 때만 뭉쳐서 먼지처럼 보인다. 눈에 보이지 않더라도 식물들의 생식이 활발해지는 시기에는 알레르기 예방에 항상 주의해야 한다.

 꽃가루가 날리는 시기는 나무들의 수분이 이루어지는 시기다. 수분은 나무의 수술에서 만들어진 꽃가루가 암술머리에 옮겨붙는 것으로, 흔히 꽃가루받이라고 표현한다. 한 장소에 고정되어 자라는 나무들은 다음 세대를 남기기 위해 가능한 한 널리 꽃가루를 퍼뜨리려고 한다. 꽃나무를 예로 들면 누가 꽃가루를 옮겨주느냐에 따라 충매화, 풍매화, 수매화, 조매화 등으로 나뉜다. 충매화는 꽃가루 이동에 곤충을 이용하는 꽃이다. 꽃은 향기, 색깔, 독특한 모양으로 곤충을 유혹하고 곤충은 꽃샘에 있는 꿀(화밀)을 먹는다. 꿀을 먹으며 몸통과 다리에 붙은 꽃가루를 다른 꽃에 가서 옮겨 놓게 된다. 충매화는 대부분 꽃잎이 크고 화려하다. 꽃잎이 작으면 뭉치로 피는 특징이

있다. 장미, 튤립, 호박, 개나리, 무궁화, 벚나무, 진달래, 철쭉, 참깨, 들깨, 목화 등이 충매화이다. 꽃을 피우고 열매를 맺는 속씨식물들에는 충매화가 많다. 이런 사실은 속씨식물과 곤충이 함께 진화했음을 보여준다.

풍매화는 바람을 이용해 꽃가루받이를 한다. 소나무, 삼나무 등 겉씨식물들 대부분이 바람에게 꽃가루를 맡긴다. 풍매화는 꽃이 아주 작거나 없고, 향기와 꿀도 없다. 곤충이나 새를 끌어들일 이유가 없기 때문이다. 대신 많은 수의 꽃가루를 생산한다. 그리고 꽃가루가 바람에 잘 날아갈 수 있도록 가볍고 서로 달라붙지 않게 만든다. 바람에 잘 날릴 수 있도록 수술이 공기 중에 노출되어 있으며 암술은 큰 깃털 모양으로 날아오는 꽃가루를 쉽게 잡을 수 있는 구조로 되어 있다. 벼, 보리, 옥수수 등도 바람을 통해 꽃가루받이가 이루어지는 대표적인 식물이다.

새가 꽃가루를 옮겨주는 꽃은 조매화이다. 조매화는 새가 눈으로 보고 이끌리기 쉽도록 대부분 꽃이 크고 화려한 빛깔을 띠고 있다. 충매화와는 달리 향기가 없지만 대신 크고 단단한 꽃을 자랑한다. 새가 화밀과 꽃가루를 빨아들이기 위해 부리와 솔 그리고 긴 통처럼 생긴 혀의 구조를 보인다. 바나나, 파인애플, 유칼립투스, 극락조화 등 대부분 열대지방의 꽃들이 조매화로 진화했다. 우리나라에서 볼 수 있는 꽃 중에는 동백꽃이 조매화에 해당한다. 동백꽃의 꽃가루받이를 돕는 새가 '동박새'이다. 동박새는 작은 벌레도 잡아먹지만, 동백꽃의 꿀과 열매를 먹고 살아서 동백나무와는 떼래야 뗄 수 없는 관계다.

꽃가루가 물의 흐름을 타고 암술에 도달하는 꽃을 수매화라고 한다. 주로 강이나 개천에서 사는 식물들이 물의 도움으로 꽃가루받이를 한다. 물의 표면을 떠다니다가 암술머리에 닿게 되며, 일부는 암술이 수중에 있어 꽃가루가 물 안으로 들어가 수분이 일어나기도 한다. 수매화의 꽃가루는 보통 기다랗게 끈 모양으로 연결되어 있어 물속을 떠다니기 좋은 구조로 되어 있다. 수매화로는 나사말, 검정말, 민나자스말, 물수세미, 수련 등이 있다.

벌과 곤충들의 수가 줄어들고 수목 플랜트가 많아지면서 이제는 인공가루받이로 사람이 직접 꽃가루받이를 하는 형태가 많아졌다. 곤충과 새와 물과 바람과 나무들이 상부상조하며 이뤄지던 일들에 인간이 개입하게 되면서 식물의 생태계는 많은 변화를 겪고 있다. 인간이 필요로 하고 선호하는 식물들은 많아지고 그렇지 않은 식물들은 줄어들었을 것이다. 그로 인한 결과는 역시 인간의 과업으로 남았다. 얼마 전 호주에서는 꽃가루받이 로봇을 도입하여 토마토 산업에 혁신을 가져왔다는 뉴스가 있었다. 인공지능을 이용해 꽃가루받이 준비가 된 꽃을 찾아내고 벌들이 윙윙거리며 꽃가루받이하는 것을 흉내내 꽃을 진동시키는 공기 펄스를 쏘아 보내는 로봇을 개발한 것이다. 이 로봇의 꽃가루받이 성공률이 97%라고 한다. 이제는 꽃과 나무와 로봇이 상부상조하는 시대가 되었다.

꽃가루뿐만 아니라 식물은 씨앗이 멀리 퍼져나갈 수 있도록 다양한 전략을 세운다. 씨앗이 들어 있는 열매에 맛있는 과육을 만들어 포유류나 조류가 가져다가 먹게 한다. 열매를 먹은 동물은 여기저기 돌아다니면서 배설물을 내보내는데, 소화되지 않은 씨앗이 똥과 함께 밖으로 나와 자라게 된다. 똥은 씨앗이 자라는 데 아주 훌륭한 거름이다. 다람쥐와 청설모는 밤이나 잣, 땅콩, 도토리 등 먹고 남은 열매를 추운 겨울을 대비해 땅속에 묻어 둔다. 그런데 묻어둔 채 깜박 잊고 꺼내 먹지 않은 열매들도 많아서 다음 해 봄에 새싹이 돋아나는 경우가 있다. 열매가 맛이 없다면 동물의 몸에 달라붙어서 이동하기도 한다. 동물은 여기저기 움직일 수 있기에 동물의 몸에 잘 달라붙어 있기만 해도 열매와 씨앗은 멀리까지 갈 수 있다.

바람이나 물을 이용할 수도 있다. 씨앗에 털이나 날개를 만들어 바람에 날려 보내거나 열매에 공기주머니를 만들어 물에 둥둥 뜰 수 있게 만든다. 바람이 많이 부는 넓은 들이나 물이 많은 곳에 사는 식물들은 이 방법을 쓴다. 민들레 씨앗은 바람을 타고 멀리 날아간다. 민들레처럼 바람을 이용해 씨앗을 퍼뜨리는 식물에는 플라타너스, 단풍나무, 소나무, 난초과 식물 등이 있다. 물가에 사는 식물은 열매가 물에 떨어졌을 때 물속으로 가라앉지 않도록 공기주머니를 만든다. 열매는 물에 오래 떠 있을 수 있고 물을 따라 멀리 이동하여 다른 육지에 닿으면 거기에 뿌리를 내리고 성장한다. 코코넛야자나무, 문주란, 부레옥잠, 연꽃 등이 이 전략을 쓴다. 스스로 씨앗을 퍼뜨리는 식물도 있다. 콩과식물과 봉선화는 열매를 감싸고 있는 꼬투리에 씨앗이 들어 있다가 꼬투리가 터지면서 씨앗도 멀리까지 튕겨나가게 한다. 이렇게 식물은 움직이지 않고도 동물과 자연환경을 이용해 얼마든지 자손을 퍼뜨릴 수 있다. 어쩌면 식물의 생식을 위해 동물과 자연이 움직이고 있는 건지도 모른다. 인간이 먹이사슬의 맨 위에 있는 그림은 인간의 관점에서만 옳은 그림이다.

보이지 않을수록 더 강력한 미세먼지

봄에 찾아오면 특히 불청객으로 느껴지는 존재가 있다. 바로 미세먼지다. 이제는 매년 손님맞이 하듯이 미세먼지를 대비해야 한다. 일기예보에는 미세먼지

예보까지 포함되었으며 하루를 시작할 때 하늘의 투명도나 공기의 질을 확인하는 일이 예사가 되었다. 날이 화창하고 파란 하늘이 펼쳐진 날이라고 안심할 수는 없다. 이런 날엔 "초미세먼지 나쁨"이라는 예보가 뜬다. 눈으로는 미세먼지의 강도를 가늠할 수 없는 것이다. 보통 먼지의 지름이 10㎛ 이하일 때 미세먼지, 2.5㎛이하일 때는 초미세먼지로 구분한다. 건강한 사람은 마스크를 쓰지 않고 돌아다녀도 바로 건강에 이상이 생기지는 않는다. 하지만 눈에 보이지 않고 곧바로 치명적인 증상이 나타나지 않는다고 해서 무시해서는 안 된다. 이름 그대로 미세하게 신체에 침투하는 미세먼지의 위력은 상상을 초월한다.

세계보건기구 발표에 따르면 미세먼지는 1군 발암 물질이다. 1년에 우리나라에서 미세먼지의 영향으로 목숨을 잃은 사람이 12,000명에 이르고, 전 세계적으로 1년에 700만 명의 사람이 죽는다는 통계도 있다. 알갱이가 큰 먼지는 코, 입, 기관지에서 걸러지지만, 미세먼지의 경우 알갱이가 너무 작아서 걸러지지 않고 몸 안으로 들어간다. 호흡 기관으로 들어간 초미세먼지는 코, 기관지, 폐 등에 병을 일으키고, 폐를 통해 혈관으로 들어간 먼지는 뇌졸중을 일으키기도 한다. 호흡기와 심장, 심혈관 환자들은 초미세먼지 때문에 증세가 더 나빠지기도 한다. 미국 예일대에서는 초미세먼지가 심할수록 계산 능력이 떨어진다는 연구 결과를 발표했으며, 서울대 의대에서는 초미세먼지가 심한 곳은 그렇지 않은 곳보다 우울증에 걸리거나 자살하는 사람의 비율이 4배나 높다고 발표했다. 초미세먼지의 보이지 않는 미세한 살인이 계속되고 있는 것이다.

미세먼지의 위험성은 역사적인 사건을 통해 익히 알려져 왔다. 1930년에 발생한 벨기에 뫼즈 계곡의 참사는 세계 최초의 대기오염 사고 사례이다. 1930년 12월 1일 벨기에는 짙은 안개가 내려앉았다. 분지 지형인 뫼즈 계곡에도 안개가 뒤덮였다. 시간이 흐를수록 안개의 색깔이 회색으로 변했다. 5일째 되던 날 강한 바람이 불면서 안개가 걷혔을 때 뫼즈 계곡은 6,000명의 사망자로 아비규환이 되었다. 정부의 조사 결과 사망자들의 폐와 기관지 손상이 치명적이었으며, 폐포에는 검은 숯덩이가 빼곡히 박혀 있었다고 한다. 뫼즈 계곡은 공업지대였다. 1952년에 발생한 런던 스모그 사건도 유명하다. 1952년 12월 5일부터 10일까지 런던은 차가운 고기압이 밀려오면서 기온이 뚝 떨어졌다. 런던 시민들은 평소보다 많은 석탄을 난방에 사용했다. 당시 운행하던 버스는 디젤버스였다. 다량의 석탄을 태웠던 데다 버스에서 배출된 미세먼지까지 고농도 미세먼지가 런던을 뒤덮었다. 런던 스모그 사건으로 총 12,000명이 사망했다. 일련의 사건을 겪으며 세계보건기구는 대기질 가이드라인을 제정했다. 우리나라도 미세먼지와 초미세먼지를 대기오염물질로 규정하고 규제하고 있다.

　미세먼지로 인해 힘든 것은 인간만이 아니다. 산과 숲의 수많은 식물들에게도 미세먼지의 해악이 크다. 미세먼지는 식물의 잎 표면에 붙어 식물이 숨을 쉬는 기공을 막아버린다. 기공이 막히면 식물은 광합성을 할 수 없다. 미세먼지에 포함된 황산화물, 질소산화물, 탄소 같은 성분들이 수증기와 만나면 강한 산성물질을 만들어 산성비로 내린다. 산성비를 맞으면 사람이나 동물, 풀이나 꽃 모두 피해를 입을 수밖에 없다. 산성비가 내린 강이나 호수가 산성화되면 수중 동식물들은 떼죽음을 당한다. 돌로 만든 집이나 건축물 등도 산성비를 맞으면 삭아버린다. 자연의 순환이 미세먼지의 악순환으로 바뀌는 것은 순식간이다.

　미세먼지를 계속 불청객으로만 취급할 수는 없다. 산업 활동을 모두 중단하고 원시시대로 돌아가는 것이 불가능하다면 미세먼지와 공생하는 법을 찾아야 한다. 2019년 2월 정부는 '미세먼지 저감 및 관리에 관한 특별법'을 통과시켰다. 이 법에 따라 미세먼지가 심한 날은 미세먼지 비상저감조치가 내려진다. 비상저감조치가 내려지면 낡은 경유차는 운행할 수 없고, 석탄 화력 발전소와 공장 시설은 가동 시간을 줄여야 한다. 미세먼지 관측망도 확대하고, 미세먼지 저감 기술도 개발하고 있다. 숲과 녹지 공간을 더욱 넓혀야 함은 물론 중국발 미세먼지에 대해서도 국제적인 조치가 취해져야 한다. 환경에 대한 최종 권한과 의무는 언제나 우리 각자일 수밖에 없다. 생활 속 미세먼지 저감 실천은 더 이상 미룰 수 없는 긴급한 사항이다.

청명

곡우

동물 저어새
식물 봄나물
환경 LMO

하늘이 맑고 청명하다. 모내기를 앞둔 들판이 가지런히 정리되어 가면
반가운 봄비가 내릴 것이다. 이렇게 그림처럼 청명과 곡우의 시즌을 맞이하면 좋겠지만
최근엔 봄 날씨를 종잡을 수가 없다. 변덕스러운 날씨에도 본격적인 농번기가 시작되고
산과 들녘은 찬란한 연둣빛으로 변해간다. 운이 좋다면 사라진 줄 알았던
저어새가 논 한가운데서 한가로이 거닐고 있는 모습이 눈에 들어올지도 모른다.

저어새가 돌아온 이유

　계절 따라 이동하는 새들을 일컬어 철새라 부른다. 철새들은 번식하는 곳과 월동하는 곳이 다르다. 우리나라에는 봄에 와서 여름을 보내고 가을에 남쪽으로 돌아가는 여름철새가 있고, 가을에 와서 겨울을 나고 봄에 북쪽으로 돌아가는 겨울철새가 있다. 북쪽과 남쪽을 오가는 길에 우리나라에 잠깐 들르는 나그네새(통과철새)도 있다. 여름철새는 뻐꾸기, 제비, 뜸부기, 꾀꼬리 등이 있고 겨울철새는 두루미, 청둥오리, 큰기러기, 큰고니 등이 있다. 새가 이동하는 계절이 되면 철새도래지에서는 엄청난 수의 새들이 한꺼번에 날아오르거나 떼지어 이동하는 장관이 펼쳐지곤 한다. 그러나 지금은 하늘에 새보다 비행기가 많다는 농담이 나올 정도로 새들의 공중 비행을 보기가 어렵다. 물론 우리가 하늘을 자주 올려다보지 않기 때문에 새들의 비행을 못 보고 있는지도 모른다.
　먼 길을 날아 매년 찾아오던 서식지가 갑자기 사라져 버리면 새들은 어떤 선택을 할까. 새로운 서식지를 찾아 또 여행을 떠나게 될까, 아니면 변화된 서식지에 적응하게 될까. 시멘트 땅에서는 물도 먹이도 구할 수 없으니 아무래도 다른 곳을 찾아 떠나는 쪽을 택했을 것이다. 그렇게 새들이 머물 곳이 적어지면 번식이 점점 힘들어지고 개체수가 줄어들면서 멸종의 수순을 밟게 된다. 그렇게 멸종위기종이 된 새 중에 우리에게 친숙한 듯 낯선 '저어새'가 있다.
　저어새는 생김새가 독특하여 멀리서 봐도 단번에 구별할 수 있다. 주걱처럼 생긴 까만 부리와 새하얀 깃털이 특징이다. 번식을 시작하는 3월이 되면 뒷머리와 앞가슴의 깃이 노란 감귤색으로 변한다. 몸길이는 74cm 정도의 중대형 물새로 사다새목 저어새과에 속한다. 저어새는 대만, 홍콩, 일본, 중국 남부, 제주도 등에서 겨울을 보내고 봄이 되면 한국, 북한, 중국, 러시아에 있는 번식지로 돌아온다. 우리나라에서 여름을 보내기 때문에 여름철새로 분류하고 있다. 3월경에 서해안 무인도서 지역에 도착하여 둥지를 만들고 4월 초에 알을 낳아 5월 초쯤에 새끼를 부화시킨다. 새끼는 부화 후 50일 가량 지나면 독립하여 생활하다가 날씨가 추워지는 10월부터 남쪽으로 이동을 준비한다. 새끼가 태어난 5월경에는 많은 먹이가 필요하기에 모내기가 끝난 논에서 먹이를 찾는 저어새를 목격할 가능성이 크다.

저어새라는 이름은 긴 부리를 물속에 넣고 휘휘 저어가며 먹이를 잡아먹는 행동을 보고 지었다고 한다. 저어새의 행동이 그대로 이름이 되었다. 영어 이름 Black-faced spoonbill은 행동이 아닌 생김새를 보고 지었다. '검은 얼굴의 주걱 부리를 가진 새'라는 뜻이다. 저어새는 갯벌, 강 하구, 논 등 수심이 얕은 곳에서 부리를 좌우로 저어서 새우, 게, 작은 물고기, 미꾸라지 등을 잡아먹는다. 부리의 촉감에 집중하여 붙잡을 만한 것을 찾을 때까지 먹이를 탐색한다. 서식지를 공유하는 왜가리와 백로가 오로지 시각을 이용해 사냥하는 것과 대비된다. 그만큼 부리의 감각이 중요하다. 저어새는 넓적한 부리를 이용해 얕고 평평한 물에서 먹이를 사냥해야 한다. 그간 서해안 갯벌이 저어새가 사냥하며 살기에 더없이 좋은 곳이었던 데는 이런 이유가 있었다. 저어새 부리의 윗면에는 주름이 져 있고 이 주름은 사람의 지문처럼 개체마다 모두 다르게 생겼다. 저어새는 보통 한두 마리 또는 10마리 정도의 작은 무리를 지어 생활하고 가끔 50여 마리 이상이 무리를 지어 생활하기도 한다.

연구결과에 따르면 1900년대 초반에는 전 세계 10,000여 마리가 생존했을 것으로 추정하고 있으나, 90년대 중반에는 300여 마리에 불과하여 멸종

직전의 위기에 놓이게 되었다. 저어새의 개체수가 크게 줄어든 이유는 갯벌 매립으로 인한 서식지 감소, 질병 등 여러 요인이 있지만, 그중 DDT 사용으로 인한 환경오염의 피해가 컸다고 한다. DDT는 1940년대부터 널리 사용된 살충제이다. 땅이나 물속으로 들어가면 잘 분해가 되지 않아 먹이사슬의 상위단계에 있는 생물에게 그대로 옮겨간다. 그 결과 상위 포식자인 새들에게 DDT가 차츰 쌓이게 되었고, 그 영향으로 새의 알껍질이 얇아져 새끼를 부화시키기가 힘들어졌다. 저어새도 DDT에 의한 피해를 심하게 입은 것으로 추정된다. 우리나라에서는 1986년부터 DDT 사용이 전면 중지되었다. 이후 저어새 숫자는 다시 늘어났지만, 서해안의 갯벌 간척과 도시개발로 저어새가 마음 놓고 찾아올 수 있는 상황은 아니다. 저어새는 현재 세계자연보전연맹(IUCN)의 적색목록에 멸종위기(EN)로 분류되어 있으며 우리나라 환경부에서는 멸종위기 야생생물 Ⅰ급으로 지정하여 보호하고 있다.

2009년 인천 송도 도심에 위치한 남도유수지 속 작은 섬에서 저어새가 번식을 시작했다. 보통 육지에서 멀리 떨어진 무인도에서 번식하는 저어새의 습성을 고려했을 때 상당히 이례적인 일이었다. 인천 지역에서 활동하는 시민단체들이 가장 먼저 저어새를 보호하기 위해 나섰다. 여러 시민단체가 저어새네트워크라는 이름 아래 한마음으로 모여 모니터링, 환경 정비, 둥지터 조성, 둥지 재료 공급, 생태교육 등 보전 활동을 활발히 펼쳐나갔다. 이런 노력들은 저어새에 대한 관심을 높이고, 지자체와 정부기관도 저어새 보전에 함께 참여하는 계기가 되었다. 국립생태원 멸종위기종복원센터에서는 2018년부터 저어새와 그 서식지 보호를 위한 생태연구를 시작했다. 또한 2020년 12월에는 국립생태원, 인천광역시, 한강유역환경청, 서울동물원, 한국물새네트워크, 저어새네트워크, 영종환경연합, 생태교육허브물새알협동조합, 동아시아-대양주 철새이동경로 파트너십(EAAFP) 사무국 등 9개 민관연 기관과 단체가 함께 보다 체계적인 저어새 보전을 위해 '인천 저어새 공존협의체'를 발족해 활동 중이다.

저어새 보호활동은 순조롭게 진행되어 국내 번식개체수와 번식지는 지속적으로 증가하고 있으며, 2020년 기준 국내 19개 번식지에서 1,548쌍의 번식이 확인됐다. 국립생태원은 '2021 전세계 저어새 동시 센서스' 결과 저어새가 5,000여 마리 이상으로 늘었다고 밝혔다. 2001년 825마리에 불과했던 개체수가 2021년에는 5,222마리로 20년 동안 약 6배 증가한 것이다. 현재 증가추세라면 10년 후에는 저어새가 자연에서 스스로 존속하는데 필요한 최소 개체수인 1만 마리를 넘어설 것으로 예상된다. 또 지난해 7월에 처음으로 인공증식에 성공하여 방사한 저어새가 1년 만에 우리나라로 돌아왔다는 소식도 전해졌다. 이번에 돌아온 저어새는 국립생태원 연구진이 2019년 5월 15일 인천 강화군에서 물속에 잠길 우려가 있는 10개의 알을 구조하여 인공 증식한 4마리와 8월 26일 인천 송도 갯벌에서 구조한 어린 새끼 1마리를 대상으로 1년간의 야생적응훈련을 거친 후 2020년 7월 1일 강화도 갯벌에서 방사한 5마리 중 1마리이다.

연구진은 저어새 3마리에 GPS 위치추적기와 가락지를 달아 방사했고 몸집이 작은 2마리는 가락지만 달아 방사했다. 가락지를 부착하면 개체식별 및 출생지, 연령과 수명, 서식지 활용 등 다양한 정보를 얻을 수 있다. 위치추적기는 저어새의 등에 가방을 메는 듯한 형식으로 부착했으며, 저어새 체중의 2% 미만인 기계를 사용한다. 위치추적기는 새의 위치 정보 신호를 원격으로 수신하여 가락지보다 정보를 대량으로 얻을 수 있으며 자체 충전이 되는 태양열 패널이 탑재되어 반영구적 활용이 가능하다. 돌아온 저어새는 2020년 11월 3일 우리나라를 출발해 11월 4일 중국 저장성 닝보시 리양 만에 도착, 2021년 4월 24일 북쪽에 위치한 타이갱 만으로 이동하여 28일간 체류하였고, 5월 21일 800km를 비행하여 5월 22일 전남 고흥군에 도착하였다. 2021년 7월 이후 이 저어새는 전남 영광군 갯벌과 칠산도를 거쳐 충남 보령 해안 일대를 여행 중이다. 추적 결과 다른 저어새 4마리와 멸종위기 야생생물 Ⅱ급인 노랑부리저어새 1마리와 무리를 이루고 있는 것으로 확인됐다. 안타깝게도 함께 위치추적기를 부착한 두 마리는 월동지로 이동하지 않고 인천 강화도, 안산 시화호, 홍성 삽교천 등에서 겨울을 나다가 강추위를 견디지 못하고 폐사한 것으로 보인다. 가락지만 단 나머지 한 마리는 중국으로 이동하여 12월에서 3월까지 쑤저우시 타이후에서 서식한 것으로, 현지 탐조가에 의해 확인되었다.

철 따라 이동하는 철새들에게 국경은 의미가 없다. 지도와 위성이 아니라 지구의 자기장을 안테나 삼아* 무리 지어 경계 없는 하늘을 넘나든다. 번식지와 월동지를 동시에 보호하려면 국경을 넘어선 협력이 필수적이다. 새를 보호하기 위한 국제협력은 가장 인간적인 외교활동이 되어야 한다. 저어

* 새의 언어, 데이비드 앨런 시블리, 김율희 역, 윌북

새 모니터링은 국제 네트워크가 활발해 공조가 잘 이루어지는 편이다. 저어새의 경우 동아시아 고유의 종인 만큼 중국, 대만, 일본 등 주요 월동국가와 함께 국제협력을 지속해 나가고 있다. 저어새 뉴스를 접한 사람은 모두 GPS 가방을 메고 다시 돌아온 저어새의 남은 여행이 끝까지 잘 기록되기를 바랄 것이다. 기록이 보호와 생존으로 이어질 것이므로.

봄나물 인기는 식을 줄을 모르고

〈농가월령가〉의 정월, 이월, 삼월에는 나물에 관한 이야기가 많이 나온다. "엄파와 미나리를 무엄에 곁들이면 보기에 신신하여 오신채를 부러 하랴. 묵은 산채 삶아내니 육미를 바꿀소냐"(정월령), "산채는 일렀으니 들나물 캐어 먹세. 고들빼기, 씀바귀며 소로쟁이 물쑥이라. 달래김치 냉이국은 비위를 깨치나니"(이월령), "울밑에 호박이요, 처맛가에 박 심고, 담 근처에 동아 심어 가자하여 올려보세. 무·배추·아욱·상추·고추·가지·파·마늘을 색색이 분별하여 빈 땅 없이 심어놓고, 갯버들 베어다가 개바자 둘러막아 계견을 방비하면 자연히 무성하리. 외밭은 따로 하여 거름을 많이 하소. 농가의 여름반찬 이밖에 또 있는가. 전산에 비가 개니 살진 향채 캐오리라. 삽주·두릅·고사리며, 고비·도랏·어아리를 일분은 엮어 달고 이분은 무쳐 먹세"(삼월령) 이름 중에는 생소한 것들도 있지만 익숙한 것들이 많다. 예부터 이어져오는 나물을 지금까지 그대로 애용하고 있는 것이다. 산나물과 들나물이 넘쳐나는 계절이 돌아오는 것이 얼마나 신나는 일이었는지도 짐작할 수 있다.

나물은 음식으로 만들어서 먹을 수 있는 모든 풀과 나무의 뿌리, 잎, 줄기 등을 양념하여 만든 음식을 통칭하는 말이다. 사방 어디에서나 얻을 수 있는 식물들로 재료를 삼아 음식문화를 꽃 피운 우리 민족의 지혜를 나물 요리에서 엿볼 수 있다. 산과 들의 풀을 모두 먹을 수는 없었고, 먹을 수 있는 식물과 없는 식물을 구별해 가며 〈농가월령가〉에 나온 것처럼 풍속으로 굳어진 것이 지금의 나물 요리다. 식물을 이렇게 다양하게 조리해 먹는 민족도 드물 것이다. 먹을거리가 넘쳐나고 영양과잉이 문제인 지금은 최고의 건강 음식으로 나물 요리를 꼽기도 한다. 소소한 반찬인 줄만 알았던 나물이 최고의 소울푸드로, K-FOOD의 인기 정점에 들어가 있는 것도 재밌는 아이러니다. 옛날에는 집 가까이 채마밭을 두고 채소를 쉽게 채취해 나물로 조리해 먹었다. 이제는 시장이나 마트에 가면 사계절 언제나 나물 재료들을 만날 수 있다.

나물의 가치는 영양과 건강 기능성에서 높이 평가된다. 콩나물은 철분 함량이 높아 빈혈 예방에 좋다. 또 혈관에 해로운 콜레스테롤의 양을 줄여주는 오메가3 지방산이 함유되어 있고, 비타민A와 비타민C가 들어있어 면역력 증강에도 좋다. 그래서 감기에 자주 걸리는 사람은 콩나물을 많이 먹는 것이 좋다. 고사리나물도 면역력을 높여주는 비타민A, 비타민C, 비타민B1, 비타민B2 등과 무기질 성분이 풍부하여 혈액순환을 도와주고 신진대사를 촉진시켜준다. 미나리는 생선과 같이 먹으면 생선에 있는 중금속의 독성을 중화해 준다. 또 식이섬유, 칼슘, 칼륨, 비타민A, 비타민B, 철분 등이 풍부하다. 이처럼 몇 가지만 살펴봐도 나물 예찬을 이어갈 만큼 몸에 좋은 성분들이 많이 들어 있다.

나물 요리는 재료를 다듬는 데 상당한 시간과 노동이 소요되기 때문에 생각보다 쉬운 요리는 아니다. 큰 소쿠리에 한가득 담아 재료를 다듬으면 한 접시 정도 밖에 나오지 않을 만큼 손이 많이 가는 것들도 있다. 요리 방법은 간단하여 누구나 쉽게 만들 수 있다. 기본적으로 기름에 볶아서 조미하는 방법과 양념을 넣고 무치는 방법이 있으며, 양념으로는 간장, 참기름, 깨소금, 파와 마늘 등을 쓴다. 볶아서 익히는 나물에는 고사리, 도라지, 버섯, 취, 시래기, 오이, 호박, 가지 등이 있고, 데쳐서 무치는 나물에는 시금치, 쑥갓, 미나리, 숙주, 콩나물 등이 있다.

사계절 나물 요리를 먹을 수 있다지만 누가 뭐래도 나물은 봄의 음식이다. 예로부터 긴 겨울이 지나고 봄이 오면 반드시 먹었던 음식이 오신채였다. 오신채는 매운맛이 나는 다섯 가지 색깔의 햇나물 모둠 음식을 일컫는 말이다. 시대와 지방에 따라 오신채를 상징하는 나물 종류는 달랐지만, 임

금에게 진상하는 수라상에는 반드시 올렸다고 한다. 다섯 가지 나물은 인, 의, 예, 지, 신을 상징했으며 각각 청색, 백색, 적색, 흑색, 황색을 띠는 나물로 만들었다. 햇나물이라 불리는 제철 봄나물로는 취나물, 달래, 방풍나물, 냉이, 두릅, 돌나물 등이 인기가 좋다. 요즘은 봄에 직접 들판에서 얻게 되는 봄나물이 희소성이 크다. 봄에 새로 나는 어린싹은 대부분 약한 쓴맛이 나는데, 이 쓴맛이 열을 내리고 몸을 가볍게 해 입맛을 돋우게 된다.

두릅은 두릅나무에 달린 새순으로 봄나물 중에서도 제왕이라 불린다. 우리나라에서 나물로 먹는 두릅 종류에는 개두릅(독활), 땅두릅(음나무), 참두릅(두릅나무) 등이 있다. 두릅은 섬유질과 칼슘, 철분 등 무기질과 비타민B, 비타민B2, 비타민C 등이 풍부하고, 쌉쌀한 맛을 내는 사포닌 성분이 혈액순환을 돕고 혈당을 내려준다. 간에 쌓인 독소를 풀어내는 효능도 있으며 피를 맑게 해 준다. 먹는 법은 1~2분간 데쳐 초고추장에 찍어 먹어도 되고 그냥 먹어도 특유의 향이 입맛을 돋운다. 달래는 백합과의 여러해살이 구근식물로 일본에서 몽골까지 동아시아에 넓게 분포하는 식물이다. 달래는 봄을 알리는 식물이었지만 지금은 1년 내내 재배되기 때문에 사계절 모두 먹을 수 있다. 잎과 뿌리를 생으로 무쳐 먹거나 된장국 등에 넣어 먹을 수 있다.

냉이는 남부지방에서는 2월이면 어린잎이 올라오고 꽃이 피기도 한다. 꽃이 피기 전 수확해야 하며 꽃이 핀 다음에는 억세서 먹을 수가 없다. 봄에 국으로 많이 끓여 먹기도 하지만 나물 요리로 해 먹어도 좋다. 감기나 몸살을 앓을 때 냉잇국이 해열제 역할을 할 수 있으며 소화와 흡수를 촉진시켜 준다. 냉이, 달래와 함께 봄나물 3대장으로 불리는 돌나물은 수분이 풍부하고 아삭한 식감을 가지고 있어 생으로 무쳐 먹는 것이 좋다. 칼슘과 인, 비타민C가 풍부해 약으로 활용되는데 보통 생즙을 내어 사용한다. 고들빼기는 한국, 중국, 일본에 분포하는 국화과의 여러해살이풀로, 냉이처럼 어린

잎과 뿌리를 먹을 수 있다. 3분 이상 데쳐서 쓴맛을 제거하고 고추장이나 된장 양념에 무쳐 먹거나 소금에 절여 김치로 담가 먹을 수 있다.

방풍나물은 풍을 예방한다고 하여 방풍이라 불렸다. 약재로 쓰는 '방풍'과는 달리 우리가 나물로 먹는 식물은 갯기름나물로 국내 해안이나 섬 지역에 분포한다. 어린 순은 식감이 좋고 향긋한 맛을 내어 나물로 조리해 먹기 좋다. 취나물은 참취, 개미취, 미역취, 곰취 등 24종이 식용으로 활용된다. 참취의 잎과 줄기는 생채, 묵나물 등으로 애용되었고 진통, 현기증, 해독, 장염 등의 치료제로 사용되기도 한다. 최근에는 참취의 항암 효과와 더불어 콜레스테롤을 저하시키는 약리적 효능이 있는 것으로 밝혀져 기능성 식품으로도 환영받고 있다.

명이나물은 마늘 맛을 내는 산나물로 산마늘이 정식명칭이다. 먹으면 명이 길어진다고 하여 명이라고 이름 지었다고 하는데, 이른 봄 먹을 것이 없을 때 산마늘을 먹고 연명했다고 하여 붙여진 이름이라는 설도 있다. 울릉도의 해발 800m 이상 지역에서 자생하고 있는 울릉산마늘은 산기슭에서 산의 정기를 받고 자라 일반 재배 채소보다 맛과 영양이 월등하다. 90년대 이후 울릉도에서 반출되어 강원도 일부 지역에서 재배되고 있으며 최근에는 소비량이 증가하여 경상도, 전라도 등에서도 재배를 시작했다. 산마늘은 1년에 새순이 1개씩만 자라기 때문에 상품으로 수확하기 위해서는 4~5년을 기다려야 한다. 마늘과 마찬가지로 항암 작용이 있으며, 스트레스와 만성피로에 도움이 되며, 자양 강장 효과도 있다.

이처럼 풍성한 나물 요리를 두고 전문가들은 우리나라의 김장문화만큼 나물문화도 세계적으로 인정받을 수 있는 독특한 문화라고 입을 모은다. 100세 시대에 가장 필요한 식단으로 나물 요리 식단을 들기도 한다. 나물 요리는 채소를 맛있게 먹을 수 있는 대안 음식으로 손색이 없다. 육류 중심의 식단이 지구 생태계를 위험 수준에 이르게 했음을 모두가 주지하고 있는 때에 나물 요리가 지속 가능한 먹거리로 새롭게 자리매김한다면 지구의 숨쉬기가 조금은 편해질 수도 있을 것이다.

끝나지 않는 유전자변형생물체(LMO) 논쟁

우리나라는 대표적인 LMO 작물 수입국임에도 대부분의 국민들은 LMO가 인체와 환경에 해롭다고 부정적으로 인식하고 있다. 이는 막연한 불안감일 뿐 LMO가 정확히 무엇인지, 얼마나 해로운지, 우리가 얼마나 먹고 있는지 잘 알지는 못한다. 자세히 알아보려고 해도 금방 정보의 한계가 있음을 알게 된다. 어떤 데이터를 어떤 방식으로 접하느냐에 따라 찬반의 입장마저 달라진다.

  LMO는 영어로 'Living Modified Organism'의 첫 글자를 따서 만든 용어로 유전자를 변형시켜서 만든 살아있는 생물이라는 뜻이며, 국제협약 상 LMO, 국내법에서는 공식적으로 '유전자변형생물체'라는 용어를 사용하고 있다. 흔히 GMO(Genetically Modified Organism)라고도 한다. 일반적으로 사람들은 오랜 시간 자연에서 '변형'된 유전자를 갖는 전통 육종은 안전하다고 인식하는 반면, 인위적으로 인간이 단시간에 유전자를 '변형'시켜 새롭게 만들어낸 LMO는 위해할 것이라는 우려를 갖고 있다. '자연'과 '인위'의 위계가 분명한 것이다. 앞서 언급했듯이 정보의 한계도 분명하다. 공개되었다고 해서 모든 정보가 공개된 것은 아니다. 한 개의 LMO를 개발하기 위해서는 실제로 엄청난 비용이 소요되지만, 공개되는 LMO 정보는 개발사 영업기밀이라는 이유로 소비자들이나 관리 담당 기관에 제한적으로 제공되는 상황이다. LMO 개발 기업들은 전문가들에게 의뢰하여 위해성 평가 자료를 만들고 있으나 그 결과를 외부에 공개하기란 어려운 것이 현실이다. 물론 개인의 연구 결과를 바탕으로 LMO 개발과 이용에 반대 의사를 밝히는 과학자들도 있다. LMO가 상업화되기까지 투입되는 전체 비용을 고려할 때 상업화를 위한 개발 비용이 위해성을 평가하거나 예측하는 데 들어가는 비용보다 압도적으로 많기에 어쩌면 당연한 결과라고 여겨질 수 있다.

국내외에서 LMO가 자연환경에 위해한 영향을 미칠 수 있다는 여러 사건들이 보고되고 있다. 특정 제초제의 지속적인 사용으로 제초제에 내성을 갖는 슈퍼잡초 문제가 특히 유명하다. LMO 작물의 대규모 재배 농업에서 발생하는 문제로 이를 해결하기 위한 다양한 방법들이 고안되었다. 호주에서는 유기농 방식으로 작물을 재배하는 농장에서 LMO 종자 또는 꽃가루가 오염되어 해당 농장의 유기농 인증이 취소되어 손실이 발생하는 일이 벌어지기도 했다. 유기농과 친환경 재배 작물에 대한 관심이 높아지면서 우리나라에서도 충분히 발생할 수 있는 LMO의 환경 피해 이슈이다. 최근 지자체에서 시행한 몇몇 꽃 축제 현장에서 LMO 종자가 유입되어 몇 년간 노력하여 준비한 축제가 취소되는 사례가 있었다. 이는 막대한 금액을 들여 해당 지역의 LMO를 제거하는 등 미승인 LMO의 유출에 의한 직접적인 피해 사례가 되었다.

LMO에 의한 생태계 교란 문제는 슈퍼연어와 같은 LMO 동물의 환경방출 문제에서 더 도드라진다. 현재까지 대부분의 LMO는 콩, 옥수수, 면화, 카

놀라 등 작물이 주를 이루었지만 최근 LMO 동물이 개발되고 승인되어 식탁에 오를 가능성이 커지면서 LMO 동물들이 자연생태계로 방출되었을 때 발생할 수 있는 예측 불가능한 환경 위해에 대해 많은 논쟁이 일어나고 있다. 생산국은 사육 중인 LMO 동물이 외부 환경으로 방출이 되지 않도록 설비 시스템을 구축하는 등 일반인들의 불안감을 해소하기 위해 노력하고 있다. 현재로서는 LMO 연어가 우리나라 강에 유출될 가능성은 없다고 한다.

우리나라는 해마다 1,000만 톤 이상의 LMO 곡물을 수입하고 있으며, 이는 서구화된 식단과 육류 소비 증가와 무관하지 않다. 곡물자급률이 매우 낮은 우리나라의 LMO 곡물 수입량은 앞으로도 계속 늘어날 전망이다. 이와 더불어 국내 LMO 수입 유통의 증가에 따른 자연환경 내 비의도적인 LMO 유출이 지속적으로 발생하고 있다. 환경부와 국립생태원에서는 지난 10여 년간 전국 자연생태계에 유출되어 자생하는 LMO를 모니터링하고 제거하는 등 사후관리에 최선을 다하고 있다.

현재까지는 인체 및 환경에 유해하지 않은 LMO를 승인하고 있지만 향후 새로운 위해성이 발견되거나 국내 생태계에 위해한 영향을 줄 수 있다고 판단되면 언제라도 그 이용을 제한할 수 있다. 따라서 국내 생태계에 미칠 수 있는 위해성을 조기에 평가하고 국내 수입되는 LMO에 대하여 국내 생태계 및 생물다양성 보전의 관점에서 엄밀히 심사하여 안전하게 이용하려는 노력이 필요하며 유출된 LMO를 모니터링하고 발견된 LMO를 정확하게 검정하는 기술 개발이 요구된다.

입하
소만

동물 지렁이
식물 대나무
환경 습지

개구리 우는 소리가 요란하고 마당에서는 지렁이들이 꿈틀거리며 올라온다. 농촌에서는 모내기를 시작한다. 소만에는 신록이 아름답기로 유명하지만 대나무는 누렇게 변한다. 새로운 죽순을 내기 위해 뿌리에 모든 영양분을 몰아주기 때문이다. 소만 때 누런 죽나무를 가리켜 죽추(竹秋)라고 불렀다.

지렁이는 땅 속의 용

날씨가 점점 더워지기 시작하면 길 위에서 지렁이를 자주 발견할 수 있다. 토양에 영양분을 공급하는 중요한 역할을 하는 지렁이는 생명이 만개하는 여름을 끌고 온다. 지렁이는 극지방이나 사막을 제외한 전 세계 대부분 지역에 서식하고 있다. 꿈틀거리는 모양새가 예뻐 보이지는 않지만, 지렁이는 생명의 근원인 땅을 지키는 파수꾼이다. 어느 지역에서나 지렁이가 없으면 땅속에서 영양분이 원활하게 돌지 못한다. 농부가 쟁기로 밭을 가는 것과 같이 4년에서 8년 남짓 되는 평생을 거쳐 땅을 가는 생물이 지렁이다.

세계적으로 3,500종*에 이르는 지렁이는 그 크기와 형태도 다양하다. 한국에 서식하는 지렁이도 그 종류만 100여 종이 넘는다. 브라질 지렁이는 평균 50cm 이상 자라며 뱀만큼 크다. 호주에는 길이가 3.5m나 되는 지렁이가 서식한다. 지렁이를 자세히 보면 상대적으로 색깔이 연한, 환대(도드라진 띠)가 몸통을 감싸고 있는 부분이 있는데, 이 부분이 생식에 활용되는 곳이다. 몸통 앞쪽에 생식기관, 신경기관이 몰려 있고 나머지 뒤쪽은 모두 소화기관으로 이루어졌다. 지렁이는 번식력이 왕성하다. 자웅동체로 한 마리의 몸에 암컷과 수컷의 생식기관을 모두 가지고 있지만, 두 마리가 교미해야 번식이 이루어지며, 한 번에 적게는 20개에서 많게는 수백 개까지 알을 낳는다.

소화야말로 지렁이의 가장 큰 활동이라고 할 수 있다. 지렁이가 생태적으로 중요한 역할을 하는 이유도 소화 작용 때문이다. 찰스 다윈은 한낱 미물

---

* 환형동물 연구 사이트 참조.

처럼 보이는 지렁이가 우리 생태계에 없어서는 안 되는 존재라는 사실을 잘 알고 있었다. 다윈은 세상을 떠나기 직전까지 지렁이를 연구했을 정도로 지렁이의 활동에 관심이 많았다. 1881년 펴낸 『지렁이의 작용에 대한 부식토의 형성』이라는 책에는 지렁이가 흙의 순환에 어떻게 기여하는지가 자세히 설명되어 있다. 지렁이가 먹이로 삼은 각종 유기물들은 잘게 분해되어 토양에 흡수된다. 열두 시간에서 스무 시간 정도의 소화과정을 거쳐 나온 지렁이의 배설물을 '분변토'라고 한다. 이 분변토 속에는 탄소, 질소, 아미노산 등 각종 유기물이 포함되어 있다. 지렁이가 충분히 서식하는 땅은 스펀지처럼 부드럽고 영양분이 풍부해진다. 지렁이가 많은 양의 토양을 흡수하고 소화를 통해 변형시키기 때문이다. 지렁이는 동물의 똥이나 식물의 잎과 같은 주요 거름 성분을 먹는다고 알려졌지만, 작은 돌까지도 먹어서 분해시킬 만큼 왕성한 소화능력을 자랑한다. 지렁이가 먹이를 서식지까지 운반하는 과정에서 지표의 유기물은 땅속으로, 땅속 광물은 지표로 순환된다. 이 과정에서 땅속에 작은 굴들이 생겨나는데 이를 통해 토양이 제대로 숨을 쉴 수 있는 환경, 빗물을 잘 흡수하여 식물들이 잘 자랄 수 있는 환경이 조성된다. 지렁이의 꿈틀거림을 통해 땅속 깊은 곳까지 영양이 채워지는 것이다.

그런데 최근에 지렁이가 들으면 황당하고 억울할 만한 일이 있었다. 나노플라스틱을 배출하는 원인이라는 누명을 뒤집어쓴 것이다. 인간에 의해 버려진 미세플라스틱을 먹이로 착각한 지렁이가 이를 소화시키는 과정에서 작은 플라스틱 입자가 나노플라스틱으로 분해되어 배출된 것이다. 주로 세제 등에 사용되는 5mm이하의 작은 플라스틱입자는 지렁이에 의해 더욱 작은 나노플라스틱으로 분해되어 토양을 오염시키고 이는 다시 식물의 거름으로 쓰여 인체에 해로운 영향을 주게 된다. 하지만 이러한 환경오염의 원인이 과연 지렁이에게 있을까? 지렁이는 단지 자연의 일부로서 자신의 할 일을 한 것뿐인데 말이다. 지렁이는 오히려 각종 토양 오염으로 고통받고 있는 피해자이다. 땅을 파헤치고 건물을 올리는 인간에 의해 1년 사이 서식지를 잃기도 하고 사람의 출입이 빈번한 장소 근처에서 지렁이는 몸에 하얀 반점이 생기는 질병을 얻은 채 죽어가기도 한다.

우리에게 가장 유명한 지렁이에 관련된 속담은 "지렁이도 밟으면 꿈틀한다"이다. 순하고 미천해 보이는 사람이라도 지나친 업신여김을 당하면 가만히 있지 않는다는 뜻이다. "지렁이 용 되는 시늉한다"라는 말도 있다. 도저히 이룰 수 없는 허황된 망상을 하는 사람을 비꼬는 속담이다. 하지만 이들 속담은 지렁이의 입장에서 보면 자연에 대한 인간의 무지를 보여줄 뿐이다. 지렁이의 꿈틀거림은 결코 하찮지 않다. 오히려 땅속 생태계를 떠받치는 자연의 위대한 움직임이다. 지렁이가 용이 되는 시늉을 한다는 말도 억울할 만하다. 지렁이는 땅속에서는 이미 용이기 때문이다. 지렁이라는 말의 어원이 '징그럽다'에서 온 것이 아니라 땅의 용 즉 지룡에서 온 것이라는 설도 있듯이 말이다. 자신의 눈에 징그럽고 하찮다고 해서 그 생명체를 업신여기는 생물은 아마 인간밖에 없을 것이다. 누가 뭐래도 지렁이의 꿈틀거림은 모든 생물의 근원인 땅을 숨 쉬게 한다. 누가 뭐래도 지렁이는 땅속 생태계의 중심이다.

나무도 풀도 아닌 대나무

선조 때의 시인 윤선도(1587~1671)는 수(水), 석(石), 송(松), 죽(竹), 월(月) 각각을 자연에서 온 다섯 벗으로 삼아 각각의 특징을 써내려간 오우가라는 연시조를 남겼다. 그중 대나무에 대한 묘사는 다음과 같다. '나무도 아닌 것이 풀도 아닌 것이/ 곧기는 누가 시켰으며 속은 어찌 비었는가/ 저렇게 사철에 푸르니 그를 좋아하노라.' 오우가는 잘 다듬어진 언어를 통해 사물에 대한 깊은 애정을 드러내는 시조다. 윤선도가 대나무를 두고 '나무도 아닌 것이 풀도 아닌 것이'라고 쓴 것은, 시인의 사물에 대한 애정이 만들어 낸, 과학적으로도 정확한 표현이라고 할 수 있다.

이름에 떡 하니 '나무'라는 단어를 쓰고 있지만, 사실 대나무는 나무가 아니라 풀 종류에 속한다. 식물이 나무로 분류되기 위해서는 단단한 목질부의 기둥을 가져야 하고 형성층을 통해 부피생장을 해야 한다. 대나무는 기둥은 가지고 있지만, 형성층은 가지고 있지 않다. 이로 인해 대나무는 나무의 자격을 얻지 못한 채, 이름만 나무인 풀로 남게 되었다. 풀 중에서도 벼(米)과 식물에 속한다는 사실이 대나무의 정체성을 더욱 강화시켜 준다. 서구에서 아시아를 떠올리면 꼽는 전형적인 식물이 바로 쌀과 대나무이기 때문이다. 미국에서는, 좋은 대학을 졸업하고 좋은 기업에 취직해 뛰어난 성과를 보이더라도 아시아인이라는 인종적 특성 때문에 승진 등에서 불이익을 받는 경우를 '대나무 천장'이라고 일컫는다. 대나무가 아시아인과 오랫동안 동고동락한 식물이기 때문이다.

대나무는 중국 하남지역이 분포 중심지인 아열대성 식물로, 지금까지 밝혀진 종류만 3,200여 개에 이른다. 중국을 비롯하여 유교적인 전통을 가지고 있는 동아시아 지역에서 대나무는 문인 사대부들의 시와 그림의 단골 소재로 등장하는데, 이는 대나무가 갖는 상징성 때문이다. 곧은 줄기와 사철 푸른 잎이 군주에 대한 변함없는 절개를 상징해 왔다. 율곡 이이가 태어난 강릉의 고택 오죽헌(烏竹軒)의 주변에는 말 그대로 검은 대나무가 울창하고, 퇴계 이황 역시 자신의 서당 안 개울가에 대나무를 포함한 사군자를 심었다고 한다.

대나무 하면 떠오르는 지역이 담양이다. 예로부터 대나무가 있는 곳에는 마을이 있었다는 담양에서는 매년 음력 5월 13일 야산에 대나무를 심는 행사가 열리는데, 무려 고려 초 때부터 전해져오는 전통이다. 음식부터 소품까지 생활 곳곳에 대나무의 향기가 배어있는 담양의 명소 중 한 곳이 소쇄원이다. 한국 최고의 원림으로 꼽히는 담양의 소쇄원(瀟灑園)은 1530년 중종 때에 조광조의 제자 소쇄옹 양산보가 조성한 별서다. 보통 우리나라에는 정원이 없다고 하는데 이 소쇄원과 같은 원림(園林)이 바로 우리의 정원과 같은 곳이라고 할 수 있다. 일본이나 서양의 정원이 조경을 통해 집과 가까운 곳을 꾸민 것이라면 우리식 정원, 즉 집터에 딸린 뜰을 이르는 원림은 자연의 자연스러운 상태를 조경으로 집과 정자를 배치한 것이다. 자연과 함께 어우러진 소쇄원에서 눈을 들면 볼 수 있는 것이 바로 뒷산과 주변을 감싸고 있는 죽림이다.

시원하게 자란 대나무들로 우거진 숲은 청명한 느낌을 준다. 바람이 불면 사철 푸른 잎사귀들이 만들어 내는 시원한 연주를 들을 수 있다. 이런 독특한 소리 때문인지 〈임금님 귀는 당나귀 귀〉의 복두쟁이는 임금님 귀의 비밀을 대나무 숲에 가서 외친다. 특유의 신비로운 분위기 덕분인지 드라마, 영화 등 미디어에서도 자주 볼 수 있는 곳이 바로 죽림이다. 중국 무림에서는

하루에 1m까지도 자라는 죽순을 한 달 동안 꾸준히 뛰어넘어야 진정한 고수가 된다는 말이 있다. 우후죽순(雨後竹筍)이라는 사자성어도 비가 온 뒤 순식간에 자라버리는 죽순의 모습을 한꺼번에 많은 일이 일어나는 상황에 빗대어 표현한 것이다.

빠른 속도로 울창한 숲을 이룰 수 있는 이유는 대나무가 가진 풀의 성격 때문이다. 대나무는 뿌리줄기를 통해 번식하는 식물이다. 땅속에서 옆으로 자라는 뿌리줄기에서 죽순을 틔우는 방식으로 번식하기 때문에 그 일대에는 같은 뿌리줄기를 가진 수많은 대나무가 군집을 이루며 자란다. 곧게 자란 대나무는 작은 것은 높이가 1~2미터 정도이지만 길게 자라는 종은 30미터까지 자라기도 한다. 죽순이 빨리 자라는 이유는 크게 두 가지다. 다른 식물의 경우 줄기와 뿌리 끝에만 생장점이 있지만, 죽순은 모든 마디(節)마다 생장점이 있어서 왕성하게 세포분열이 일어난다. 또 죽순은 껍질에도 생장호르몬이 있다. 생장호르몬은 세포를 분열시키고 또 분열된 세포를 크게 자라도록 하는 물질이다. 죽순은 줄기보다 껍질에 더 많은 생장호르몬이 들어 있다. 죽순에서 껍질을 제거해 버리면 대나무는 잘 자라지 못한다.*

대나무가 자라는 곳에서는 반드시 대나무를 활용하는 문화가 있다. 우리나라에서는 대나무 통에 소금을 넣고 아홉 번 구운 죽염이 유명하다. 동남아시아 지역에서는 대나무를 활용해 집을 짓기도 한다. 대나무는 공예품으로 많이 활용되고 빗자루 같은 생활도구로도 많이 활용된다. 또 무병장수나 액을 막는 의미가 있어 예부터 무당집 깃발을 달아놓은 깃대로 활용하기도 했다. 〈삼국유사〉에서는 통소나 피리, 대금과 같은 악기도 대나무로 만든 것이 제소리를 낸다고 했다. 활과 화살, 창과 같은 무기 제조에도 대나무는 필수였다.

한편 인도의 북동부 지역에서 대나무 숲은 재앙의 상징이다. 이 지역에 서식하는 쥐들은 대나무 뿌리를 먹이로 삼는데, 특히 대나무가 열매를 맺으면 단백질을 섭취하기 위해 숲으로 몰려든다고 한다. 먹을 것이 풍부한 이 시기 동안 기하급수적으로 번식한 쥐들은 먹을 것이 다 떨어지면 숲에서 우르르 빠져나와 민가를 습격한다. 엄청난 수의 커다란 쥐들의 습격은 재난영화의 한 장면 같을 것이다. 이 재앙은 60년에서 120년에 한 번꼴로 일어나는데 이는 대나무의 생태와 관련이 있다. 60년에서 120년에 딱 한 번 꽃을 피우는 대나무는 그 뒤 열매를 맺은 뒤에 죽어버린다. 이런 죽음이 숲 전체에서 일어나기 때문에 죽은 숲을 뒤로 하고 쥐들이 우르르 빠져나오게 된다. 이는 대나무가 뿌리줄기로 번식하기 때문이기도 하다. 겉으로 보기에 길쭉하게 뻗으며 자라는 대나무는 그 자체로 한 그루의 나무 같지만, 사실 대나

---

* 한국자연환경보전협회 참조.

무와 그 옆 대나무는 한 뿌리줄기로 연결된 하나의 개체이다. 한 뿌리의 식물이 한꺼번에 꽃을 피우듯, 뿌리가 연결된 대나무도 같은 시기에 같이 꽃을 피우고, 또 함께 죽을 수밖에 없는 운명이다. 우리나라에도 6.25전쟁 때나 5월 광주민주항쟁 때 대나무 꽃이 피었다는 말이 있었다. 그러나 우리 민족은 전통적으로 대나무를 아끼고 좋아했기 때문에 대나무꽃 또한 흉조보다는 귀한 길조로 받아들이는 경향이 더 큰 것 같다.

지구 온난화로 인해 한반도에서 대나무가 자랄 수 있는 지역이 변하기 시작했다. 원래 우리나라 죽림의 84%는 전라남도와 경상남도 지역에 있었다. 대나무가 자라기 위해서는 어느 정도의 높은 온도와 습도가 필요한데, 태안반도-추풍령-대관령을 잇는 선 아래가 그 조건을 충족했다. 하지만 최근에는 서울의 도림천에서도, 심지어 북한산 일대에서도 서식이 가능한 종이 나타나기 시작했다. 나무도 아닌 풀도 아닌 매력을 가진 대나무. 경계 지을 수 없는 독특한 매력을 가진 대나무가 서식지의 경계에서 벗어나 또 어떤 이야기를 전해줄지 눈여겨봐야 할 것 같다.

여름의 길목에서 생동하는 습지생태계

생태계에서는 동물과 식물 그리고 햇빛, 공기, 물, 토양과 같은 다양한 요소들이 끊임없이 상호작용하고 있다. 그중에서도 물은 기본 중의 기본 요소이다. 이웃 행성을 탐험할 때 가장 먼저 고려하는 사항이 '물'의 존재 여부인 것처럼 습도는 생물체가 생존할 수 있는 최소한의 기반이다. 늪과 갯벌을 포함하여 연중 일정 기간 이상 물에 잠겨 있거나 젖어 있는 땅을 '습지'라고 한다. 습지는 마치 우리 몸의 폐와 같이 지구를 숨 쉴 수 있게 하는 역할을 한다. 지구 전체 면적에서 차지하는 비율은 겨우 6% 정도이지만, 이 축축한 땅에 지구상의 생물 중 2%가 살고 있다.

90% 정도의 어업활동이 이루어지는 습지*는 인간에게 중요한 삶의 터전이기도 하다. 그러나 인간은 다른 생물체들과 공유해야 하는 습지를 메우고 그 위에 건물을 지어버렸다. 습지는 크게 육지에 형성되어 있는 내륙 습지와 해안에 형성되어 있는 연안 습지로 구분된다. 삼면이 바다로 둘러싸인 한반도는 다채로운 내륙 습지와 연안 습지를 가지고 있는 습지 부자였다. 하지만 무분별한 개발 탓에 습지가 사라지면서 수많은 철새들과 서식동물들이 한반도에서 사라졌다. 육지에서 바다로 향하는 길목에 위치한 습지가 하는 중요한 역할 중 하나는 오염물질을 걸러주는 일이다. 그 역할을 제대로 해내지 못하니 해양은 오염되고 바다 생물들도 악영향을 받았다. 거대한 자연 정수 시설을 잃어버린 탓에 바다 오염은 더욱 심각해졌다. 시화호, 새만금사업과

*국가환경교육사업 운영 사이트 초록지팡이 참조.

같이 실패한 간척사업들로 인한 피해를 자연이 고스란히 떠안고 있다.

습지는 또 대기 중으로의 탄소 유입을 차단하여 지구 온난화를 늦춰주는 역할을 한다. 주변 지역 대기의 온도와 습도를 조절해 주는 기능 또한 수행한다. 이렇게 중요한 역할을 할 수 있는 것은 습지의 강력한 생태계 생산력 덕분이다. 습지는 열대우림에 맞먹을 정도로 생태계 생산력이 강하며 특히 산호초, 맹그로브 숲과 같은 습지 생태계는 심해 생태계보다 생산력이 높다. 산업화 이후 급격하게 증가한 대기 중의 이산화탄소에도 불구하고 지구가 지금까지 버틸 수 있었던 것은 습지가 우리 생태계를 떠받쳐 주었기 때문이다. 굴러떨어지는 바위를 영겁의 시간 동안 떠받쳐야 했던 신화 속 인물 시시포스와 같이, 습지는 인간에 의해 점점 가속화되고 있는 지구 온난화를 막아주는 역할을 해온 것이다.

이처럼 중요한 습지 생태계를 보호하기 위해 만들어진 국제협약이 바로 람사르 협약이다. 1971년 이란의 람사르에서 채택되어 1975년에 발효된 람사르 협약의 정식 명칭은 '물새 서식처로서 국제적으로 중요한 습지에 관한 협약(Convention on Wetlands of International Importance, especially as Waterfowl Habitat)'이다. 이름에서도 알 수 있지만 람사르 협약은 습지 자체보다는 특히 철새를 중심으로 한 습지 생태계의 보호를 목표로 한다. 습지를 보전하는 것이 가장 큰 목적이지만, 그만큼 중요하게 언급되는 것이 습지의 '현명한 이용(wise use)'이다. 현명한 이용이라는 것은 습지를 그대로 둘 수만은 없으니 인간과 자연 모두에게 이로운 방향으로 습지를 활용하자는 의미이다. 이를 위해서는 습지에 대한 꾸준한 연구를 통해 습지의 생태적인 특성을 잘 보전하는 것이 필수적이다. 또한 각국의 습지를 람사르 습지에 등록하여 전 지구적으로 이를 모니터할 수 있도록 하고 습지 보호를 위한 각국의 네트워크를 강화해야 한다.

우리나라도 1997년 7월에 람사르 협약에 가입했다. 그 후 꾸준히 습지 보전과 철새들의 서식지 보호를 위해 노력하고 있다. 그러나 지난 20년 동안 무분별한 간척 사업으로 인해 한국이 잃어버린 습지는 서울시 면적의 3배가 넘는다.*

* 녹색연합 https://www.greenkorea.org 참조.

망종
―
하지

동물 바다거북
식물 뿌리식물
환경 해안사구

망종이 되면 모내기를 마무리하고, 보리를 수확한다. 초 봄에 심어둔 감자를 캐기도 하다. 햇감자를 캐는 망종이 되면 보릿고개를 힘겹게 넘기고 끼니 걱정을 덜 수 있었다. 농촌에 다시 생기가 돌기 시작하던 이 시기에는 장수의 상징 바다거북과 생명력 강한 뿌리 식물을 떠올려볼 수 있다.

멸종위기에 처한 장수 동물, 바다거북

바다거북은 우리 동화의 단골 소재 중 하나다. 〈별주부전〉에서 바다거북은 용왕님의 병을 고치기 위해 육지 동물인 토끼를 속여 용궁에 데리고 간다. 〈심청전〉에서는 물에 빠진 심청이를 용궁까지 태워다 주는 활약을 펼친다. 사실 바다거북은 정말 용궁에 드나들었다고 해도 이상할 것이 없을 만큼 특별한 동물이다. 대표적인 장수동물로 유명한 바다거북의 수명은 대략 100년 이상으로 알려져 있다. 정확한 수명은 아직 알려지지 않고 있지만, 육지 거북의 경우엔 200~300년을 살았다는 기록도 보인다. 이렇게 긴 수명과 대부분의 삶을 깊은 바닷속에서 보낸다는 사실 때문에 바다거북은 오랫동안 신비한 동물로 여겨져 왔다. 옛날 사람들의 상상 속에서 용궁과 육지를 잇는, 용왕의 심부름꾼 역할을 했을 정도로 말이다. 땅에서는 서툴고 느릿느릿 움직이는 대표적 느림보인 거북은, 바닷속에서는 시속 약 35km의 수영 솜씨를 자랑하는 가장 빠른 파충류이다. 또한 GPS 기능에 버금가는 위치감각을 가지고 있어 먼 바닷속을 헤엄치다가도 자신이 알을 낳은 해변으로 정확하게 돌아올 수 있다.

　이런 능력은 용왕의 파수꾼 역할에도 제격이지만, 번식을 위해서도 안성맞춤이다. 바다거북은 모래사장이 있는 해변에 알을 낳는다. 바닷속에서 산란하면 부화하지 못한 알들이 물고기의 먹이가 된다. 바다거북은 정해진 시간 동안에만 육지에 있을 수 있기에 서둘러 알을 낳는다. 〈별주부전〉에서 거북이가 시간이 없다고 서두르는 이유는 느리기 때문이기도 하고 용왕의 치료가 시급하기 때문이기도 하지만, 물 밖으로 나오면 천적의 공격과 피부의 건조함으로 움직임이 둔해지기 때문이다. 어미 거북은 이렇게 4시간 동안 힘겹게 땅을 파고 알을 낳는다. 너무 깊은 곳에 알을 낳으면 새끼가 빠져 나오지 못하고, 너무 얕게 낳으면 새나 포유류의 먹이가 된다. 바다거북은 무리가 같은 날 산란하여 서로 협력해 모래를 파고 나온다. 그리고 모든 개체가 일시에 바다로 이동한다.

부화한 아기 바다거북들은 전속력으로 바다를 향해 달려간다. 그렇게 하지 않으면 새, 도마뱀, 게, 너구리 등에게 잡아먹혀 버린다. 험난한 육지를 통과해 무사히 바다에 도착하더라도 상어나 큰 물고기들에게 잡아먹히는 경우가 허다하다. 부화한 100마리의 아기 바다거북 중에서 운이 좋아야 겨우 한 마리만이 살아남을 수 있다고 한다. 그러나 혹독한 성장 과정을 거쳐 어른이 되면 백상아리 같은 대형 상어 종을 제외하곤 바다거북에게 맞설 천적은 거의 없다. 무적이 된 바다거북은 오래오래 장수를 누리게 된다.

오래 사는 것으로 유명한 바다거북은 오랫동안 지구를 지켜온 터줏대감과 같은 동물이다. 1억 5천만 년 전부터 지구상에 존재해왔던 바다거북은 6,500만 년 전 멸종한 공룡보다도 더 오래된 동물이다. 실로 어마어마한 시간 동안 지구상에서 살아 온 거북들이 멸종위기에 처한 것은, 고작 4~5백만 년 전에 출현해 지구를 장악해 버린 인간 때문이다. 바다거북이 멸종위기에 처한 가장 큰 이유는 무분별한 포획이다. 바다거북 고기를 즐기는 사람들, 그리고 단단한 등딱지로 장식품을 만들어 파는 사람들로 인해 바다거북의 개체수는 급감했다. 100마리의 아기거북이 부화하여도 한 마리가 살아남을까 말까 한 상황에서, 바다거북의 알을 노리는 것은 갈매기들과 너구리뿐만이 아니었다. 맛이 뛰어나다는 이유로 사람들은 바다거북의 알을 채집해 갔다. 새끼 바다거북의 성별은 온도로 결정되는데, 지구 온난화로 인해 암컷의 개체수가 늘어나 성비가 맞지 않게 되어 번식도 어려워졌다. 바다거북은 그 특징에 따라 크게 푸른바다거북, 검은바다거북, 붉은바다거북, 캠

프바다거북, 올리브바다거북, 매부리바다거북, 납작등바다거북, 장수거북의 8개 종으로 구분된다. 성비 균형이 무너지며 바다거북의 유전자 집합도 좁아지고 있다.

가끔 해류를 타고 온 바다거북이 발견되는 경우가 있었지만, 우리나라 주변 지역에 바다거북 서식지는 오랫동안 존재하지 않았다. 그런데 최근 제주도 인근 바다에 바다거북이 서식하고 있다는 사실이 알려졌다. 반가운 소식일까? 그렇지는 않은 것 같다. 지구 온난화로 인해 바닷물 온도가 상승하면서 더 먼 바다에 나가 있어야 할 거북이들이 떠나지 못한 것이기 때문이다. 더욱이 해파리를 주식으로 하는 바다거북이 바다에 버려져 떠다니는 비닐봉지를 먹이로 착각하여 질식사하고, 대량 어업활동으로 바다에 쳐 놓은 그물에 걸려 익사하는 경우도 발생하고 있다. 이에 따라 CITES(멸종위기에 처한 야생 동식물의 국제무역에 관한 협약)에서는 모든 종류의 바다거북을 국제적인 멸종위기종으로 관리하고 있다.

  오랫동안 신성시되던 바다거북이 이렇게 수난을 겪게 된 이유는 무엇일까. 사람들은 바다거북이 귀한 동물이라는 사실을 너무 쉽게 잊어버린다. 하지만 최근에도 〈심청전〉 못지않은 기적이 일어나 많은 사람의 귀감이 된 사건이 있었다. 바로 1969년 바다거북이 한국 선원을 구출한 사건이다. 1969년 8월 22일 새벽, 페트랄 나가라호의 선원 김씨는 새벽에 잠이 오지 않아 동료 선원들과 함께 위스키를 마셨다고 한다. 취기가 오른 김씨는 열을 식히려 갑판에 나갔다가 발을 헛디뎌 그만 바다에 빠지고 만다. 김씨가 정신이 들었을 때 사방은 칠흑 같은 어둠에 휩싸여 있었고 배는 보이지 않았다. 나가라호의 선원들은 김씨가 사라진 것을 깨닫고 배 곳곳을 수색했지만 찾을 수 없었다고 한다. 김씨는 파도에 떠밀려 어딘가로 흘러갔다. 악천후는 아니었지만 생존 확률은 희박했다. 그렇게 14시간 동안 바다를 표류하던 김씨의 눈앞에 바다거북이 나타났다. "처음엔 상어인 줄 알고 죽었구나, 생각했습니다." 상어가 아닌 거북이라는 사실을 깨닫고 김씨는 거북에게 살짝 팔을 뻗어 보았다. 거북이가 꼼짝하지 않자 해치지 않을 것임을 깨닫고, 김씨는 상체를 거북의 등에 슬쩍 얹어 보았다. 그렇게 거북이 등에 매달려 김씨는 짙은 안개층을 벗어났다. 그 후 김씨는 마침 항해 중이던 시타델 호를 발견했고, 있는 힘을 다해 손을 흔들었다. 다행히 시타델 호의 선원이 김씨를 발견했고, 김씨는 있는 힘을 다해 시타델 호의 구명보트까지 헤엄쳐 기적적으로 목숨을 구하게 된다. 김씨가 시타델호에 올랐을 때 바다거북은 이미 바닷속으로 사라진 뒤였다.

  김씨를 태운 바다거북은 몸길이가 60센티 정도이고 목의 굵기가 15센티 정도에 새까맣고 딱딱한 등껍질을 가지고 있었다고 한다. 전문가들은 이 바다거북이 딱딱한 등껍질을 가진 푸른바다거북이나 올리브바다거북일 것으로 추측하고 있다. 하지만 아무리 등껍질이 두꺼워 신경이 무디다고 해도 거북이가 김씨를 태운 채 그대로 잠수해버렸다면 김씨는 살아남지 못했을 것이다. 기진맥진한 채 바다를 표류하던 김씨 앞에 바다거북이 나타난 것은 첫 번째 기적이었고, 바다거북이 김씨를 등에 태우고 있는 동안 잠수하지 않은 것은 두 번째 기적이었다.

뿌리식물이 지켜낸 역사

조선시대 농민들은 추수 때 걷은 작물들을 소작료나 세금으로 내고 난 뒤 남은 곡식을 아껴 먹으며 힘든 겨울을 보내곤 했다. 봄을 지나 초여름까지 버텨내기에 식량의 양은 턱없이 부족했지만, 다행히 이를 버틸 수 있게 해준 작물들이 있었다. 조, 기장, 메밀, 고구마, 감자 등 구황작물들이다. 구황작물은 생육기간이 짧고, 험악한 기상 조건에서도 잘 자라는 작물이다. 특히 뿌리 식물인 감자와 고구마는 일찍부터 우리 민족의 부식으로 인기가 많았다.

18세기 조선에서는 여러 경로를 통해 감자, 고구마와 같은 외래 뿌리식물이 소개되었다. 고구마는 1764년 영조 때 처음 한반도에 들어온 것으로 기록되어 있다. 당시 조선은 대기근으로 많은 사람이 굶어 죽던 상황이었는데, 통신사로 일본에 갔던 조엄이라는 사람이 이를 해결하고자 고구마를 들여왔다. 굶주림에 시달리던 백성들에게 달달한 고구마는 큰 인기를 끌었다. 하지만 가치가 높아진 고구마를 탐관오리들이 수탈해가면서 높았던 고구마의 인기도 곧 사그라들었다고 한다.

원산지가 남미인 감자가 한국에 들어온 것은 순조 때로 알려져 있다. 감자가 조선에 들어오게 된 경로는 정확하지 않다. 다만 조선 후기의 실학자인 이규경이 편찬한 사전인 〈오주연문장전상고(五洲衍文長箋散稿)〉에는 1824년에서 1825년 사이 당시의 관북지역에 처음 소개된 것으로 기록되어 있다. 남쪽에서는 1832년 전라도 해안에 표류한 영국 상선 로드 애머스트(Lord Amherst)호에 타고 있던 네덜란드 선교사가 1개월간의 표류기간 동안 주민들에게 씨감자를 나누어주고 재배법을 가르쳐 주었다는 설이 있다. 김창한이 1862년에 지은 〈원저보(圓藷譜)〉에는 그의 아버지가 선교사 카알 귀즈라프(Karl Gutzlaff)로부터 전해들은 재배 방법이 상세히 기록되어 있다.

고구마와 감자 재배가 다시 활발해진 것은 일제강점기 때이다. 일본에서 쌀을 수탈해가자 식량을 대체하기 위해 고구마를 심었다. 일제강점기 초반인 1911년에는 46,125톤이던 고구마 생산량은 1940년에는 329,625톤으로 치솟았다. 당시 일본은 농촌 인구가 줄어들어 쌀 생산량이 감소했고 조선의 쌀을 무자비하게 수탈해갔다. 노동력을 제공하는 조선의 농민들이 굶어 죽는 상황을 막기 위해 일본이 적극적으로 보급하기 시작한 작물이 고구마와 감자였던 것이다.

먼 유럽의 아일랜드에서도 감자와 관련된 식민 지배의 역사가 있다. 감자 잎마름병이라는 전염병이 돌아 감자를 주식으로 하던 아일랜드인들이 인구의 3분이 1을 잃게 된 사건이다. 1845년부터 1852년까지 불과 7년 만에 아일랜드에서는 110만 명이 목숨을 잃었고 100만 명 이상이 고향을 등진 채

이민을 떠났다. 감자는 오랜 시간 아일랜드인들을 버티게 해 준 고마운 작물이었다. 영국의 오랜 식민 지배를 겪으며 밀과 귀리를 비롯한 대부분의 작물을 영국에게 싼값에 수탈당해 온 아일랜드 입장에서는 유일하게 마음 놓고 먹을 수 있는 작물이었다. 감자가 처음 아일랜드에 소개된 것이 1688년 즈음이니 전염병이 발발했을 땐 이미 200년 가까이 감자를 주식으로 하고 있던 상황이었다.

아일랜드에서는 감자요리에 감자 반찬을 먹는다고 할 정도로 감자는 이들의 소울푸드였다. 많은 사람이 목숨을 잃은 가시적 이유는 감자잎마름병이었지만, 그 저변에는 영국의 무자비한 수탈행위와 전염병을 방치한 행정조치가 있었다. 영국의 명예혁명은 피를 흘리지 않고 이룬 시민혁명으로 알려졌지만, 영국 본토가 아니었던 아일랜드는 독립과 자치를 요구한다는 이유로 농토가 남아나지 않을 정도로 심각한 군사 보복을 당했다. 당시 아일랜드와 영국의 관계는 식민지 조선과 일본의 관계와 같았다.

대항해 시대 이후 식민지 수탈로 식량 부족을 겪지 않았던 유럽 대부분의 지역에서 감자는 질 낮은 서민 음식 취급을 받아왔다. 그러나 우리나라에서는 짧은 역사에도 불구하고 금세 인기 식품으로 자리 잡았다. 감자와 고구마가 한국에서 거부감 없이 받아들여진 데에는 예로부터 뿌리 식물을 즐겨 먹던 우리의 전통이 있었다. 우리 조상들은 오래전부터 마, 토란, 칡뿌리, 도라지, 인삼 등을 찬으로, 약재로 사용해 왔다. 먹을 것이 없어 칡뿌리를 캐 먹곤 했다는 어르신들의 이야기는 채 한 세기가 지나지 않은 일이다. 조선시대의 대기근으로부터, 그리고 일제의 쌀 수탈로부터, 또 분단의 뼈아픈 시기와 급격한 도시화의 순간에도 우리는 둘러앉아 찐 감자와 고구마를 먹으며 이야기꽃을 피우곤 했다.

한국인이 사랑하는 뿌리식물로 빼놓을 수 없는 것이 인삼이다. 오늘날 일상에 지친 직장인과 수험생이 가장 먼저 찾는 식품 중 하나가 홍삼이다. 홍삼의 재료인 인삼은 원래 두릅나무과 인삼의 뿌리를 일컫는데, 특히 고려인삼이라고 하여 예로부터 한국에서 오랜 역사를 가지고 소비되어 온 대표적인 뿌리식물이다. 2020년 12월에는 '인삼의 재배와 약용문화'가 국가무형문화재 143호로 지정되기도 했다.

뿌리는 식물의 곳간과 같은 기관이다. 수분과 양분을 빨아들여 줄기를 지탱하고 식물을 살게 한다. 이 귀중한 뿌리를 인간에게 내어줌으로써, 뿌리식물은 척박한 환경에서 힘겹게 살아가는 사람들의 생존을 도왔다. 인간을 생존케 하는 뿌리식물의 이야기는 아직 끝나지 않았다. 한국과 아일랜드는 이제 식량 부족에서 벗어났지만, 상대적으로 먹을 것이 부족한 아프리카, 남미, 인도 그리고 북한과 같은 지역들에서 각종 뿌리식물이 여전히 많은 사람의 주린 배를 채워 주는 축복과 같은 식량으로 소비되고 있다.

해안사구라는 세계

사구(砂丘)는 바람에 의해 날린 모래가 쌓여 만들어진 언덕이다. 그중 해안사구는 해안가의 모래가 날려 내륙에 쌓인 모래언덕을 말한다. 우리나라의 경우 겨울철의 강한 바람인 북서계절풍이 사구의 형성에 영향을 미친다. 바람에 날릴 수 있는 모래도 중요한데, 사빈(모래사장)이 잘 발달한 곳이 해안사구 발달에 더 유리하다. 우리나라에서 규모가 큰 해안사구는 서해안에 많이 형성되어 있다. 물론 북서계절풍 뿐만 아니라, 각 지역에 따라 다르게 부는 지방풍의 영향도 받고, 파도에 의해 이동된 모래에 의해서도 해안사구 일부가 형성되기 때문에 남해안, 동해안에도 해안사구는 존재한다. 현재는 많은 사구가 훼손되어 작은 규모의 해안사구밖에 볼 수 없으나, 과거 항공사진을 살펴보면 내륙 깊숙이까지 형성된 해안사구가 많이 존재했었다.

해안사구는 대체적으로 해안선과 나란하게 발달하는데, 나란히 여러 개의 사구가 발달한 것을 사구열이라고 한다. 이 중 해안과 가깝게 발달한 사구열을 전사구라고 한다. 사구열 사이에는 낮은 저지가 나타나는데, 이를 사구저지라 부르고 뒤쪽에 있는 사구는 배후사구라고 부른다. 사구의 열은 위치와 깊이에 따라 형성 시기가 다른데, 형성 당시의 해양환경과 기후에 영향을 받는다. 대체적으로 우리나라 해안사구는 해수면이 상승하는 시기에 형성되었으며, 해안선에 가까운 열일수록 더 최근에 형성된 것이다.

우리나라에서 가장 큰 해안사구는 태안 신두리 해안사구다. 사구의 원형이라고 할 수 있을 전형성을 보여주는 신두리 해안사구는 길이 약 3.4km의 규모, 너비는 최대 1.3km 정도로 제법 크게 형성되어 있다. 신두리 해안사구 전면에는 신두리 해수욕장이 있다. 신두리 해수욕장의 모래가 바람에 날려 신두리사구를 형성하는 것이다. 사구를 형성하는 데는 파도와 바람 못지않게 그곳에 사는 생물들의 역할도 크다. 해안가에 사는 엽낭게가 그중 하나이다. 엽낭게는 모래 속의 플랑크톤을 먹고 남은 모래를 동그랗게 빚어 뱉어내는데, 이렇게 만들어진 수천수만 개의 작고 동그란 모래 덩어리들은 바람에 부서져 언덕 위로 날아간다. 해안사구의 사막과도 같은 이국적인 풍경은 말 그대로 자연의 작품이다.

해안사구는 생태적으로도 중요한 의미를 갖는다. 고운 모래들이 차곡차곡

쌓여가는 동안 특유의 환경에서만 서식할 수 있는 동식물들이 모여들어 독특한 생태계가 형성된다. 해안사구는 바닷가에서 육지로 환경이 변해가는 점이지대로, 바닷물의 영향을 직접적으로 받지는 않지만, 해양에서 내륙으로 갈수록 바람세기, 염분, 수분 등의 환경이 달라진다. 따라서 사구성 식물이 해안선과 나란하게 분포한다. 사구성 식물은 독특한 환경에서 살아남기 위한 생존전략을 가지고 있다. 부족한 수분을 최대한 흡수할 수 있도록 잔뿌리가 많으며, 잎이 가늘거나 두꺼워 수분의 증발을 최소화한다. 갯메꽃, 갯완두, 갯그령, 통보리사초, 순비기나무가 대표적인 사구성 식물이다.

동물들도 식물 못지않게 재미있다. 모래언덕과 초본류가 발달한 사구 환경에 적응하여 살아가는 모래거저리, 바닷가거저리, 소똥구리붙이 등이 대표적인 사구성 곤충이다. 멸종위기종인 표범장지뱀도 이제는 보기 어렵지만, 사구에서 서식하고 있는 포식자이다. 봄철에는 사구와 모래 해안에서 번식하는 흰물떼새와 쇠제비갈매기도 있어 해안을 거닐 때 발밑을 조심할 필요가 있다. 이렇게 친근한 육지 동물들이 해안가에 터를 잡을 수 있도록 하는 것 또한 해안사구의 역할 중 하나다. 해안사구를 중심으로 하나의 마을이 형성되어 있다고 보면 된다. 이처럼 풍부한 생태계를 형성할 수 있는 까닭은 물을 저장할 수 있는 능력 덕분이다. 사구열 사이의 낮은 저지에 웅덩이가 형성되거나, 습지가 형성되는데, 이곳의 물 덕분에 동물과 식물이 생존할 수 있는 것이다.

해안사구의 독특한 아름다움은 이곳의 생태계를 형성하고 있는 식물들과 동물들 그리고 바람, 바다의 합작품이다. 해안사구의 부드러운 모래 위로는 종종 아이를 재우는 어머니의 손과 같은 부드러운 바람결의 흔적이 남는다. 그 위로 비가 내리고 또 바람이 불며 하나의 세계가 만들어진다. 안으로는 많은 동식물이 안식을 얻는 생태공간이지만 인간 또한 예외 없이 커다란 혜택을 누려왔다. 무엇보다 든든한 자연 방파제로써 해안사구는 오랜 시간 동안 바다에서 오는 무서운 자연재해로부터 사람들을 지켜주었다.

소서
—
대서

동물 파충류
식물 메타세쿼이아
환경 장마

장마는 모내기를 마친 논을 흠뻑 적시며 모가 뿌리를 내리는 데 도움을 준다. 소서가 지나면 정말 더운 여름인 대서가 시작된다. 보양식을 챙겨 먹으며 버텨야 하는 삼복더위의 계절이다. 이토록 더운 계절에 주변 온도에 크게 영향을 받는 변온동물들은 어떻게 살아가고 있을까. 우리 눈에 잘 띄지 않는 파충류와 여름 내내 눈에 띄게 성장하는 메타세쿼이아의 이야기를 만나보자.

대멸종으로부터 살아남은 파충류

파충류와 양서류의 가장 큰 차이점은 피부다. 양서류의 피부는 끈적끈적한 점액질로 덮여있어 수분을 유지하지만, 파충류는 온몸이 표피나 비늘로 덮여있다. 이 역시 피부의 수분 증발을 막는 역할을 한다. 또 몸의 표면을 단단하게 해 외부의 공격이나 충격으로부터 몸을 보호해 준다. 파충류는 외부의 온도에 따라 체온이 변하는 변온동물로 기후변화에 민감하다. 도마뱀의 경우, 주변 온도가 상승하여 체온이 올라가면 호흡수를 늘려서 열을 발산시키거나 색소세포를 응집해 열의 흡수를 방지한다. 날씨가 더우면 악어가 입을 쫙 벌리고 있는데, 이 역시 몸의 온도를 떨어뜨리기 위한 행동이라고 한다.

파충류의 체온 조절 능력이 모든 기후에서 가능한 것은 아니다. 기온이 감당할 수 없는 수준으로 올라가거나 내려가면 아무리 파충류라고 해도 체내의 신진대사를 원활하게 유지할 수 없다. 뱀의 겨울잠은 이런 이유에서 시작되었다. 겨울이 아닌 더운 여름에 잠을 자는 경우도 있다. 전 세계에 현존하는 파충류는 11,570종으로 알려져 있는데, 그중 대부분이 열대지방에 서식하고 있다. 아시아, 러시아대륙 3,320종, 유럽 279종, 호주 1,120종, 아프리카 1,776종, 남아메리카 2,233종, 북아메리카 440종, 중아메리카 1,416종, 태평양 397종, 대서양 808종, 인도양 498종이 분포하고 있다. 이 중 열대지방에 살고 있는 파충류의 경우에는 주로 덥고 건조한 시기가 되면 하면(夏眠), 즉 여름잠을 잔다.

이처럼 기후변화에 민감한 특성 때문에 파충류는 멸종에서 자유롭지 못했다. 그중 우리에게 가장 유명한 동물이 바로 공룡이다. 우리는 인간을 중심으로 한 역사에 익숙하지만 사실 지구에서 이어져 온 시간의 흐름 속에서 인류는 아주 일부만을 차지할 뿐이다. 지구의 역사는 크게 생물체의 흔적이 밝혀진 바 없는 은생이언*과 생물체의 흔적이 발견되는 현생이언으로 나뉜다. 현생이언의 출발은 5억 6,000만 년 전이다. 현생이언은 다시 고생대와 중생대 그리고 신생대로 나누어진다. 고생대를 대표하는 생물체가 삼엽충이라면 중생대를 대표하는 생물은 공룡이다.

 중생대는 2억 5,000만 년 전부터 6,600만 년 전까지 약 1억 8,400만 년 동안의 시간을 뜻한다. 고생대에 비해 중생대에는 상대적으로 더 많은 종류의 생물들이 진화하여 육지에서 번성했다. 공룡뿐만 아니라 다양한 파충류가 급격하게 발전한 시대이기 때문에 중생대를 파충류의 시대라 부르기도

* 은생이언 : 캄브리아기 이전의 지질 시대로 약 46억 년 전부터 약 5억 7000만 년 전까지의 시대를 말한다.

한다. 중생대에 많은 파충류가 번식할 수 있었던 것은 온난한 기후 덕분이었다. 공룡이 크게 번식한 중생대의 백악기에는 기후대와 사계절의 구분이 생겨났고 우리에게도 익숙한 은행나무, 소나무와 같은 침엽수들과 다양한 양치식물이 번성하기도 했다.

중생대의 주인공이었던 공룡이 멸종하게 된 원인은 무엇이었을까? 과학자들 사이에서 가장 유력한 설은 소행성의 충돌이다. 소행성 충돌 상황을 시뮬레이션해 보면, 지구와 소행성의 충돌로 발생한 엄청난 양의 먼지로 인하여 지구의 대기는 구름과 먼지로 뒤덮였고, 충돌의 여파로 생긴 엄청난 해일이 해수면까지 덮어버렸다. 태양 빛이 도달하지 못한 지구는 점점 기온이 떨어졌고, 결국 빙하기에 접어들게 되었다. 당시 지구상의 생물들 중 대다수는 파충류나 양서류였다. 가장 큰 몸집을 가진 공룡이었던 아르젠티노사우르스는 35톤의 무게에 키는 35m에 이르렀다고 한다. 이렇게 몸집이 커다란 공룡들은 전부 멸종할 수밖에 없었다. 현재 지구상에 남아 있는 파충류의 크기가 작은 이유는 생존에 유리했기 때문이다. 땅속 깊은 곳에서 오랫동안 잠을 자며 체온을 유지하는 방법을 통해 생존했을 가능성이 크다. 또한 바다보다 육지에 살고 있던 동물들의 피해가 컸기 때문에 또 다른 변온동물인 어류는 살아남았다. 현재 우리가 볼 수 있는 파충류들은 공룡 대멸종의 시기를 견디고 살아남은 종들을 뿌리로 가졌다고 할 수 있다.

뱀도 대멸종을 피할 수 있었던 파충류 중 하나다. 2018년 미얀마에서 발견된 호박 안에서 발견된 아기 뱀 화석은 1억 년 전의 것으로 추정되며 현재까지 발견된 가장 오래된 뱀의 화석이다. 백악기의 뱀들은 물속에서 숲으로 거주지를 옮기기 시작했던 것으로 보인다. 원래 도마뱀을 조상으로 둔 뱀들은 땅속에 들어가 살며 지금과 같은 모습을 갖추기 시작했다. 주로 땅속에서 살았기 때문에 다리가 필요 없어졌고 흙이 들어가던 귓구멍이 퇴화하였고 햇빛을 볼 일이 거의 없어 눈꺼풀도 사라졌다. 이 시기 뱀들은 땅에 적응하기 위해 급격한 진화의 과정을 거쳐 지금과 같이 매우 작게 쪼개진 척추를 갖게 된 것으로 추정된다. 덕분에 뱀들은 땅 위에서도 빠르고 힘 있게 이동할 수 있게 되었고 땅을 파고 들어가 오랜 시간 살아남을 수 있었다.

뱀이 사막에서도 살아갈 수 있는 이유는 비늘을 통해 습도를 밀봉시키기 때문이다. 지그재그로 유연하게 움직일 수 있는 이유 중 하나도 비늘 때문인데, 사막에 사는 일부 독사들은 몸을 회전시켜 옆으로 미끄러지듯 이동하기도 한다. 이처럼 자유자재로 이동할 수 있는 것은 비늘이 바닥과의 마찰에 자동적으로 반응하기 때문이다. 머리를 원하는 방향으로 들기만 해도 힘을 들이지 않고 앞으로 나갈 수 있다. 몸을 스프링처럼 사용해 잠깐 동안 날 수도 있고 먹이를 먹을 때는 몸을 180도 가까이 꺾을 수도 있다.

움직임이 뼈와 비늘 그리고 근육의 작용이라면 먹이를 잡아먹을 때는 400개가 넘는 갈비뼈 덕을 본다. 뱀은 후각이 매우 발달해 있어서 주로 이를 활용해 먹이를 찾지만, 먹이를 잡아먹는 방법은 종에 따라 다르다. 독을 가진 녀석은 독을 주입해서 죽기를 기다렸다가 삼키며 독이 없는 녀석들은 먹잇감의 몸을 감아 질식시키거나 으스러뜨린다. 몸 크기의 네 배가 넘는 먹이를 꿀꺽 삼켜 뱃속에 넣고 소화시킬 수 있는 것은 턱관절의 분리, 늘어나는 피부조직과 특이한 골격 그리고 강력한 소화액의 작용 때문이다. 이 강력한 소화액이 뱀에게는 사람의 침처럼 섭식에 꼭 필요한 요소이지만 먹잇감들에겐 독으로 여겨진다.

문화권마다 상징하는 의미는 다르지만 뱀을 비롯한 파충류는 신비로운 동시에 혐오스러운 존재로 인식되어왔다. 극한의 환경에서도 살아남을 수 있는 생명력은 숭배되기도 하지만 두려움과 혐오의 대상이 되기도 한다. 최근에는 애완동물로 파충류를 선택하는 사람들이 늘고 있다고 한다. "가까이 보면 아름답다"는 어느 시구에서처럼 파충류의 귀여움과 아름다움을 발견한 사람들도 많다는 얘기다. 대멸종에서도 살아남은 파충류들은 기후변화라는 지금의 공격에는 어떤 방식으로 적응하고 있을까? 인간보다 더 오래 지구에 적응해왔던 파충류의 생존 능력에서 인간이 무언가 배울 수 있을 것이다.

영웅의 족적 메타세쿼이아

길이 35m 높이의 나무들이 줄지어 곧게 뻗어 있어 시원한 아름다움으로 인기를 끌고 있는 길이 있다. 메타세쿼이아길이다. 메타세쿼이아는 신생대의 세 번째 시기인 아이오세 이전까지 멸종되었다고 여겨지던 화석식물이었다. 화석으로만 존재하던 식물이 노목으로 다시 발견된 것은 1944년, 중국 양쯔강 유역에서였다. 우리나라에서도 메타세쿼이아는 포항에 화석으로만 남아 있었다가 다시 도입된 것이 1952년 현신규 박사에 의해서다. 살아있는 화석이라 불리는 메타세쿼이아는 중생대의 양치식물을 연상시키는 잎사귀를 가지고 있으며 가을이 되면 끝이 뾰족한 잎사귀에 벽돌색으로 단풍이 든다.

　우리나라에서 메타세쿼이아는 1970년대에 담양-순창 간 도로 가로수로 심기 시작하면서 전국적으로 퍼져나갔는데, 한국에서 자라는 나무 중에서는 키가 빨리 높게 자라는 편이라고 한다. 하지만 인구가 밀집해 사는 한국의 특성상 큰 키로 상가의 간판을 가려버리거나 물을 좋아하는 특성상 뿌리가 하수도를 파고들어 공사를 계속해야 하는 부작용이 발생했다. 그럼에도 불구하고 메타세쿼이아가 가로수로 크게 인기를 끌고 있는 이유는 무엇일까?

메타세쿼이아에 관련된 기사나 홍보문구에는 '이국적'이라는 표현이 빠지지 않고 등장한다. 소나무나 은행나무와 달리 우리는 메타세쿼이아에서 이국적인 느낌을 받는다. 메타세쿼이아라는 이름은 세쿼이아에서 왔다. 세쿼이아는 세계에서 가장 큰 나무로 수천 년에 걸쳐 100m에 가까운 높이로 자라난다. 분포지역은 북아메리카 서쪽의 캘리포니아인데, 아마 우리가 메타세쿼이아 숲이나 길을 떠올릴 때 이국적인 느낌을 받는 이유는 이런 맥락이 있는 것 같다. 일본의 고생물학자인 오사카대학의 미키 교수는 세쿼이아와 비슷하지만 조금 다른 특성을 가진 나무란 뜻으로, 접두어 '메타'를 붙여 메타세쿼이아라는 새로운 이름을 만들었다.

이국의 느낌을 불러오는 세쿼이아라는 이름은 체로키족 인디언 추장의 이름을 딴 것이다. 체로키족의 추장이었던 세쿼이아는 언어학자이기도 했다. 부족을 위한 문자를 창조한 인물이라는 점에서 우리나라의 세종대왕이 떠오른다. 세쿼이아는 체로키족의 언어로 '돼지 발'이라는 뜻이다. 이는 세쿼이아가 발을 저는 장애를 가지고 태어났기 때문에 붙여진 이름이다. 인디언 부족의 용맹함을 물려받아 사냥에 능했고 자연을 다루는 데 능숙했던 그는 어느 날 짐승 가죽을 사러 온 백인이 내민 계약서를 보고 처음으로 무력감을 느끼게 된다. 백인들의 힘이 문자에서 나온다고 판단한 그는 이후 상형문자, 그리스 문자, 히브리 문자 등 여러 가지 문자를 실험하며 연구에 연구를 거듭하여 체로키족만의 문자 체계를 만들어 낸다.

문자 연구를 하던 세쿼이아에게 큰 시련이 된 사건은 흔히 "인디언 전쟁"

으로 알려진 크리크 전쟁이었다. 세쿼이아 추장이 참여했던 크리크 전쟁은 1813~1814년 사이 미국 남부에서 백인과 크리크족 인디언 사이에서 일어났다. 결과적으로 백인과 인디언들 사이에서 일어난 다른 전쟁과 마찬가지로 영토 약탈과 인종청소로 마무리된 전쟁이었지만, 세쿼이아는 체로키족을 지키기 위해 전쟁해 참전했고 어깨너머로 백인들의 문자체계를 익히기 위해 노력했다.

전쟁의 시작은 1811년 지금의 미주리주 뉴마드리드 근처에서 규모 8.0의 큰 지진이 일어나면서부터였다. 크리크족의 전사 집단인 레드 스틱스는 이 지진을 백인 문화를 받아들인 자신들에 대한 신의 저주로 받아들이고 백인들이 나타나기 전의 전통문화로 돌아가자고 주장했다. 그러던 중, 백인 정착민 2명이 레드 스틱스에 의해 살해당하는 일이 발생한다. 미국 정부가 이에 항의하자 크리크족의 추장이 자체적으로 징계를 내리기로 결정하면서 내

전이 발생하게 된다.

 레드 스틱스의 활동은 크리크족과는 상관이 없었다. 하지만 내부 사정을 잘 알지 못한 백인들은 레드 스틱스의 우두머리를 크리크족의 추장으로 오해했고 곧 군대를 조직해 대응을 시작했다. 백인들은 자신들에게 우호적이었던 크리크족과 반감을 갖고 있던 레드 스틱스를 구분하지 못한 채 무차별적인 공격을 자행했다. 인디언 부족들은 오랜 전쟁의 경험으로 강한 미국과 대립각을 세우는 것을 원하지 않았다. 크리크족 대부분의 사람들은 사태를 평화적으로 해결하고 싶어 했고 다른 인디언 부족들도 미군 편에서 레드 스틱스에 대항했다. 세쿼이아가 추장이었던 체로키족 또한 같은 입장이었다.

 그러나 전쟁이 끝나고, 미군을 도와 자신들의 부족과 싸웠던 크리크족도, 또 스스로를 지키기 위해 전쟁에 가담했던 체로키족도 삶의 터전이었던 땅을 빼앗겼다. 이 전쟁에서 미군의 승리를 이끈 공로로 앤드루 잭슨은 1829년 7대 미국 대통령으로 선출되었지만, 의회연설에서 "인디언은 백인과 공생할 수 없는 열등 민족"이라고 언급하며 남동부 인디언들을 미시시피강 너머 서쪽으로 이주시키는 〈인디언 이주법〉을 통과시켰다. 이 법률로 인해 훗날 더 많은 인디언들이 대량학살과 인종청소를 당하게 된다.

 백인들이 자신과 같은 뿌리인 인디언을 학살하는 장면을 눈앞에서 지켜보고, 또 가담해야 했던 세쿼이아는 전쟁에 참여하는 동안 내내 무슨 생각을 하며 문자 연구를 계속했을까? 1821년 세쿼이아는 드디어 라틴 문자를 기반으로 하여 체로키 문자를 완성하게 된다. 체로키 문자는 라틴 문자를 기반으로 하고 있지만 비슷한 모양과 달리 음가는 완전히 다르다. 세쿼이아가 라틴 문자를 배운 적이 없었고 읽을 줄 몰랐다는 사실을 떠올리면 문자에 대한 그의 노력과 의지가 얼마나 컸는지 알 수 있다. 훈민정음과 같이 단순하고 배우기 쉬운 체로키 문자는 그가 바라던 대로 체로키족 사이에서 널리 퍼지게 되었다. 그리고 세쿼이아는 체로키 말로 '돼지 발'이라는 의미를 벗고, '영웅'이라는 의미로 거듭나게 된다. 메타세쿼이아의 이국적 아름다움에는 이렇게 영웅의 이야기가 숨어 있었다. 사라질 뻔 했던 화석식물을 다시 새로운 이름으로 불러낸 것처럼 세쿼이아의 정신이 오래도록 아름답게 이어지기를 기대해 본다.

지구의 열 조정능력, 장마

장마는 지구가 잘 돌아가고 있다는 반증이다. 태양의 복사량과 대륙과 해양의 차등적 가열, 습윤 과정, 지구의 자전, 그리고 지표와 해양의 배치 및 지형 등 세세한 원인에 의해 결정되는 기후적 현상이기 때문이다. 그래서인지 몬순(Monsoon)의 어원은 안전하게 항해할 수 있다는 뜻의 아랍어 'Mausim'에서 왔다. 마우짐(mausim)은 계절이라는 뜻도 가지고 있다.

아랍인들은 인도양에서 겨울과 여름을 거치며 6개월 동안 항해를 하곤 했는데, 이때 가장 중요한 것이 바람이었다. 이들이 활용했던 겨울의 북동풍과 여름의 남서풍을 발생시킨 것은 바다와 땅의 온도 차였다. 겨울에는 바다의 온도가 높고 땅의 온도가 떨어지기 때문에 고기압이 형성되어 배를 바다 쪽으로 밀어내는 바람이 분다. 여름에는 반대로 저기압이 형성되어 바다에서 대륙 쪽으로 부는 바람이 배가 무사히 육지에 다다를 수 있게 도와준다. 그래서 몬순은 계절풍과도 같은 말이다. 해와 달, 바다와 땅 등 모든 자연의 구성이 만들어 낸 계절풍이 다시 적절한 때에 비를 내리게 한다.

몬순은 크게 열대 몬순과 아열대 몬순 그리고 한대 몬순으로 나뉜다. 따지고 보면 지구상의 대부분의 대륙에서 몬순 현상이 나타난다고 할 수 있다. 한반도에는 6월 말부터 7월 말까지 비가 내렸다 말다를 반복하는 현상이 나타나는데, 이는 동아시아 여름 몬순 시스템으로 인한 것이다. '동아시아'라는 말로부터 추측할 수 있듯, 이 시기 장마를 겪는 것은 한반도만이 아니다. 이웃인 중국과 일본에서도 장마를 겪는다. 중국에서는 장마를 메이우(Meiyu)라 하고 일본에서는 바이우(Baiu)라 한다. 두 단어의 한자가 매우(梅雨)로 같기 때문에 자연히 발음도 비슷하다. 매화 매(梅)자를 쓰는 이유에 대해서는 여러 가지 설이 있지만 매실이 익을 무렵에 내리는 비이기 때문이라는 설이 가장 유력하다. 한국에서도 예전에는 매우라는 말이 있었지만 이제는 잘 쓰지 않는다. 우리에게는 '길다'라는 의미의 장(長)에 우리말 어미가 붙은 장마가 더 익숙하다.

일 년 내내 비가 잦은 일본과 달리, 한국에서 장마 때 내리는 비는 일 년치 강수량의 3분의 1을 차지한다. 비가 적은 해에는 가뭄을 해결해주는 고마운 존재지만, 급격한 폭우로 피해를 입는 경우가 허다하다. 비가 그치고 나면 습하고 더운 날씨로 인해 불쾌지수가 올라가는 때이기도 하다.

지금은 집집마다 냉방기는 물론 습도를 조절해 주는 장비까지 갖추게 되었지만, 장마는 여전히 많은 사람들에게 힘든 계절이다. 장마철이 되면 시골에서는 홍수를, 도시에서는 침수를 걱정해야 한다. 지구 온난화는 이런 걱정을 더욱 부추긴다. 장마가 지표면 온도와 바람으로 발생하기 때문에 기후변화는 가뜩이나 변덕스러운 장마를 더더욱 예측하기 힘들게 만든다. 장마가 지난 뒤 이어지는 폭염도 큰 걱정거리다. 체온이 오르거나 장시간 고

온에 노출되면 사람의 몸은 열 조절 능력을 잃고 탈진하게 된다. 폭염 때는 기온이 1도 증가할 때마다 사망률이 1.5% 상승한다. 에어컨을 통해 더위를 피하는 것은 장기적으로 보면 임기응변에 불과하다. 실외기에서 발생하는 열과 에너지 소비는 결국 지구의 온도를 더 끌어올리게 될 것이고, 지구의 열 조정능력은 또 다른 기후 현상을 만들어낼 것이다.

입추
처서

동물 곤충
식물 연꽃
환경 태풍

한여름 더위가 가장 기승을 부리고 날씨도 요란한 때가 바로 입추와 처서다.
무더운 날씨는 불쾌지수를 높이고 태풍이 지나간 자리에는 때로 상처가 나기도 한다.
그래도 요란하게 울며 자신의 존재를 드러내는 곤충들과 가장 풍성한
꽃을 피우는 연을 만날 수 있는 절기다.

왱~, 귀뚜르르, 맴맴, 곤충들의 교향악

가을 절기의 첫 번째 절기인 입추(立秋)는 '가을로 접어든다'라는 뜻이다. 그러나 양력으로는 여전히 여름 무더위가 한창인 8월이다. 양력으로 8월 23일경에 해당하는 처서에 이르러서야 무더위가 조금 물러난다. 낮에는 늦더위가 계속되지만 해가 저물면 기온이 뚝 떨어진다. 입추, 처서에는 다른 절기보다 유독 밖이 소란스럽다. 동족보다 더 빨리 짝을 찾기 위해 큰 소리로 우는 곤충들 때문이다. 일거에 울어대는 '곤충들의 교향악'은 인간에게는 소음일지 몰라도 곤충에게는 종족 번식을 위해 벌이는 마지막 사투의 시작이다.

'모기도 처서가 지나면 입이 비뚤어진다'는 속담이 있지만, 지금은 처서에도 모기의 기세가 등등하다. 물리면 가려움증까지 몰고 오는 모기는 참 성가신 곤충이다. 모기는 암컷만 흡혈하는 특성이 있는데 이는 알을 낳는데 필요한 단백질을 보충하기 위해서다. 수컷 모기는 식물, 과일의 즙을 빨아먹는다. 모기는 침을 피부 속에 꽂으면서 혈액이 응고되는 것을 막고자 타액을 주입하는데, 이 타액이 가려움증을 유발한다. 모기는 하천, 습지 등 물 위에서 알을 낳고 약 사흘이 지나면 부화해 유충(장구벌레)이 된다. 알에서 유충, 번데기가 되어 성충이 되는 데까지 약 20일 정도 걸리고, 성충이 되면 최대 2개월까지 생존한다.

모기가 주는 피해가 단지 가려움증 때문이라면 인간에 의해 '해충'이라고 분류되지 않았을 것이다. 인간과 동물을 가리지 않고 이곳저곳 옮겨 다니며 피를 빨아들이는 습성은 인간에게 치명적인 바이러스를 옮긴다. 인간에게는 말라리아, 뎅기열, 일본뇌염 등을 유발하고 개와 고양이에게는 심장사

상충을 퍼뜨린다. 인간이든 동물이든 모기에 물렸을 때 심하면 사망에 이를 수도 있다. 세계보건기구(WHO)에 의하면, 모기는 인간을 가장 많이 죽이는 동물이다. 모기로 인해 매년 72만 명이 질병에 감염돼 숨진다. 전쟁이나 폭력 등으로 사망하는 인간 수(47만여 명)보다 월등히 많다.

이처럼 치명적인 모기를 박멸하기 위해 다양한 연구가 진행되고 있다. 그 중에는 유전자 조작으로 '불임' 모기를 만들어 점차적으로 멸종시키는 연구도 있다. 그러나 인위적인 멸종은 동물윤리에 어긋난다는 비판을 받는다. 약 3,500여 종의 모기가 지구상에 살고 있는데 이 중 인간의 피를 빠는 모기는 6%에 해당하는 암컷 모기뿐이다. 나머지 모기들은 꽃가루받이(수분)를 하며 식물의 번식에 도움을 준다. 게다가 모기가 사라지면 새, 박쥐, 곤충 등 모기를 잡아먹는 수많은 생물이 생존의 위협을 받게 된다. 한 개체가 사라지면 연쇄적으로 생태계의 교란이 생길 수 있다.

인위적으로 모기를 멸종시키기보다는 모기의 천적을 이용해 인간의 피해를 줄이는 방법을 생각해 볼 수 있다. 매년 여름이 되면 지자체에서는 모기 유충을 없애기 위해 하천과 저수지, 습지 등 지역 내 하천에 미꾸라지를 방류하는 행사를 열기도 한다. 미꾸라지는 모기 유충의 천적으로 하루에 1,000여 마리를 잡아먹는다고 한다. 또한 땅바닥을 파고 들어가는 습성이 있어 물속에 산소를 공급하고, 수질 개선에도 도움이 된다. 박쥐는 하룻밤에 모기를 2,000마리나 잡아먹고, 흔히 '돈벌레'라 불리는 그리마도 모기를 잡아먹는다. 생태계 교란이 아닌 상생의 방법으로 모기를 다스리는 일은 얼마든지 가능하다.

모기와 함께 무더운 시기를 대표하는 곤충으로 매미가 있다. 매미가 우렁차게 우는 소리는 여름에 가장 잘 어울리는 배경음악처럼 느껴진다. 매미도 귀뚜라미처럼 수컷만 운다. 배에 있는 발성기관으로 암컷을 향해 구애의 울음을 내는 것이다. 암컷은 나무에 구멍을 뚫고 알을 낳는데 배에 발성기관이 아닌 산란기관이 있어 울지 못한다. 매미 울음소리를 여름의 상징으로 반갑게 여기는 사람들도 많지만, 때로는 잠을 자기 힘든 소음이 되기도 한다. 매미 울음소리를 소음측정기로 측정한 결과, 자동차 소음(67.8 데시벨(db))보다 큰 72.7데시벨로 나왔다. 사람의 말소리가 40~60데시벨인 것을 감안하면 불쾌감이 느껴질 만도 하다. 그러나 사람은 시끄러워도 매미는 여유롭다. 매미는 자신의 청각을 끄고 울 수 있기 때문이다. 빛이 있어야 우는 매미가 한밤중에도 크게 우는 건, 밤에도 거리의 불빛이 밝고, 자동차 등이 만들어내는 소음이 너무 커서다.

매미가 알에서 태어나 겪는 인고의 세월을 생각하면 잠시나마 크게 우는 것은 얼마든지 이해해줄 수 있다. 매미의 성장사는 한 편의 드라마 같다. 매

미가 나무에 낳은 알은 굼벵이로 부화한다. 굼벵이는 땅에 떨어져 땅속으로 파고 들어가는데, 이후 짧게는 3년, 길게는 17년 동안 땅에서 살아간다. 땅속 생활을 마친 매미는 나무에 올라와 허물을 벗고 매미가 되는데 성충으로 사는 기간은 20일에서 길어야 한 달 반 정도다. 오랜 시간 빛을 보지 못하다 훗날 성공하는 사람을 매미에 빗대는 것도 이런 이유다. 어떤 이의 성공스토리 속에는 무더운 한여름 밤에도 매미 소리와 깊게 교감하며 지낸 노력의 시간들이 숨어 있을 것이다.

　매미 소리가 적어지고 여름에서 가을로 접어들 때 초저녁부터 새벽녘 사이에 짧고 가는 울음소리가 들린다. 귀뚜라미가 등장할 차례다. 귀뚜라미 울음소리는 인간의 쓸쓸함과 고독에 대한 비유로 많은 작품에 등장했다. 나희덕 시인의 〈귀뚜라미〉 중 '귀뚜르르 뚜르르 보내는 타전 소리가/ 누구의 마음 하나 울릴 수 있을까'란 시구는 언젠가 자신의 울음소리가 타인의 마음에 닿기를 바라는 마음을 담았다. 고대 중국에서는 귀뚜라미 싸움이 인기 있는 놀이여서 황제들도 푹 빠졌다고 한다. 지금은 애완용 귀뚜라미를 기르는 인구도 많아졌다. 귀뚜라미는 단백질이 풍부한 식량이기도 하다. 인디언들은 오래전부터 귀뚜라미를 간식으로 먹었다고 한다. 그래서 귀뚜라미는 식량이 부족할 미래사회에서 대체 식량으로도 연구되고 있다.

　주로 8월~10월에 활동하는 귀뚜라미는 풀숲, 인가, 돌 밑 등 다양한 곳에서 서식한다. 1년에 한 번 알을 낳고 겨울을 보내며, 늦여름에서 가을까지 살다 간다. 대부분의 귀뚜라미 소리는 수컷 귀뚜라미가 짝을 찾기 위해 날개를 비벼대는 소리다. 특히 날개를 치켜세울 때 소리가 멀리 퍼져나간다. 이때 귀뚜라미의 근육이 수축하는데 이 동작은 온도가 높을수록 반응이 빨라진다. 기온이 높으면 울음소리의 간격이 빨라지고 기온이 떨어지면 간격이 점점 길어지는 것이다. 귀뚜라미의 이런 습성을 이용해 주변의 온도 측

정도 가능해진다. 1897년 아모스 돌베어라는 학자는 '온도계 구실을 하는 귀뚜라미'라는 논문을 발표했다. 귀뚜라미가 14초 동안 우는 횟수에 40을 더하면 화씨온도가 나온다는 것으로 '돌베어 법칙'이라 부른다. 이런 이유로 옛 아메리카 인디언들은 귀뚜라미 소리로 주변 온도를 알아냈고, '귀뚜라미는 가난한 사람의 온도계'라는 미국 속담도 생겨났다고 한다.

지구 온난화는 귀뚜라미가 우는 시기를 앞당겼다. 귀뚜라미는 땅속에 알을 낳고 부화하는데 땅속 온도가 상승하면 부화시기가 빨라지기 때문이다. 요즘 한 여름 무더위 속에서도 귀뚜라미 소리가 들리는 이유다. 변온동물인 귀뚜라미는 주변 온도에 민감할 수밖에 없다. 그럼에도 섭씨 24℃를 전후했을 때 짝짓기를 가장 왕성하게 하기 때문에 초가을녘 들리는 귀뚜라미 소리가 가장 활기찬 소리인 것은 분명하다.

시간을 달리는 연꽃

매미와 같이 오랜 시간을 견디며 역경을 이겨내는 삶을 상징하는 곤충이 있는가 하면, 더러움 속에서도 고귀함을 잃지 않는 신성함을 상징하는 식물이 있다. 진흙탕에서 자라면서도 물 한 방울 묻지 않고 아름다운 꽃을 피우는 연꽃이다. 지상에는 무더운 공기가 땅을 달구고 있지만, 이 시기 연못이나 물이 깊은 논에는 보기만 해도 시원한 푸른 연잎이 즐비하다.

연은 가장 잘 알려진 부엽식물이다. 부엽식물은 물 아래 땅에 뿌리를 내리고 잎을 수면 위에 띄우는 식물로, 연 이외에 수련, 가시연, 왜개연, 어리연 등이 있다. 연은 감자처럼 흙 속에 땅속줄기가 굵어져 생긴 알뿌리를 갖고 있는데, 이곳에 양분을 저장하여 건조한 날씨가 계속되는 겨울을 이겨낸다.

도심지에서 연을 보기는 쉽지 않지만, 연못이나 논이 많은 농촌, 습지에는 입추와 처서 무렵에 가장 탐스럽고 향기로운 꽃을 피운다. 연은 수련과의 여러해살이풀이며 주로 7~8월에 꽃을 피우고 9~10월에 열매를 맺는다. 하얀 연꽃을 백련(白蓮), 분홍 연꽃을 홍련(紅蓮)이라고 부른다. 잎자루는 1m에서 최대 2m까지 자란다.

연잎은 지름 40cm 안팎의 넓은 크기로 웬만한 햇빛도 가릴 수 있을 만큼 크다. 잎에는 작은 돌기가 빼곡해 물방울이 떨어져도 젖지 않고 그대로 흘러내린다. 이러한 연잎의 생태적 특성은 과학기술에도 영향을 미쳤다. 1997년, 독일의 식물학자 빌헬름 바르트로는 연잎이 비가 내려도 젖지 않고 늘 깨끗한 상태를 유지한다는 점을 발견한다. 연잎을 현미경으로 확대해보면 표면에 미세한 돌기가 나 있는데, 이 돌기는 물을 물방울로 뭉치게 하는 효과가 있다. 물방울은 굴러 떨어지면서 잎에 묻은 먼지, 곰팡이, 박테리아 등을 쓸어준다. 이를 '연잎 효과(lotus effect)'라고 부른다. 연잎 효과는 다양한 곳에서 응용된다. '나노텍스(Nanotex)' 섬유는 물방울이 떨어져도 젖지 않으며, '로터산(Lotusan)' 페인트를 칠한 벽은 물을 뿌리면 더러운 물질이 씻겨나간다.

연의 아름다움은 꽃이 피면서 절정에 달한다. 연꽃은 지름 15~20cm 정도로 크고 중앙에는 씨앗을 품은 연방이 있다. 연방을 중심으로 약 20여 장의 연꽃잎이 동그스름하게 핀다. 가만히 보고 있자면 연꽃잎이 마음을 따뜻하게 감싸주는 것 같아 한결 차분해진다. 연꽃은 물이 많은 땅이라면 어디서든 자라는 것이 가능하다. 우리나라에서는 전라남도 무안군의 '백련지'는 아시아 최대의 백련 자생지로 손꼽힌다.

연꽃은 같은 부엽식물인 수련과 자주 혼동된다. 애니메이션 〈개구리 왕눈이〉에서 주인공 왕눈이가 앉아있는 잎을 연잎이라고 아는 사람들이 많다. 그러나 엄밀히 말하면 왕눈이가 앉은 잎은 수련 잎이다. 연꽃과 수련을 구분하는 것은 어렵지 않다. 연꽃은 잎자루가 수면 위로 올라와 있지만, 수련은 잎자루가 수면 아래에 잠겨 있다. 연꽃은 씨앗을 품은 연방이 꽃 가운데에 있지만, 수련은 연방이 없다. 연의 잎에는 작은 돌기가 있어 물에 젖지 않고 물방울이 흘러내리고 수련은 잎에 매끄러운 광택이 나며 연보다 잎 모양이 좀 더 평평하다.

연은 버릴 것이 없다. 식재료이자 약재로도 쓰이며 부위마다 약효를 낸다. 연의 뿌리는 해열, 해독에, 연꽃의 잎은 수렴제와 지혈제로도 쓰인다. 반찬으로 즐겨 먹는 '연근'은 연의 땅속줄기를 사용하는데 식이섬유와 비타민, 미네랄이 풍부한 반면 지방이 매우 적어 건강식으로 좋다.

연의 열매(씨앗)는 9~10월경에 결실을 맺는데, 씨앗을 감싼 껍데기가 무척 단단해서 웬만한 충격에도 잘 부서지지 않는다고 한다. 그 덕분에 연 종자의 씨앗 수명은 인간이 다 경험할 수 없을 만큼 길다. '전설의 연꽃'이라 불리는 대하연은 무려 2,000여 년이란 세월을 건너 꽃을 피웠다. 일본의 식물학자였던 오오가 이치로 박사가 1951년 3월, 지바시 도쿄대학 운동장 유적지에서 연 씨 3개를 발굴하게 된다. 연 씨의 나이는 2,000년 정도로, 이듬해에 꽃을 피우는 데 성공했다. 우리나라에서도 수백 년이란 세월을 지나도 싹을 피우는 연 이야기들이 있다. 2009년, 경상남도 함안군 성산산성 발굴현장에서 발견한 연 씨앗 10여 개의 탄소연대를 측정한 결과, 약 700여 년 전 고려시대의 것으로 밝혀져 화제가 되기도 했다. 씨담그기와 발아에도 성공해 강인한 생명력을 증명했다. 700여 년의 시간을 건너 온 연에는 '아라홍련'이라는 이름이 붙었다. '아라(阿羅)'라는 함안 지역에 있었던 국가 '아라가야(阿羅伽耶)'에서 왔다. '홍련'은 신비롭게 물든 붉은 꽃잎이 고려시대 불화와 불상에서 자주 보이는 연꽃 대좌를 닮아 붙였다.

전북 고창군에 있는 무장읍성 연못에는 역사의 아픔이 고스란히 담겼다. 무장읍성은 1417년 조선 태종 때 왜구를 막고자 축조한 성곽이다. 백성과 승려 2만여 명이 동원되어 지은 곳으로, 구릉인 사두봉을 중심으로 두 개의 연못이 있다. 조선시대 내내 같은 자리를 지키던 무장읍성은 1910년 일제강점기의 '읍성철폐령'으로 성곽이 헐리는 비극을 맞는다. 연못 또한 흙으로 메워지면서 오랜 역사적 유적지는 본래의 모습을 잃어버린다. 2004년이 될 때까지 거의 1세기동안 무장읍성은 무장초등학교의 운동장으로 사용됐다. 2009년에 이르러서야 비로소 무장읍성 연지 터에 대한 복원작업이 시작된다. 메워놨던 흙을 거둬내고 못으로 복원한 후 1년이 지난 2010년, 연못에 물이 고이자 무려 100년이 가까운 시간 동안 땅에 묻혔던 연 씨앗에서 싹이 텄다. 한두 송이씩 모습을 드러내던 연꽃은 점차 늘어났다. 연꽃 외에 다양한 수생식물도 함께 살아났다고 하니, 연의 질긴 생명력은 단순히 자연의 섭리를 넘어 신성시될 만도 하다.

진흙에서도 잘 자라며 아름다운 꽃을 피운다는 점 때문에 연은 수천 년 전부터 종교적 가치를 지닌 신성한 꽃으로 여겨졌다. 원산지는 인도와 중국으로 알려져 있으며 인도와 베트남, 몽골의 국화(國花)이기도 하다. 인도의 힌두교는 연을 신성시하는데, 창조의 신 브라흐마를 상징하는 꽃이며 행운의 여신인 럭슈미는 손에 연꽃을 들고 있다. 힌두교의 신상은 연꽃대좌에 앉거나 선 모습으로 묘사된다.

우리에게는 '불교'를 상징하는 꽃으로 익숙하다. 훗날 부처가 된 싯다르타

의 탄생 설화에서부터 연이 등장한다. 싯다르타가 룸비니 동산에서 태어나 동서남북으로 일곱 발자국을 걸을 때 발걸음마다 땅에서 연꽃이 솟아나 싯다르타를 떠받들었다는 내용이다. 연꽃의 모양새가 동그란 바퀴를 닮았다고 하여 돌고 도는 윤회를 뜻하기도 한다. '화과동시(花果同時)'는 열매와 꽃이 동시에 맺는 연꽃처럼 원인과 결과가 함께 나타나는 중생의 삶 자체를 의미한다. 경전에도 연은 자주 등장하는데, 불교 최초의 경전이라 불리는 〈숫타니파타〉에는 이런 구절이 있다. '소리에 놀라지 않는 사자와 같이, 그물에 걸리지 않는 바람과 같이, 진흙에 물들지 않는 연꽃과 같이, 무소의 뿔처럼 혼자서 가라.'

지구온난화는 연의 개화시기를 앞당기고 있다. 2020년에는 7월 초순에 전국적으로 연꽃이 피었으며, 2021년에는 하지 무렵인 6월 20일 즈음 경북 칠곡군에 위치한 망월사에서 백련(白蓮)이 피었다는 보도가 있었다. 지구 온난화가 수천 년을 이어온 연꽃의 생태에도 변화를 몰고 올 모양이다. 연에게 인간이 겪는 찰나의 삶이 어떻게 비칠까. 가만히 연꽃을 바라보며 잠시만이라도 달리는 시간을 멈춰 세울 필요가 있다.

태풍이 가르쳐 주는 것

지상에는 곤충이 짝을 찾아 울고 연꽃은 성스러움을 더해가지만, 하늘에서는 어느 때보다 거친 변화가 생기는 때가 입추와 처서다. 7월과 9월 사이에는 뉴스에서 태풍 예보가 잦고, 집안 창문에 테이프를 붙이거나 비닐하우스를 단단하게 여미는 등 태풍을 대비하는 법을 안내한다.

강한 비바람을 몰고 오는 태풍이 발생하는 원인은 저기압 때문이다. 지구는 지역마다 태양으로부터 받는 열에너지의 양이 다르다. 적도 부근이 극지방보다 태양열을 더 많이 받게 되면서 지구는 열에너지의 불균형이 생긴다. 저위도 지방의 따뜻한 공기층으로 태양열로 데워진 바다 수증기가 밀려오고, 수증기는 강한 비바람을 동반한 비구름으로 발전해 고위도로 움직이면서 열에너지를 이동시킨다. 이것이 태풍이다. 태풍은 발생지역에 따라 다른 이름으로 불린다. 북서태평양에서 아시아로 불어오는 것을 '태풍(Typhoon)', 대서양 서부에서 발생한 것은 '허리케인(Hurricane)', 인도양에서 발생한 것은 '사이클론(Cyclone)'이라고 한다.

사람들이 태풍에 늘 긴장하는 이유는 태풍이 가져오는 심각한 피해들 때문이다. 태풍이 가져오는 위력은 태풍이 휩쓸고 지나간 자리를 보면 쉽게 알 수 있다. 보통 세기의 태풍만 해도 1945년 일본 히로시마와 나가사키에 떨어진 원자폭탄의 1만 배 정도 되는 위력을 갖는다. 8월에 우리나라를 찾은 태풍 중 2002년 '루사'는 우리나라 역대 일강수량 1위(870.5mm)와 역대 재산피해 1위(5조 1,479억 원)의 피해를 입힌 초강력 태풍이었다. 사망자, 실종자도 246명에 달했다.

건물을 쓰러뜨릴 만큼 강력한 태풍의 힘은 예로부터 인간의 상상력을 자극해 왔다. 거대한 폭풍을 만나 다른 세계로 넘어간다는 이야기가 동서양을 막론하고 다양한 형태로 만들어졌다. 미국의 라이먼 프랭크 바움의 〈오즈의 마법사〉는 시골마을 캔자스에 살던 도로시가 토네이도에 휩쓸려 마법의 나라 오즈에 도착해 벌어지는 신기한 이야기를 담았다. 그런데 이런 판타지 소설 같은 일이 실제로 벌어지기도 했다. 1653년, 17세기 무렵에 네덜란드 사람인 헨드릭 하멜이 무역선을 타고 일본으로 항해하던 중 강력한 태풍을 만났다. 망망대해에서 표류하던 중 표착한 곳이 바로 조선의 제주도였다. 이후 약 14여 년간 조선에 체류하면서 조선의 생활상을 기록한 〈하멜 표류기〉를 쓴다. 〈하멜 표류기〉는 조선을 서양에 알리는 최초의 저서였다. 네덜란드인의 입장에서 조선의 지리, 풍속, 정치 등은 도로시가 오즈에서 접하는 신기한 나라의 이야기처럼 보였을 것이다.

태풍의 한가운데는 마치 눈을 뜨고 있는 것처럼 동그란 '태풍의 눈'이 있다. 지름이 20~50km에 이른다. 태풍은 중심에 이를수록 풍속이 강해지고 구름벽이 생겨 정작 중심에는 구름과 바람이 없는 고요한 상태를 유지한다. 가장 크기가 컸던 태풍의 눈은 1997년 태풍 '위니'의 370km라는 기록이 있다. 아주 큰 태풍의 눈 안에 있으면 날씨가 맑거나 바람이 잠잠해 마치 태풍이 지나간 것처럼 보일 수가 있다. 그러나 안심은 금물이다. 태풍이 이동하면서 금세 강력한 비바람이 불어 닥칠 수 있다. 태풍의 눈은 커다란 사건이 발생하기 전의 고요함을 비유하는 표현으로 많이 쓰인다.

아무리 대비를 하더라도 강한 바람과 폭우를 몰고 오는 태풍은 늘 인간 사회에 아픈 흔적을 남긴다. 그러나 지구의 입장에서 본다면 태풍은 없어서는 안 될 중요한 역할을 한다. 많은 비를 내리는 덕분에 가뭄이 해갈되고 물을 풍부하게 비축할 수 있다. 북태평양에서 대기에 쌓인 열에너지를 중위도로 이동시켜, 지구의 남북 온도 차를 균형 있게 만든다. 강한 파도를 일으켜 바닷속의 플랑크톤을 이동시키고 적조 현상을 해결하며, 분지에 고인 대기를 움직여 환기시키는 일도 한다. 만약 태풍이 없다면 생태계에도 큰 영향을 미칠 것이다. 태풍이 휘몰아친 다음에도 아침은 오고 다시 새 날은 시작된다. 자연이 늘 균형을 맞추며 지구 생태계를 유지해 가듯이 인간도 균형을 맞춰가는 일이 늘 필요하다.

백로
―
추분

동물 참새와 벌
식물 벼와 보리
환경 멸종위기종

백로는 양력으로 9월 7일 경이다. 이 무렵부터 선선한 바람이 불며 다음 절기인 추분이 되면 낮과 밤의 길이가 같아진다. 어느덧 낮이 짧아져 금세 하루가 저무는 것 같다. 가을걷이를 시작하는 백로와 추분에는 참새와 벌도 바빠진다. 가을 들녘을 수놓는 벼와 보리의 이야기도 빼놓을 수 없다.

참새와 벌을 지켜야 인간이 산다

참새는 도시, 농촌을 막론하고 어디서나 볼 수 있는 텃새다. 1년 내내 늘 만날 수 있는 참새는 도시인들에게는 그저 귀여운 작은 새일 뿐이지만 농촌에서는 골칫거리일 때가 많다. 참새는 잡식성이라 곤충, 곡식, 꽃의 꿀, 씨앗 등 다양한 먹이를 먹는다. 가을걷이가 한창인 백로, 추분에는 쌓아 놓은 곡식에 참새들의 습격이 이어질 수밖에 없다. 참새가 인간의 곡식을 빼앗는 욕심 많은 동물로 여겨지는 것은 이 때문이다. 참새는 절대 방앗간을 그냥 지나칠 수 없다.

인간은 참새의 본능에 다양한 의미를 부여하며 탐욕스러운 동물이라고 규정해 버렸다. 이는 참새 대학살로 이어지기도 했다. 참새에 관한 인간의 어리석음을 보여주는 대표적인 역사적 사건이 있다. 인간이 굶주리는 이유를 곡식을 먹어치우는 참새에게 몰아 수많은 참새를 학살해 버린 '참새 소탕 작전'이다.

1955년, 중국의 지도자 마오쩌둥은 '대약진 운동'을 펼친다. 대약진 운동은 농민이 중심이 되어 경제성장을 이루고자 하는 것으로 중국 정부가 대대적으로 펼친 운동이다. 쥐, 파리, 모기, 참새 등 네 가지 해로운 것을 몰아내자는 '사해(四害) 추방 운동'은 대약진 운동의 일환이었다. 마오쩌둥은 농촌을 지나던 중 벼이삭을 쪼아 먹는 참새를 발견하는데, 그 모습을 보더니 '참새는 해로운 새'라고 말했다. 당시 식량이 부족해 굶주리는 인민들이 많았던 상황에서 참새가 곡식을 쪼아 먹는 모습이 곱게 보였을 리 없다. 마오쩌둥의 한마디 말은 참새 대학살의 시작이었다. 참새 한 마리가 1년에 쌀 2.4kg를 먹으니 참새를 소탕한다면 한 해에만 매년 70만 명이 먹을 곡식이 생긴

다는 주장이 이어졌다. 중국 정부는 참새만 집중적으로 잡아들이는 지휘부까지 신설했고, 어느 누구도 참새를 죽이면 사람이 먹을 곡식이 늘어난다는 계획에 이의를 제기할 수 없었다.

중국인들은 곳곳에서 참새 소탕 작전을 벌였다. 수백 곳이 넘는 장소에 독이 든 과자를 뿌리거나 꽹과리를 치고 깃발을 흔들면서 참새가 앉지 못하게 방해했다. 참새들은 독이 든 과자를 먹고 죽거나 도망 다니다 지쳐서 떨어져 죽었다. 어린아이들도 새총을 들고 참새를 사냥했고 둥지 안의 알과 새끼들마저 학살을 피하지 못했다. 참새를 소탕하는 모습은 방송에도 나와 중국 인민들을 선동했고 그 결과 2억 1천 마리가 넘는 참새가 거의 멸종되다시피 했다.

그러나 참새를 죽이고 나서 맞닥뜨린 현실은 예상과는 달랐다. 참새가 사라지자 오히려 쌀 생산량이 급격하게 줄어들었다. 참새는 벼의 생장에 해로운 메뚜기와 같은 곤충도 잡아먹는데, 참새가 사라지자 곤충이 급증했기 때문이다. 벼가 제대로 자랄 수 없는 것은 당연했다. 참새 소탕 작전을 벌인 지 불과 1년이 지났지만 굶어 죽는 사람들의 수는 계속해서 늘어났다. 마구잡이로 참새를 학살한 후에 오히려 곡식이 줄어들어 무려 4천만 명이 굶어 죽었다. 나중에는 소련에서 참새 20만 마리를 되레 수입해서 풀었을 정도로 상황은 심각해졌다. 생태계에 대한 인간의 무지와 이기심에서 불러온 정책은 오히려 어마어마한 재앙을 가져다줬다. 참새와 인간, 과연 누가 더 욕심이 많은 존재일까.

욕심 많기로는 꿀벌도 빼놓을 수 없다. 백로와 추분이 있는 가을은 꿀벌들이 채취한 꿀을 벌집에 저장하여 겨울을 준비하는 시기다. 번식을 위해 여왕벌이 더욱 힘을 내는 때이기도 하다. 꿀벌은 5천 년이 넘는 긴 시간 동안 인류에게 꿀과 꽃가루, 밀랍, 프로폴리스 등 소중한 자원들을 제공했다. 우리나라는 약 2,000년 전 중국으로부터 꿀벌을 수입해 양봉을 시작했다고 한다. 벌집에는 여왕벌과 수벌, 일벌, 봉아(알에서 성충이 되기 전의 새끼)가 육각형 모양의 벌집에 무리를 지어 산다. 계급사회를 이루는 꿀벌은 공동체의식이 강하다. 봄에는 일벌들이 꿀과 꽃가루를 모으고자 분주히 움직이고, 여왕벌은 알을 낳는다. 여름이 되면 기존의 여왕벌은 새로운 여왕벌에게 자리를 물려주고 다른 벌집을 찾아 나가고, 새 여왕벌은 결혼비행을 마친 후 산란에 들어간다. 가을에 일벌은 채취한 꿀을 저장하고 여왕벌은 산란하는 알의 수를 줄인다. 자신의 역할이 사라진 수벌은 쫓겨난다. 겨울이 되면 꿀벌들은 벌집에서 서로 몸을 가까이 대며 열을 유지해 추위를 이긴다. 이것이 꿀벌의 한살이다.

꿀벌은 이름처럼 꿀을 채취하는 벌이다. 그러나 단순히 꿀을 채취하는 곤충으로만 취급하면 안 된다. 꿀벌이 사라진다면 인간도 머잖아 지구에서 사라질 것이라는 경고를 들은 적이 있을 것이다. 지구의 수많은 식물이 수정하려면 꿀벌의 도움 없이는 불가능하다. 전 세계에서 자라는 식량 작물 중 70%가 꿀벌의 꽃가루받이(수분) 활동으로 열매를 맺는다. 나비, 나방, 파리뿐만 아니라 열대지방에서는 박쥐도 꽃가루받이를 하지만, 그중 꿀벌이 가장 큰 비율을 차지한다. 꿀벌이 사라져 식물이 제대로 번식하지 못하면 초식동물이 살아남지 못하고 이어 육식동물, 인간의 순으로 점차 생태계가 무너지게 될 것이다.

실제로 2,000년대 중반부터 꿀벌들이 점점 사라지는 현상, 즉 '꿀벌군집붕괴현상(Colony Collapse Disorder)'이 나타나고 있다. 2006년, 미국 플로리다에서 꿀벌이 사라지는 현상이 처음 발생했다. 미국은 꿀벌군집붕괴현상의 심각성을 느끼고 대통령 직속으로 연구팀을 꾸려 원인 파악에 나섰다. 우리나라, 일본 등 아시아에서도 일하러 나간 꿀벌이 돌아오지 않아 토종벌농가에서 피해를 입기 시작했다. 비슷한 시기에 거의 전 세계의 꿀벌들이 사라지는 미스테리한 현상이 발생했다.

많은 사람들이 연구에 뛰어 들었음에도 꿀벌이 사라지는 정확한 원인을 찾아내지 못했다. 다만 다양한 이유를 추측할 수 있을 뿐이다. 인간이 만든 전자기기에서 유발하는 전자기파가 꿀벌의 방향감각을 잃게 한다거나 바이러스, 농약 또는 지구 온난화와 지구 자전축의 변화가 꿀벌들의 귀소본능에 영향을 미쳤다는 등 여러 가지가 있다. 우리나라의 경우 꿀벌 봉아에 발생하는 바이러스성 전염병인 낭충봉아부패병을 원인으로 꼽는다. 낭충봉아부패병에 걸린 봉아는 번데기가 되기 전에 말라 죽는다. 2009년에 처음으로 발병한 후 전국 토종벌의 98%가 집단 폐사했을 만큼 강력한 전염병이다. 일본에서도 2018년에 약 10만 마리에 달하는 꿀벌이 사라졌다고 한다.

세계는 꿀벌을 지키기 위한 노력에 힘을 모으고 있다. 유엔은 급격히 줄어드는 꿀벌을 보전하자는 뜻으로 매년 5월 20일 '세계 벌의 날(World Bee Day)'로 지정했다. 이밖에도 포르쉐, 롤스로이스와 같은 국제적인 자동차 기업들이 대규모 부지에서 수십만 마리의 벌을 키우면서 개체수 보전에 힘쓰고 있다. 개발로 인해 꿀벌 서식지가 사라져가는 현실을 타개하고자 발상의 전환을 한 사례도 있다. 오히려 도시에서 꿀벌을 기르는 활동인 '도시양봉'이다. 도시에서 꿀벌을 길러 사라진 꿀벌과 다른 곤충들을 불러들이는 것이다. 건물 옥상, 단독주택의 마당 등 여유 공간과 인근에 꿀과 꽃가루를 구할 수 있는 화단, 공원이 있는 곳이라면 양봉이 가능하다.

도시양봉은 2000년대 초반, 유럽에서 먼저 시작되어 전 세계로 전파됐다. 꿀벌이 자라려면 꽃과 나무를 많이 심어야 하고 이를 통해 자연히 도시 환경이 개선된다. 이렇게 심은 꽃과 나무에 꿀벌뿐만 아니라 다양한 새와 곤충들이 찾아오면서 파괴된 생태계가 자연스레 회복된다는 것이다. 우리나라는 서울시가 2012년부터 서울시청 옥상에 벌통을 설치한 것을 계기로 도시양봉이 알려졌다. 도시양봉은 점차 다른 지자체로도 확산됐고 도시양봉을 통해 제2의 인생을 꿈꾸는 귀농 희망자들도 늘고 있다. 도시양봉이 사라진 꿀벌들의 개체수 회복에 얼마나 도움이 될지 갈수록 기대를 모은다. 다만 사람들이 모여 사는 도시의 특성상 주민들이 벌에 쏘이는 사고도 증가하고 있어 주의가 필요하다.

꿀벌이 사라지는 이유는 정확히 알 수 없지만, 생태계의 변화는 인간이 모르는 새에 갑자기 찾아올 수 있다는 점을 늘 유념해야 한다. 참새도 마찬가지지만 꿀벌이 사라지면 인간은 살 수 없다. 작은 참새와 더 작은 꿀벌이 지구 생태계를 위해 하는 일이 인간이 하는 일보다 더 값진 일일 수도 있음을 알아야 한다.

벼와 보리의 서사

친구들을 만나면 "밥 먹었어?" 또는 "언제 한 번 밥 먹자"란 인사를 자주 한다. '한국인은 밥심으로 산다'는 오래된 관용표현도 있다. 굴곡진 역사를 겪으며 가난하고 굶주렸던 경험이 내면에 새겨졌기 때문에 생긴 표현일 것이다. 밥 한 공기 먹지 못할 정도로 가난했던 시절, 굶주림은 곧 죽음이었다. 밥을 먹었냐고 물어보는 것은 상대방의 안위를 걱정하는 진심 어린 행위였다.

흰쌀밥 한 그릇이면 반찬은 약간의 간장이나 김치만 있어도 맛있게 먹을 수 있었다. 우리나라는 오래전부터 쌀을 주식으로 먹어왔다. 고소하면서도 근기(根氣)*가 있어서 포만감과 활력을 주는 쌀밥을 먹을 수 있는 건 벼 덕분이다. 쌀은 벼의 열매로, 벼는 보리, 밀, 옥수수와 함께 세계 4대 작물 중 하나다. 우리나라뿐만 아니라 전 세계에서 옥수수 다음으로 많이 생산되는 곡물이다. 세계 인구의 40%가 벼를 재배해서 거둔 쌀을 주식으로 한다.** 벼는 인류의 존속을 위한 주식 역할을 하면서도 뭐 하나 버릴 게 없는 고마운

* 근기 : 음식을 먹고 난 뒤에 오래도록 배고픈 줄 모르게 하는 든든한 기운
** 잘 먹고 잘 사는 법 시리즈44 쌀 편, 최선호, 김영사

작물이다. 쌀은 밥, 떡, 술 등 다양한 음식의 재료로 쓰이고, 볏짚, 왕겨는 연료와 퇴비, 가마니 같은 도구를 만드는 데 사용한다. 쌀겨로는 기름을 짜고 사료, 비료의 재료로도 쓴다.

벼는 약 1만 년 전 아시아에서 시작해 전파되었다. 중국에서 벼 재배법이 발달해 우리나라를 비롯한 다른 국가로 넘어온 것으로 보인다. 〈삼국사기〉에 벼농사에 관한 기록이 있는 것으로 보아 우리나라는 1세기에 벼농사를 짓고 있었던 걸로 추정할 수 있다. 인도, 중국, 우리나라 등 아시아에서 전 세계 벼 재배의 90%를 차지하고 있다. 농업기술이 현대화되기 전에는 쌀을 풍부하게 생산하는 데 어려움이 많았다. 1970년대 초까지만 해도 국가적으로 쌀이 모자랐다. 그러나 1972년, 기존의 벼보다 생산량이 높은 품종인 '통일미'가 개발되면서 쌀을 스스로 자급자족할 수 있는 시대가 열렸다.

그러나 해가 갈수록 우리 국민의 쌀 소비량은 줄어들고 있다. 2021년, 통계청이 발표한 '양곡 소비량 조사 결과'를 보면 1인당 연간 쌀 소비량은 57.7kg으로 전년보다 2.5% 감소했다. 1990년에는 1인당 119.6kg 먹었던 것에 비하면 지난 30년을 지나면서 절반이나 줄었다. 쌀 한 가마니가 통상 80kg인 것을 보면, 1년 동안 한 사람이 쌀 한 가마니도 먹지 않는다는 말이다. 식생활이 서구화되고 쌀 이외에도 밀, 옥수수 등 다른 곡물과 가공식품을 섭취하는 비율이 증가한 것을 원인으로 꼽는다. 쌀 이외에도 먹을거리가 풍부해졌다는 것은 그만큼 국가도 경제성장을 이뤘다는 의미일 것이다.

사람을 살게 하고 나라를 부강하게 하는 벼는 쌀을 제공하는 농작물로만 아는 사람이 대다수다. 하지만 벼에도 아름다운 '벼꽃'이 핀다. 쌀은 벼꽃이 피고 진 다음의 열매다. 벼꽃은 꽃받침이 없다. 그저 벼껍질이 벌어졌다가 닫히는 것이 전부다. 꽃 한 송이가 피고 지는 데는 1시간 정도 걸리며 일주일이 지나면 벼이삭에 핀 꽃이 모두 진다. 벼꽃은 쌀알처럼 희고 긴데, 이삭

에 핀 벼꽃을 보면 마치 밥알이 달린 것처럼 소박한 모습을 띈다. 우리가 한 공기 배부르게 먹는 쌀이 벼꽃이 소담하게 피었다 지며 맺은 결실이라니 괜한 감동이 밀려온다.

 벼와 더불어 우리나라 사람들의 주린 배를 든든하게 채워준 곡식은 보리다. 추수한 쌀이 떨어졌을 때 대체 곡식으로 보리밥을 먹는 것은 흔한 일이었다. '꿩 대신 닭'이라는 말처럼 쌀이 없을 때 할 수 없이 먹는 곡식 취급을 받은 건, 매끄럽고 부드러운 쌀의 식감과는 달리 꺼끌꺼끌하고 찰기가 없이 밥알이 따로 노는 것 같은 느낌 때문이다. 그러나 쌀이 흔해진 지금은 보리밥이야말로 일부러 찾아 먹는 영양식이 되었다. 보리는 오장을 튼튼하게 만들어주는 곡식으로, 쌀보다 소화가 잘돼 위가 좋지 않은 사람들이 먹기 편하고 섬유질이 많아 배변에도 좋다. 혈당조절 기능이 있어서 당뇨환자들도 보리를 찾아 먹는다. 무더운 여름이면 보리로 만든 음식이 더욱 잘 팔린다. 보리는 열을 내리는 찬 성분이 있기 때문이다.

 보리는 우리에게 익숙한 곡식이다 보니 우리나라가 원산지인 줄 아는 사람들이 많다. 그러나 보리는 중국, 터키, 이라크 등지에서 발견됐다. 우리나라에는 4~5세기 무렵에 중국으로부터 전파됐다고 한다. 보리는 세계 4대 작물 중 하나며 적어도 7천 년 전부터 재배를 시작했다는 설이 있다. 우리나라의 옛이야기 속에도 보리가 등장한다. 〈삼국유사〉 주몽 편에 보리에 관한 최초의 기록이 나온다. 주몽이 부여의 박해를 피해 남쪽으로 내려올 때 주몽의 어머니인 유화가 비둘기 목에 보리씨를 달아 보냈다고 한다. 또한 〈삼국사기〉에는 우박으로 보리 피해가 많았다는 기록이 있어 보리의 역사는 적어도 신라나 고구려까지 올라간다는 걸 알 수 있다.

보리는 줄기 속이 비어있고 약 1m 정도 길이로 자란다. 열매껍질이 씨에 달라붙어 잘 떨어지지 않으면 겉보리, 쉽게 떨어지면 쌀보리로 구분한다. 질 좋은 보리는 낟알을 싹 틔우고 나서 건조시킨 후 맥아로 만든다. 맥아는 맥주, 위스키, 고추장, 엿기름, 식혜 등 다양한 음식을 만드는 중요한 식재료다. 보리차로 우려내 마신다면 고소한 맛을 느낄 수 있다. 보리 하면 흔히 누런색의 황보리를 떠올리지만, 청보리는 푸른색을 띤다. 황보리처럼 영양이 좋아 쌀밥과 각종 간식에 넣어 먹는다. 매년 5~6월이 되면 푸른빛이 넘실대는 청보리 축제도 열린다.

보리는 이모작이 가능한 곡식이다. 벼를 비롯한 대부분의 곡식을 수확하는 시기가 백로, 추분 즈음이지만, 보리는 벼를 수확하고 난 땅에 씨를 심는다. 가을 무렵 심은 보리는 이듬해 여름에 수확하는데, 지난해 가을에 수확한 양식이 모두 바닥났지만 새로운 보리는 여물지 않아 먹을 것이 부족한 시기를 춘궁기(春窮期), 즉 '보릿고개'라고 불렀다. 보릿고개는 특히 일제강점기부터 심각해졌는데, 우리나라를 식량기지로 삼아 수많은 곡식 및 자원을 수탈해가면서 농민들은 궁핍해질 수밖에 없었다. 가혹한 수탈을 참다가 광복 후 이제야 숨통이 트이나 싶었을 것이다. 그러나 6.25 전쟁이라는 비극까지 연이어 찾아왔고, 전쟁의 아픔만큼 고통스러운 보릿고개는 계속됐다. 1960년대 들어 경제개발 5개년 계획으로 나라 경제가 성장하기 시작하면서 보릿고개에서 벗어날 수 있었다. 곡식이 풍부해지면 사람들의 삶도 더 윤택해졌을까? 그렇지는 않은 것 같다. 이제는 쌀이 넘쳐남에도 굶주리는 사람들이 뉴스에 오른다. 곡물이 너무 많은 곳과 너무 적은 곳이 극명해진 세계다. 자연이 균형을 맞추기 위해 또 다른 뭔가를 만들어낼지도 모를 일이다.

인간은 멸종위기에서 자유로울까

생태계를 이야기할 때 맞닥뜨리는 최악의 상황은 바로 '멸종'이다. 멸종이란 한 종의 모든 개체들이 지구상에서 완전하게 사라지는 것을 뜻한다. 지구의 나이가 약 46억 년에 달하는 동안 지구에는 다섯 번의 대멸종이 있었다. 우리가 잘 아는 대멸종은 가장 마지막에 발생한 중생대 백악기 말기의 대멸종이다. 공룡과 해양생물 대다수가 멸종한 시기로 소행성이 지구와 충돌해 일어났다고 추정하고 있다.

인간이 탄생하기 전에도 멸종이 여러 번 발생하고 그 결과 새로운 종이 출현했다면, 멸종은 우리가 생각하는 것처럼 그렇게 심각한 문제는 아닐 수 있다. 그러나 여섯 번째 대멸종의 시기인 현재는 앞선 다섯 번째의 대멸종과는 차이가 있다. 자연의 섭리가 아닌 인간의 다양한 목적 때문에 동식물들이 인위적으로 죽는다. 인간에 의한 생물의 멸종이 본격적으로 시작된 때는 16세기 이후 유럽인이 배를 타고 새로운 대륙으로 나섰던 대항해 시기다. 기름과 고기로 유용하게 사용할 수 있었던 고래는 가장 많이 희생을 당한 동물 중 하나였다. 사람에 대한 경계심이 적었다는 큰바다쇠오리는 오히려 이러한 친근함이 독이 되어 19세기 중반에 멸종했다. 이 밖에도 모피, 깃털, 고기 등을 얻고자 수많은 생물들이 사라져갔다. 인간은 먹잇감을 얻기 위해서 또는 단순히 사냥하는 재미나 가죽으로 장식품을 만들고자 동식물을 살해한다. 지구의 허파라고 불리는 브라질 아마존의 열대우림은 해마다 불법 벌목으로 $3,609km^2$가 사라지고 있다. 아마존의 식물들과 아마존에서 서식하고 있던 다양한 동물들이 살 곳을 잃은 것이다.

다양한 생물 종이 멸종하고 인간만 남는다면 과연 인간은 살아갈 수 있을까? 생물이 사라지면 사라질수록 인간의 삶에도 악영향을 미칠 것은 자명하다. 이에 국제기구인 세계자연보전연맹(IUCN, International Union for Conservation of Nature)과 함께 각국에서 '멸종위기종'을 지정해 사라질 위기에 처한 동식물들을 보호하는 데 힘쓰고 있다. IUCN의 적색 목록(Red List)에 오른 대표적인 멸종위기종으로는 붉은늑대, 수마트라코뿔소, 갈라파고스펭귄, 북극곰 등이 있다. 우리나라에도 적색 목록에 오른 멸종위기종들이 많다. 고속도로에서 로드킬을 자주 당하는 고라니는 우리가 흔히 만날 수 있는 동물이지만, 국제적으로는 멸종위기종에 해당한다. 우리나라에는 고라니의 천적이 없어 개체수가 많아 오히려 유해조수로 지정돼 수렵이 가능하다는 점이 모순이다. 환경부에서 별도로 정한 우리나라 멸종위기종은 총 267종으로 동식물을 가리지 않는다. 검은머리갈매기, 가시연, 금개구리, 구렁이 등 다양하다.

멸종위기종 복원을 위해 다양한 노력을 기울이는 가운데, 호주 정부가 멸종위기종이었던 태즈메이니아데블 복원에 성공한 것이 최근 화제가 됐다. 그러나 이런 활동에는 늘 빛과 그림자가 함께 한다. 태즈메이니아데블을 섬에 옮겨 풀었고 개체수를 늘리는 데 성공했지만, 그 결과 기존에 살던 펭귄 3천 쌍이 잡아 먹혀 씨가 말라버렸다. 미국 위스콘신주에서는 회색늑대의 개체수가 늘어 멸종위기종 지정을 해제하자마자, 밀렵에 희생되어 무려 3분의 1가량 개체수가 줄어버렸다고 한다. 인간의 탐욕으로 인한 밀렵, 남획으로 지구상의 생물 종은 빠르게 줄어간다. 육지와 바다 모두에서 말이다. 그나마도 시간과 노력, 비용을 들여 개체수 증가에 성공해도, 다른 생태계 질서를 파괴하거나 또다시 밀렵 대상이 되어 많은 생물이 피를 흘린다.

양서류, 포유류, 조류보다 관심은 덜 하지만 식물의 멸종도 심각한 수준이다. 2020년 10월 영국 큐 식물원이 발표한 바에 따르면, 전 세계 식물 약 35만 종 중 39.4%에 달하는 14만여 종이 멸종위기에 처했다고 한다. 자연 멸종이 아니라 인간에 의한 멸종이다. 농업, 양식업 등으로 서식지가 사라진 탓이 가장 크다. 식물 멸종이 인간에게 위협이 되는 이유는 무엇보다 식물을 원료로 수많은 치료제를 만들기 때문이다. 예를 들어, 신종플루 치료제 타미플루는 향신료로 쓰는 팔각회향 열매 추출물을, 진통해열제 아스피린은 버드나무 껍질을 원료로 사용한다. 피부질환 치료에 쓰는 벌레잡이풀이나 항생제 성분이 있는 말굽잔나비버섯 등은 당장 멸종위기에 처한 약용식물들이다. 이 밖에도 식물이 멸종하면, 식물을 섭취하고 식물이 내뿜는 산소로 호흡하는 동물과 인간까지 재앙에 처할 수 있다. 물론 최악의 상황에 대비한 인간의 노력도 이어지고 있다. 노르웨이와 우리나라에서는 종자 저장시설 '시드볼트(Seed Vault)'를 세워 운영 중이다. 자연재해, 핵폭발 등의 대재앙으로부터 식물의 멸종을 막고 전 세계의 유전자원을 보전하는 것이 목적이다. 하지만 시드볼트에서 종자를 꺼내는 때는 이미 지구상의 상당한 생명체가 멸종하고 난 이후가 될 것이다.

 상황이 이렇다 보니 지구의 다양성 보전을 위해서 누구보다 인간이 먼저 사라져야 한다는 자조 섞인 목소리가 나온다. 인간 스스로가 동식물의 제왕이 되어 마음껏 도륙한 결과는 결국 인간에게 돌아오고 있다. 다양한 생물 종과의 공존을 고민하지 않는다면 다음 대멸종의 주인공은 인간이 될지도 모른다.

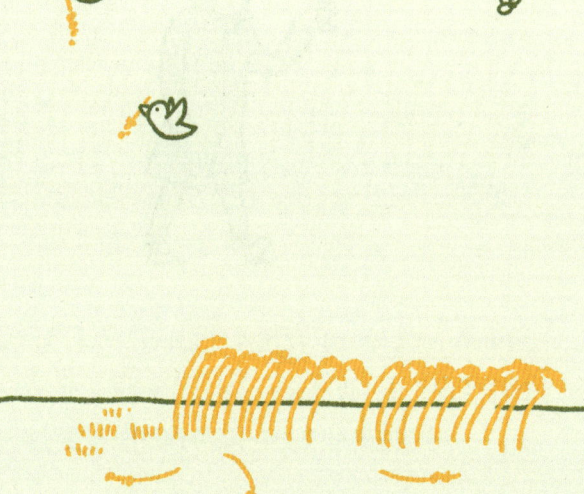

한로
상강

동물 미꾸라지
식물 갈대와 억새
환경 와인과 커피

가을의 막바지를 장식하는 절기는 한로와 상강이다. 한편으론 쓸쓸하고, 또 한편으로는 충만한 시기이다. 가볍게 흔들리는 갈대와 억새의 머리는 가을 햇빛을 받아 눈부시고 미꾸라지는 점점 살이 찐다.

미꾸라지만큼만 이롭기를

미꾸라지의 또 다른 이름은 '추어(鰍魚)'다. 미꾸라지 추(鰍)를 써서 추어인데, 한자를 자세히 보면 물고기 어(魚)와 가을 추(秋)가 하나로 묶여있다. 미꾸라지가 가을에 가장 살이 찌고 맛있다고 해서 이름에 '가을'이 들어간 모양이다. '미꾸라지'하면 사람들은 미꾸라지라는 생물 자체보다는 보양식인 '추어탕'을 먼저 떠올린다. 양력 10월경인 한로와 상강은 추어탕을 많이 먹는 시기이다. 농부들은 한 해 동안 땀 흘려 일군 결과물들을 걷어 들인다. 가을걷이(추수)를 해야 하는 농부들은 고된 노동과 큰 일교차 때문에 면역력이 떨어지기 쉽다. 이때 기력을 돋우는 보양식으로 추어탕이 안성맞춤이다. 실제로 추어탕은 철분이 풍부해 빈혈에 좋고, 칼슘도 많아 골다공증 예방 등 뼈 건강에 도움이 된다고 한다.

주로 식재료로 언급되지만, 미꾸라지는 우리 주변에서 늘 볼 수 있었던 친근한 민물고기였다. 수명은 약 5~6년 정도로 주로 낮에 활동하고, 우리나라를 비롯해 중국, 타이완 등 동아시아에서 주로 서식한다. 미꾸라지는 몸 표면에서 점액을 분비하는데 이것이 미꾸라지를 미끄럽게 만든다. 습지, 연못처럼 유속이 느리거나 물이 고인 곳에서 살며 기온이 낮아지거나 가뭄이 들 때면 진흙 속에서 잠을 잔다. 겨울이 되면 도랑 바닥의 진흙 속에 숨어 겨울잠을 자는데 이때 도랑을 치면 살찐 미꾸라지를 잡을 수 있었다고 한다. 미꾸라지는 곤충의 애벌레, 실지렁이, 유기물 등을 먹는 잡식성이다. 모기 유충인 장구벌레도 잡아먹는다. 미꾸라지는 물속 바닥을 파헤치면서 먹이를 찾는데 이 과정에서 흙탕물을 만든다. 위험을 느낄 때도 일부러 흙을 파헤치는데, 이는 흙탕물을 만들어 자신의 몸을 숨기기 위함이다. 물이 맑으면 황새, 따오기 같은 새의 눈에 띄어서 잡아먹힐 수도 있다.

미꾸라지와 이름 및 생김새, 습성이 거의 비슷해서 추어탕 재료로 같이 쓰이는 생물이 있다. 바로 '미꾸리'다. 조선 후기에 어류에 관한 내용을 기록한 〈난호어목지(蘭湖漁牧志)〉, 〈전어지(佃漁志)〉에서는 한글로 '밋구리'라고 썼다. 미꾸라지와 차이가 크지 않아 미꾸리를 미꾸라지로 부르기도 한다. 다만 차이가 있다면 몸통이 납작한 미꾸라지와는 달리 몸이 둥글다는 점이다. 미꾸라지는 황갈색 바탕에 등은 암청색이고 배는 회백색이다. 반면 미꾸리는 몸의 노란색바탕에 등은 암청갈색이며 배는 담황색이다. 미꾸리와 미꾸라지는 모두 수염이 세쌍이지만 미꾸라지의 수염이 좀더 길다.

미끌미끌한 미꾸라지의 특성은 교훈으로 자주 인용된다. 다산 정약용은 〈다산시문집(茶山詩文集)〉 중 '두 아들에게 보여주는 가계(家誡)'란 글에서 '재물(財物)은 더욱 단단히 잡으려 하면 더욱 미끄럽게 빠져나가는 것이니 재화야말로 미꾸라지 같은 것이다'라고 쓰고 재물에 대한 욕심을 경계하라고 충고했다. 경제용어인 '메기 효과(catfish effect)'는 미꾸라지를 치열한 경쟁력으로 해석한다. 메기 효과란 미꾸라지 어항에 메기를 넣으면 미꾸라지들이 메기에게 잡아먹히지 않기 위해 메기를 피해 다니느라 생기를 얻는다는 뜻이다. 미꾸라지를 장거리 운송할 때 수족관에 메기를 넣으면 미꾸라지가 죽지 않고 오래 살아있다고 한다. 기업경영자들에게 메기 효과는 경쟁력을 잃지 않기 위해 성과급제, 다면평가제 같은 자극을 주어 조직에 활력과 동기를 불어넣는 현상을 말한다. 삼성그룹 창업주 고(故) 이병철 회장은 실제로 미꾸라지를 길렀던 경험을 통해 메기 효과를 실감했다고 한다. 이병철 회장은 창업 전에 농사를 지었는데, 이때 논 한 마지기에는 미꾸라지 1천 마리를 넣고 다른 한 마지기에는 미꾸라지 1천 마리와 메기 20마리를 넣었다. 그 결과, 미꾸라지만 넣은 논은 미꾸라지가 2천 마리로 늘어난 반면 메기를 함께

넣은 논은 미꾸라지가 4천 마리로 불어났다. 이병철 회장은 위기 속에서 기회를 만든다는 경영철학으로 직원들에게 '메기론(論)'을 자주 설파했다고 한다.

메기 효과는 강자가 약자를 억압하고 스트레스를 주는 행위를 합리화한다는 반론도 있다. 당장은 메기를 피해 도망 다니느라 미꾸라지가 생기를 얻은 것처럼 보이지만 에너지와 산소가 부족해지고, 과도한 스트레스의 영향으로 사망할 가능성이 커지기 때문이다. 인간 역시 스트레스를 받으면 적당한 긴장감이 유지돼 활력을 얻을 수 있지만, 스트레스로 인해 우울증이나 불안, 집중력 저하 등 심리적인 악영향뿐만 아니라 돌연사, 심장마비, 암 등 극단적인 결과가 나타나기도 한다.

미꾸라지는 또 비겁한 태도, 무책임, 말썽, 교활함 등 안 좋은 수식어가 죄다 따라붙는 동물 중 하나다. '미꾸라지처럼 빠져나간다'는 표현은 미꾸라지가 미끌미끌한 표면을 이용해 좁은 틈새도 요리조리 잘 빠져나가는 데서 붙은 것으로, 어떤 일에서 약삭빠르게 발을 빼는 사람을 일컬을 때 사용한다. 또 물속에서 빠르게 움직이며 맑은 물을 흙탕물로 만드는 모습을 보고 '미꾸라지 한 마리가 온 웅덩이를 흐린다'라는 속담도 생겼다. 어떤 일을 망치거나 한 사람 때문에 다른 사람들까지 함께 비난받는 상황을 비유한 속담이다. 다산은 〈목민심서(牧民心書)〉에서 '미꾸라지는 개울을 어지럽히고 간신은 사직을 어지럽힌다'라고 썼다. 중국에도 '산과 못에 용과 호랑이가 떠나고 나면 온갖 변괴가 나타나서 미꾸라지며 여우 따위가 판을 치는 것과 같다'라는 기록이 있다.

맑은 물이 흙으로 탁해지는 순간을 보면 미꾸라지가 물을 흐리는 말썽쟁이처럼 보일 수도 있다. 하지만 실상은 물속에 가라앉은 흙을 뒤집어줌으로써 물속에 산소를 공급하고 미생물이 살아갈 수 있는 환경을 만드는 순기능을 한다. 국내 지자체들은 수질 환경 개선과 모기 유충 억제를 위해 매년 정기적으로 미꾸라지를 하천에 방류한다. 미꾸라지가 몸으로 흙을 파헤치는 행동은 되레 환경을 이롭게 하는 것이다. 또한 미꾸라지는 수질 등급상 매우좋음(Ⅰa, 매우 맑은 물)부터 매우나쁨(Ⅵ, 아주 혼탁한 물)에도 살아갈 수 있는 물고기다. 미꾸라지의 존재 유무는 종다양성 및 서식지 다양성을 가늠하는 데 도움이 된다.

 이처럼 인간에게 이로운 일을 많이 하면서도 부정적 은유의 대명사가 된 미꾸라지도 이제는 예전처럼 자주 볼 수 없다. 혼탁한 물에서도 살 수 있는 미꾸라지라지만 수질 오염이 그 한계를 넘어서고 있기 때문이다. 인간이 미꾸라지만큼이라도 세상에 유용한 존재가 되는 일은 쉽지 않다. 이제 이런 속담을 만들어도 좋을 것 같다. "미꾸라지만큼만 해라."

흔들리는 것은 갈대일까 인간일까

가을을 대표하는 풍경은 붉은 단풍과 바람에 흔들리는 갈대와 억새일 것이다. 갈대와 억새는 가느다란 줄기에 길게 늘어뜨린 머리카락이 형제자매처럼 닮았다. 두 식물이 바람의 방향에 따라 이리저리 몸을 움직이는 것은 오랫동안 예술가들의 단골 소재가 됐다. 갈대에 관해 잘 알려진 문학 작품으로 신경림의 시 〈갈대〉가 있다. '언제부터인가 갈대는 속으로/ 조용히 울고 있었다. (중략)/ 산다는 것은 속으로 이렇게/ 조용히 울고 있는 것이란 것을/ 그는 몰랐다.'

갈대가 흔들리는 모습을 보며 이리저리 방황하는 우리네 삶을 떠올리는 이들이 많다. 하지만 갈대는 수천 년 전부터 늘 같은 모습으로 살아온 올곧은 식물이다. 질기고 튼튼한 줄기는 지붕을 이는 재료나 집을 짓는 건축재로 쓰였다. 과거에는 갈대로 바구니를 만들고 화살, 펜, 악기뿐만 아니라 옷감으로도 썼으니 갈대는 절대 약한 모습을 상징한다고 볼 수 없다. 어린 순은 약재로 쓰고 이삭은 빗자루로 만들고 털은 솜 대신 쓴다. 갈대는 종이의 원료가 되는 등 인간에게 늘 유익했던 존재다. 갈대의 꽃말이 '신의, 믿음, 지혜'인 것만 봐도 갈대는 불안과 갈등의 대명사로 쓰일 이유가 없다. 갈대를 제대로 이해했다면 갈대 같은 사람이 되기를 바라야 할 것이다.

최근 갈대는 플라스틱 쓰레기를 줄일 수 있는 대체제로 떠오르고 있다. 속이 비어있는 갈대 줄기의 특성을 이용해 친환경 빨대를 제작하는 것이다. 빨대의 소재가 되는 플라스틱은 자연 분해되는 데 수백 년이 걸린다. 재활용 쓰레기로 분리배출을 해도 크기가 작아서 세척이 용이하지 않다. 재활용품 선별 과정에서 플라스틱 빨대는 재활용이 거의 되지 않으며 대부분 일반

쓰레기로 다시 분류된다. 반면 갈대로 만든 빨대는 여러 번 재사용이 가능하면서 자연 분해가 가능해, 플라스틱 쓰레기를 줄이는 대안으로 기대를 모은다. 21세기에 다시 갈대를 빨대로 사용한다는 점은 수천 년 전으로 시간여행을 떠나는 것 같다. 기원전 3,000년 전, 고대 메소포타미아의 수메르인들도 갈대로 만든 빨대를 썼기 때문이다. 수메르인들은 최초로 맥주를 만들어 마신 것으로 알려져 있는데, 당시 맥주는 곡식 찌꺼기가 둥둥 떠 있었고 바닥에는 먹지 못할 건더기가 가라앉아 있었다고 한다. 입으로 편리하게 마시기가 어려웠던 탓에 수메르인들은 갈대를 꺾어 대롱으로 만든 다음 빨아 마셨다. 그 후로 약 5천 년이 흐르고 기술이 발달한 현대사회에서 고대인들처럼 다시 갈대 빨대를 만들고 있다.

갈대는 수질정화에 탁월한 기능을 한다. 갈대 뿌리가 수질오염 물질인 질소와 인을 흡수해 물을 정화시키는 효과를 낸다. 드넓은 갈대 군락지는 미생물이 살 수 있는 환경을 만들어 오염물질을 분해하는 데 도움을 준다. 갈대숲은 태풍, 홍수, 해일 등이 발생했을 때 일차적으로 충격을 흡수하는 완충 역할도 한다. 이처럼 갈대 군락지는 인간에게 많은 이로움을 주고 있다.

갈대와 비슷한 모습을 한 억새도 가을을 수놓는 아름다운 식물이다. 억새의 이름이 어디서 기원했는지는 명확하지 않지만 '억센 새풀'에서 유래했다는 설이 있다. 줄기와 잎이 가늘고 질겨서 이엉으로 묶어 지붕을 만들기도 했기 때문이다.

갈대는 전 세계의 온대 지역에 골고루 분포한다. 반면 억새는 우리나라와 중국, 일본과 같은 동아시아에 살아서 우리에게 좀 더 친숙한 풀이다. 우리나라 곳곳에서 억새를 만날 수 있지만, 억새가 좀 더 특별한 의미를 갖는 곳들이 있다. 30여 년 전만 해도 쓰레기 매립지로 유명했던 서울 마포구의 '난지도(蘭芝島)'는 가을이 되면 흐드러진 억새 물결로 장관을 이룬다. 쓰레기섬

이 억새 축제가 열리는 명소로 거듭난 것이다. 또한 조선 정조 때 쌓은 수원 화성에도 억새숲이 운치 있게 펼쳐져 있다. 전쟁을 대비하는 성 앞에 억새를 심은 이유가 있다. 억새가 자라는 곳은 다른 나무들이 자라지 않는 점에 착안해, 멀리까지 시야를 확보하고자 억새를 심었고 억새꽃이 피면 말려서 불화살로 썼다고 한다. 수원시는 수원화성 복원 사업을 진행하면서 이러한 뜻을 살려 억새숲을 조성했다고 한다.

억새는 조선의 건국 시조인 이성계가 고향을 향한 그리움을 달래는 식물이었다고 한다. 경기 구리시 동구릉에는 태조 이성계가 묻힌 건원릉(健元陵)이 있다. 능의 봉분은 보통 잔디로 덮여있기 마련인데, 건원릉에는 갈색의 억새가 길게 자라 있어서 독특한 모습을 자아낸다. 함경남도 함흥 출신인 태조는 세상을 떠난 후 고향에 묻히길 원했다. 그러나 나라를 세운 왕임에도 자신의 뜻을 이룰 수 없었다. 왕릉은 도성에서 10리 밖, 100리 이내에 위치해야 한다는 왕실 규율 때문이었다. 어쩔 수 없이 태조는 현재의 건원릉 위치인 경기도 구리시 동구릉에 잠들었다. 태조의 아들이자 조선의 3대 왕인 태종은 태조의 유언을 받들어 함흥에서 자라는 억새(청완, 靑薍)를 가져와 봉분에 심었다. 조선왕릉 중 건원릉의 봉분은 유일하게 억새로 뒤덮여있다. 매년 한식날에는 건원릉의 억새를 베는 청완 예초의(靑薍 刈草儀)를 거행했는데, 문화재청은 시민들이 관람할 수 있도록 2010년부터 한식날에 청완 예초의를 공개적으로 진행하고 있다.

갈대와 억새는 쌍둥이처럼 닮은 외모 때문에 혼동하는 사람들이 많다. 둘 다 볏과에 속하는 여러해살이풀이며 큰 키에 수북한 이삭이 달린 모습이니 헷갈릴 만도 하다. 갈대와 억새를 구분하는 쉬운 방법이 있다. '어디에 사는가'를 보면 된다. 갈대는 뿌리가 물에 잠기고 줄기와 잎은 물 위로 나오는 정수식물로서 강가, 습지 같은 물 주변에 서식한다. 반면 억새는 산이나 비탈,

뭍에서 산다. 물가에서 자라는 물억새도 있어서 서식지만으로 완벽하게 구분하기는 어려울 수 있다.

그렇다면 사람의 머리카락을 닮은 이삭을 보자. 갈대의 이삭은 갈색이나 누런 황토색을 띤다. 누렇게 익은 벼 이삭의 색깔을 닮았다. 반면 억새의 이삭은 흰색이나 밝은 은빛을 띤다. 저물어가는 햇빛이 비치면 억새 이삭은 하얗게 빛난다. 갈대는 2~3m 정도로 사람보다 훨씬 크게 자라지만 억새는 1~2m 정도로 사람 키와 비슷한 높이까지 자란다. 갈대가 혈기왕성하고 거친 매력이 있는 젊은이 같다면, 억새는 황혼을 맞은 지혜로운 어르신의 느낌이다. 부드럽고 차분한 겉모습과 달리 억새잎은 뾰족하고 날카롭다. 그래서 대수롭지 않게 생각했던 상대에게 뜻밖의 손해를 보는 경우를 가리켜 '억새에 손가락 베었다'라고 말한다. 갈대는 줄기가 굵고 속이 비어있지만 억새는 가는 줄기에 속이 차 있다. 갈대 뿌리는 굵고 마디가 있는 반면에 억새는 잔뿌리가 많아 흡사 파 뿌리 같다.

억새는 척박한 환경에서도 잘 자라고 줄기에 많은 양의 탄소를 저장할 수

있어서 바이오에너지 작물로 대량 생산되기도 한다. 바이오에너지는 나무, 작물, 해조류 같은 유기체나 음식 쓰레기, 폐식용유 같은 유기성 폐기물을 이용해 만든 연료를 통해 얻는 에너지를 말한다. 갈대는 흔들리면서도 다시 일어나고 강인한 속성으로 어떤 형태로든 에너지로 활용되는 존재이다. 갈대와 억새의 이야기에서 흔들리는 것은 역시 나약한 인간의 마음임을 다시 한번 느낀다.

와인과 커피에 스민 노예들의 눈물

음료 올림픽이 열린다면 단연 커피와 와인이 금메달을 딸 것이다. 커피와 와인처럼 전 세계적으로 인기 있는 음료를 찾기는 쉽지 않다. '커피 한 잔의 여유를 아는 품격 있는 여자'라는 유명한 노래 가사는 커피를 마셔야지만 품위를 지킬 수 있는 자라는 증명처럼 보인다. 와인은 말할 것도 없다. 특별한 날을 기념하거나 값비싼 요리를 먹을 때 와인이 주는 고급스러운 이미지와 씁싸름한 맛에 더 취하게 된다. 가을 정취가 무르익는 절기에는 커피와 와인이 더욱 맛있게 느껴지는 것 같다.

커피와 와인을 세계인이 폭넓게 즐길 수 있게 된 것은 수요를 충족할 수 있을 정도로 커피콩, 포도 등의 원재료가 대량 생산되기 때문이다. 대량생산이 가능한 것은 그만큼 넓은 땅과 노동력으로 재배가 가능한 기업식 농장, '플랜테이션(Plantation)'이 존재하기 때문이다. 플랜테이션은 거대한 시장에 생산물을 공급하기 위해 대규모로 단일 경작하는 거대 농업으로 주로 커피, 차, 사탕수수, 담배, 면화 등을 생산한다. 예전에는 자본가가 거대한 자금력을 바탕으로 플랜테이션을 운영했으나 현대에 들어서는 다국적 기업이 그 자리를 차지하고 있다. 플랜테이션의 원조라 할 수 있는 고대 로마 시대의 대농장 라티푼디움(Latifundium)에서는 포도와 올리브가 대량 재배되었다. 17세기에 들어와 북아메리카, 브라질 등지에서 플랜테이션이 증가했는데, 전 지구적으로 환경 파괴가 가속화한 시점도 이와 비슷하다.

플랜테이션은 하나의 품종만 재배하는 단일경작 방식으로 농작물을 생산한다. 단일경작은 상품 가치가 있는 농작물만 대량 생산할 수 있다는 장점이 있는 반면에 대규모로 농장을 조성하고자 무분별하게 산림을 벌목하고 막대한 양의 비료, 살충제를 사용해 토양 및 대기를 오염시킨다. 한 가지 품종만 재배하니 종 다양성이 감소해, 농작물이 다양한 해충과 잡초에 대한 면역력을 갖지 못하게 되고 살충제를 더 사용해야 하는 악순환이 반복된다.

플랜테이션 농업이 불러온 또 다른 비극은 노예 노동이다. 커피가 세계적으로 최고의 기호식품이 될 수 있었던 것은 씁쓸한 맛 때문이다. 그러나 커피의 재배 역사는 노예들의 쓰디쓴 눈물로 쓰였다. 18세기 말, 미국에서 커피가 인기를 끌게 되면서 많은 나라에서 커피를 대량 생산하는 농장들이 생겨났다. 브라질도 그중 하나였다. 1830년대 들어서 전 세계적으로 커피 수요가 늘어났고 브라질의 커피 플랜테이션 농장주들은 커피를 생산할 노동력이 더 많이 필요했다. 부족한 인력은 모두 아프리카에서 데려온 노예들로 채웠다. 커피가 인기를 얻을수록 더 많은 노예가 필요했다. 커피 재배량이 늘면서 노예 규모는 커졌고 1828년에는 한 해 4만 3천여 명에 달하는 노예들이 들어왔다고 한다. 이 무렵 브라질 인구의 3분의 1인 100만 명이 넘는 노예들이 브라질에 있었다고 한다. 노예들은 17시간이 넘는 긴 시간 일해야 했고 일을 마치면 열악한 숙소에서 몸을 욱여넣어 잤다. 몸을 혹사시키는 노동으로 노예들은 평균 8년간 일하고 20대 중반이라는 젊은 나이에 대부분 죽었다. 19세기 말에는 브라질에서 전 세계 커피의 85%를 생산했다고 하니 얼마나 많은 노예들이 가혹한 노동에 착취당하며 목숨을 잃었을지 상상이 되지 않는다.

이후 전 세계적으로 노예 해방 운동이 퍼지면서 브라질의 노예들도 해방 됐지만 21세기에 이른 지금도 여전히 커피농장에서 노예처럼 착취당하는 사람들이 많다. 지난 2015년에는 브라질의 커피농장에서 하루 10시간 이상 커피 열매를 따야 했던 노동자들이 구출되기도 했다. 브라질의 또 다른 주에서는 커피농장에서 일하는 18세 미만의 청소년 노동자가 무려 11만 6천여 명에 달한다는 조사 결과도 있었다. 장시간 저임금 노동에 시달리며 그마저도 임금을 제대로 받지 못하는 경우가 비일비재하니, 현대판 노예들이 흘린 땀과 눈물의 커피를 지금도 우리가 마시고 있는 것이다.

이러한 노동 착취와 환경 파괴를 막고자 '공정 무역' 운동이 확산하고 있다. 환경 보호 및 정당한 임금 지불, 아동노동 금지 등 공정무역 원칙을 지킨 커피와 와인을 구매하려는 '윤리적 소비'에 대한 관심이 커지고 있다. 이제부터는 커피와 와인을 마실 때 단일경작으로 파괴되는 지구촌 생태계와 노예들의 쓰디쓴 눈물에 대해서도 한 번쯤 생각해보아야 한다.

입동
소설

동물 다람쥐
식물 인삼
환경 해양쓰레기

입동과 소설 무렵은 아직 늦가을의 정취가 느껴지는 때다. 하지만 밤이 되면 꽤나 쌀쌀해서 첫눈이 내리는 곳도 있다. 다람쥐는 양볼 가득 먹이를 모아 월동 준비를 하고, 사람들은 따끈한 인삼차 한 잔에 스르르 마음이 녹는 시기다. 공기는 차가워도 낭만이 있다.

다람쥐 수난사가 남긴 교훈

양볼 가득 도토리를 물고 눈을 동그랗게 뜬 다람쥐의 모습은 귀엽기 그지없다. 앙증맞은 외모 덕분에 다람쥐는 늘 인간에게 친숙한 동물로 인식되어왔다. 다람쥐는 도토리, 밤, 씨앗 등 열매들을 부지런하게 모으고 땅굴을 파며 겨울을 대비한다. 하나하나 모은 도토리는 추운 겨울을 버티는 귀중한 양식이다. 절기상 입동, 소설 즈음은 다람쥐가 겨울맞이를 하거나 이미 겨울잠에 들었을 시기다.

다람쥐는 나무와 땅을 잽싸게 달리며 이동하는 민첩한 동물이다. 그래서 이름도 '달리다'란 뜻의 '다람'과 '쥐'를 합해 '다람쥐'라고 부른다. 다람쥐는 나무를 잘 타며 나무구멍에 둥지를 만들기도 하지만 잠은 땅속에 판 굴에서 잔다. 땅굴의 길이는 1m에 이르는데 먹이 저장고와 잠을 자는 둥지, 화장실이 터널로 연결돼있다. 용도에 따라 체계적으로 장소를 구분하는 능력이 인간과 크게 다를 바 없다. 다람쥐는 평균기온이 8~10℃ 정도로 떨어지는 10월 무렵 동면에 들어가 이듬해 4월까지 약 반년 가량 겨울잠을 잔다. 종종 겨울잠에서 깨어나 저장고에 열심히 모은 먹이를 먹으며 겨울을 나기도 한다.

표현은 겨울'잠'이지만 엄밀히 말하면 다람쥐는 가수면 상태에 드는 것이다. 죽지 않을 만큼 체온을 떨어뜨려 버티다가 지방을 태우면서 체온을 유지한다. 겨울잠을 잘 때 다람쥐는 1분당 200회 가량 뛰던 심박수가 5번 정도로 급격히 떨어지고 호흡수도 줄어든다고 한다. 가수면 상태로 겨울을 나는 건 겨울잠을 자는 동물들의 공통점이다. 곰, 고슴도치, 박쥐, 너구리 등 항온동물은 얕은 수면을 하며 종종 일어나 배설 및 먹이 활동을 한다. 반면 변온동물인 개구리, 뱀, 미꾸라지 등은 심장박동과 호흡이 멎은 가사 상태로 죽은 듯이 동면에 든다. 기온이 0℃ 이하로 떨어지면 생명이 위험할 수 있기에 땅 깊은 곳에서 최대한 에너지를 아끼는 것이다. 추운 겨울을 버티기 위해 스스로 가능한 한 모든 에너지를 절제한다.

인간은 여러 이야기 속에 다람쥐를 등장시켜 깨달음을 얻어 왔다. 사람이 죽었을 때 무덤 양쪽에 세우는 망주석(望柱石)에는 다람쥐가 새겨져 있다. 망주석을 세우는 이유는 명확하지 않으나 묘에 설치하는 석물 중 가장 기원이 오래됐다고 알려져 있다. 망주석을 가만히 보면 다람쥐 한 쌍이 조각돼 있다. 동쪽 망주석의 다람쥐는 위로 촛불을 켜기 위해 올라가고 왼쪽 망주석은 촛불을 끄고 내려오는 모습이라고 한다. 또 다른 해석도 있다. 불교에서는 다람쥐가 천상 세계의 부처님을 알현한 후 내려오는 모습이며 다람쥐를 통해 탄생과 죽음을 이야기한다고 본다.

'산골짝에 다람쥐/ 아기 다람쥐'로 시작하는 〈산골짝에 다람쥐〉라는 동요는 어린이들이 생각하는 귀여운 다람쥐를 묘사한다. 하지만 어른이 되면 다람쥐는 귀여운 모습보다 힘겹게 살아가는 삶을 상징하는 것처럼 보인다. 반복되는 일상이나 발전이 없는 상태를 '다람쥐 쳇바퀴 돌 듯 한다'라고 표현한다. '가을 다람쥐 같다'라는 말은 겨울을 대비해 열심히 먹을거리를 장만하는 다람쥐처럼 부지런하고 바쁘거나 욕심이 많은 사람들을 비유한다. 이래저래 살아가기 바쁜 현대인들을 가장 잘 표현하는 동물 중의 하나가 다람쥐다.

귀여운 생김새와 인간과도 거리낌 없이 장난을 하는 호기심 많은 성격 덕분에 다람쥐는 애완동물로 각광받았다. 다람쥐는 현재 포획이 전면 금지된 야생동물이지만 한때는 가난했던 우리나라가 외화벌이를 할 수 있도록 해준 인기 수출품이었다. 1962년 일본으로 다람쥐 655마리를 보낸 것이 다람쥐 수출 역사의 시작이다. 일본에서도 다람쥐가 서식하기는 했지만, 포획이

법으로 금지됐기 때문이다. 이 당시 다람쥐를 잡던 사람들은 화전민이었는데 화전민들은 다람쥐 굴을 찾아내 다람쥐가 저장한 알밤, 도토리 등 곡식들을 캐내 먹었다. 다람쥐 수출이 시작된 후 다람쥐가 돈이 된다고 여긴 화전민들은 새끼들까지 자루에 쓸어 담으며 포획해갔다고 한다. 전문 포획꾼, 생활비에 보태려는 부녀자 등 가리지 않고 낚싯대에 올가미를 달아 다람쥐를 잡았다. 무인도에 사육장을 만들어 다람쥐를 인공 사육한 업자도 있었다고 한다.

1970년에는 연간 30만 마리의 다람쥐가 마구잡이로 포획되어 수출됐다. 당시 가격은 한 마리당 1달러였다. 너도나도 다람쥐를 포획하자 개체수가 급격하게 줄어들어 1971년에는 다람쥐 수출량을 한 해에 10만 마리로 제한했다. 오직 수출용으로만 다람쥐를 포획하도록 했지만, 돈을 벌려는 인간들의 욕심은 끝이 없었다. 다람쥐 씨가 말라버릴 것이라는 우려와 환경 보호 및 동물 보호의 목소리가 커지고 나서야 산림청은 1991년 다람쥐 포획을 전면 금지했다.

생명을 돈벌이 수단으로 삼아 다람쥐를 대규모로 남획하여 수출한 것은 생태계를 교란시키는 결과를 가져왔다. 번식력이 강한 다람쥐의 특성상 유럽에 수출한 다람쥐의 개체수가 지나치게 늘어나버린 것이다. 애완용으로 들인 다람쥐가 야생에서 번식한 것은 인간의 무책임함 때문이다. 다람쥐가 탈출한 것도 있지만 다람쥐에게 싫증 난 사람들이 공원 등 야외에 일부러 풀어놓기도 했다. 벨기에 브뤼셀에서는 공원에 풀어놓은 다람쥐 17마리가 20여 년 후에 2만 마리로 증가했다고 한다. 이렇게 늘어난 다람쥐들이 모두 한국에서 건너간 한국산 다람쥐라는 점이 문제다. 한창 다람쥐를 수입할 당시 수십만 마리에 달하는 한국산 다람쥐가 들어왔다. 귀여워서 인기 수입 품목이었던 다람쥐는 이제 유럽의 100대 침입종 중 하나가 되어 생태계 교란종이라는 오명을 쓰고 있다. 모두 자연발생이 아닌 인간의 욕심 때문에 벌어진 결과다. 생태계를 지키려면 인간은 오히려 가능한 한 아무 일도 하지 말아야 한다는 말도 지나친 말은 아니다.

우리가 주변에서 흔히 볼 수 있는 갈색의 다람쥐와는 달리 형형색색의 털을 가진 다람쥐도 있다. 인도에 사는 '말라바르 큰다람쥐'다. 말라바르 큰다람쥐는 일반 다람쥐와는 생김새가 많이 다르다. 머리부터 꼬리까지 1m에 달하며 털은 노랑, 빨강, 보라색, 남색 등 카멜레온처럼 다양한 색을 갖고 있다. 얼룩덜룩한 모습으로 보여서 천적으로부터 자신을 보호하기 위해서라지만, 이 화려한 털 색깔 때문에 오히려 밀렵꾼들의 표적이 되고 말았다. 해마다 말라바르 큰다람쥐의 개체수는 점점 줄어들고 있다. 인간의 눈에 띄는 것이 오히려 개체수를 줄이고 멸종을 앞당기는 일이 되어버렸다.

한편 일본에서 다람쥐는 복과 다산을 상징한다. 일본 에도시대 작품인 '포도다람쥐병풍'이 최근 국립중앙박물관에서 공개되었는데, 세밀하게 묘사한 털과 쫑긋 세운 귀를 가진 다람쥐가 시선을 사로잡는다. 포도와 다람쥐는 일본에서 복과 다산, 장수를 상징해 회화와 공예품의 소재로 자주 쓰였다. 이처럼 다람쥐는 인간의 관점에 따라 애완동물이 되었다가 부(富)의 상징이 되었다가 탐욕스러운 존재가 되었다가 한다. 다람쥐를 쳇바퀴에 넣고 돌리고 있는 건 역시 인간이었다.

사람의 모습을 한 귀한 약재, 인삼

찬바람이 불어오는 계절에는 면역력이 떨어져 건강이 상하기 쉽다. 그럴 때 따뜻한 물에 우려낸 인삼차 한 잔이면 보약이 따로 없다. 〈동의보감(東醫寶鑑)〉을 쓴 허준은 인삼을 신이 내린 약초란 의미로 신초(神草)라고 했다. 인삼은 '눈을 밝게 하며 심규(마음 속 깊은 곳)를 열어주고 기억력을 좋게 한다'라며 인삼의 효능을 높게 평가했다.

양력으로 11월에 해당하는 입동, 소설은 인삼을 캐느라 한창인 때다. 인삼은 두릅나무과 인삼속의 식물로, 뿌리 모양이 사람을 닮아 인삼(人蔘)이라는 이름이 붙었다. 현대에 와서는 재배한 것을 인삼, 자연에서 자생하는 것을 산삼(山蔘)이라고 구분해 부른다. 그러나 이는 인삼 재배가 활발해진 이후의 정의이고 그 이전에는 인삼이란 모두 산삼을 지칭했다. 인삼 재배의 역사가 언제부터 시작됐는지 정확히 알 수는 없다. 파종 후 1년 남짓 자란 어린 인삼인 묘삼(苗蔘) 또는 산삼의 종자를 깊은 산속에 몰래 심어 산양삼을 인공 재배한 것이 인삼 재배의 시초라고 추정한다. 우리나라에서는 고려시대에 전남 화순군 동복면 일대에서 인삼을 재배한 것을 기원으로 보고 있다. 고려시대부터 인삼 부족 현상이 나타났고 조선시대 중기가 지나 인삼이 대량 재배되기 시작했다고 한다.

인삼은 가공 방법에 따라 이름과 특성이 결정된다. 수삼(水蔘)은 밭에서 수확한 다음 전혀 가공하지 않은 상태의 인삼이다. 수분이 75% 정도로 많아 식감이 부드러워서 삼계탕 같은 보양식에 들어간다. 하지만 수분이 많아 장기간 보관하기가 어렵고 유통과정에서 상하기 쉽다는 단점이 있다. 건강보

조식품으로 즐겨 먹는 홍삼은 껍질을 벗기지 않은 수삼을 90~100℃에 달하는 고온의 수증기에 쪄서 말린 것이다. 적갈색을 띠어 홍삼(紅蔘)이라고 부른다. 홍삼으로 가공하는 과정에서 면역력 증진, 피로회복 등에 좋은 사포닌(saponin) 성분이 나와 사람들에게 인기가 좋다. 백삼(白蔘)은 수삼의 껍질을 벗긴 다음 햇빛이나 열풍에 건조시킨 것으로 수분이 15% 정도로 적어 장기간 보관이 용이하다. 태극삼(太極蔘)은 80~90℃의 물에 데쳐서 만든 삼이다.

인삼은 종류가 다양하다. 중국의 삼칠, 일본의 죽절인삼, 미국인삼, 베트남인삼 등 자라는 나라와 이름도 다양하다. 이 중에서 우리나라의 '고려인삼(高麗人蔘)'의 품질이 가장 뛰어나다고 인정받는다. 고려인삼에 사포닌이 가장 많이 함유돼있기 때문이다. 고려인삼과 외국산 인삼을 구분하기 위해 고려인삼에는 인삼 삼(蔘)을 쓰고, 외국산에는 석 삼(參)을 쓴다. 글자부터 다르게 쓰는 것에서 고려인삼에 대한 우리 민족의 오래된 자부심을 알 수 있다. 〈동의보감〉에서는 인삼을 '성질은 따뜻하고 맛은 달거나 약간 쓰며 독은 없다'라고 했다. 인삼은 원기 보양, 식욕부진, 피로, 구토, 설사 등 다양한 질환에 효능이 있어 늘 약재로 쓰였다. 인삼은 재배한 지 3년이 지나면 일년에 한번 둥글고 붉은 열매를 맺는다고 한다. 인삼 열매가 뿌리보다 효능이 더 뛰어나다는 연구 결과도 있다.

인삼의 가치는 예로부터 우리나라뿐만 아니라 바다 건너에까지 널리 알려졌다. 인삼은 작설차(茶), 석등잔(돌로 만든 등잔)과 함께 외국 사신들이 왔을 때 우리나라에서 즐겨 건네던 선물이었다. 〈조선왕조실록〉에서 인삼이 처음으로 등장한 건 1399년 7월(정종 1년)으로 일본 사신에게 인삼과 호피를 줬다는 기록이 있다. 사신에게 주는 선물은 단순히 호의를 넘어서 우리나라의 요구를 관철시키는 도구로 사용됐다. 또한 사신들도 인삼 선물을 무척 좋아했다는 사실을 역사적 근거를 통해 알 수 있다. 특히 중국에서 인삼의 인기가 매우 높았다. 중국 사신에게 인삼 선물은 쉽게 운송할 수 있고 중국에서 되팔아 재물을 챙길 수 있는 최고의 선물이었다.

오죽하면 인삼 선물을 두고 중국 사신들끼리 관모(모자)를 벗어던지며 싸우는 추태까지 발생했다고 한다. 조선 3대 임금인 태종(1400년)의 일이다. 태종은 왕자의 난을 벌여 형인 정종으로부터 왕위를 물려받으면서 왕이 되었다. 이 때문에 국내외에서 정통성 시비에 휘말렸다. 당시 조선은 중국 명나라 황제에게 조선의 왕임을 인정받아야만 왕의 자리에 오를 수 있었다. 1403년, 명나라 사신들이 영락제의 고명(임명장)과 책인(왕임을 증명하는 인장)을 갖고 조선을 찾았다. 사신들은 조선에 머물면서 연일 성대하게 환영 잔치를 가졌고 이 와중에 조선을 상대로 고가의 뇌물을 요구했다. 중국 사신들은 인삼, 말 등 다양한 선물을 챙겼는데, 국왕이 주는 선물뿐만 아니라 좌정승이었던 하륜이 주는 인삼까지 두둑하게 챙겨갔다고 한다. 심지어 국왕의 선물을 받지 않은 사신의 몫까지 달라고 해 떠났다고 하니, 인삼의 높은 가치를 엿볼 수 있는 일화다. 조선을 여행했던 벨기에인 고성은 1902년, 그가 쓴 여행기 〈조선〉에서 '조선의 인삼은 쇠약하거나 빈혈 등에 탁월한 효능이 있으며 만병통치약으로 알려져 프랑스 국왕 루이 14세에게 진상될 정도로 명성이 높았다'라고 썼다. '태양왕'으로 알려진 루이 14세가 인삼을 먹고 보인 반응이 기록에 없는 것이 안타깝다.

인삼은 우리나라 독립운동을 가능하게 했던 아주 중요한 매개체였다. 일제강점기 시절, 인삼 상인들은 항일투쟁의 든든한 밑받침이었다. 일제강점기가 시작된 이후로 인삼 상인들은 세계 각지로 인삼을 팔고자 떠났다. 중국, 홍콩, 싱가포르 등지로 떠난 조선인 인삼 상인들은 인삼을 팔아 큰돈을 벌었다. 미국에서는 상투를 튼 상인들이 중국인을 상대로 인삼을 판매했다고 한다. 지금처럼 이동 수단이 발달하지 않았던 당시에 쿠바, 자메이카 같은 중남미 지역까지 인삼 상인이 진출했다고 하니, 인삼 상인은 한편으로 조선 이민자 역사의 선구자인 셈이다. 인삼 상인들은 세계 곳곳에서 인삼을 팔아 어렵게 번 돈을 독립운동자금으로 보냈다. 1920년, 당시 부산경찰서장이던 하시모토 슈헤이를 크게 꾸짖으며 폭탄을 날려 치명상을 입힌 의열단원 박재혁도 인삼 상인이었다. 바다를 건너 인삼을 팔았던 상인이 있었는가 하면, 전국 방방곡곡 돌아다니며 독립운동자금을 모았던 인삼 행상도 많았다. 상해 홍커우 공원에서 물통 폭탄을 던졌던 윤봉길 의사도 인삼 행상을 했다.

전 세계에 인삼을 판매하는 인삼 상인은 조선의 소식을 곳곳에 알리는 메신저 역할도 했다. 1936년, 일제강점기 시절 독일 베를린 올림픽에 마라토너로 참가했던 손기정 선수의 가슴에는 일장기가 달려 있었다. 제일 먼저 결승선에 도착해 금메달을 따는 영광스러운 순간에도 손기정 선수는 전혀 기뻐할 수 없었다. 침통한 기분을 안고 손기정 선수는 베를린에서 조선으로 향하는 배에 올랐다. 손기정 선수를 보고 자신을 인삼을 판매하는 인삼 상인이라 말하는 한 조선인이 다가왔다. 이 상인은 '〈동아일보〉, 〈조선중앙일보〉에 실린 손기정 선수의 사진에는 일장기가 없었다'라는 깜짝 놀랄 소식을 알려준다. 훗날 손기정 선수는 배 위에서 이 소식을 들었을 때 "가슴이 뛰었고 나도 모르게 주먹을 불끈 쥐었다"라고 했다. 이른바 '일장기 말소 사건'으로 일본에 의해 〈동아일보〉는 발간 정지, 〈조선중앙일보〉는 폐간이라는 혹독한 대가를 치렀다. 이렇듯 인삼은 단순히 몸에 좋은 약재를 넘어, 독립을 꿈꾸는 한 나라와 민족혼을 지키고자 하는 사람들의 자부심 그 자체였다.

'삼'이라고 하면 삼을 캐러 다니는 '심마니' 이야기를 빼놓을 수 없다. 오래

전에 인삼은 '심'이라고도 불렸다. 1489년에 편찬된 의학서 〈구급간이방언해(救急簡易方諺解)〉에서도 인삼을 한글로 심이라고 번역했고, 허준의 〈동의보감〉에서도 인삼과 함께 한글로 '심'이라고 병기했다. 심마니는 산삼을 캐러 산을 다니는 사람들이다. 심마니는 보통 세 명에서 많게는 열한 명까지 무리를 지어 산을 다녔다. 심마니는 산삼을 발견했을 때 "심봤다!"라고 세 번 외친다. 함께 산에 들어온 심마니들에게 '이 산삼은 내가 캘 것이다'라고 선언하는 의미라고 한다. 또 다른 설도 있다. 산삼은 사람의 눈에 띄면 도망가려고 하는 영물이기 때문에 '심봤다!'라고 크게 외쳐야 산삼의 영혼이 놀라 제자리에 가만히 있기 때문이라고 한다. 사람의 모습을 닮았기 때문에 신성을 부여하고 두 발로 도망까지 갈 것이라고 상상한 것이 재미있다. 심마니가 '심봤다!'라고 외치면 함께 간 심마니들은 그 자리에서 동작을 멈췄고, 산삼을 발견한 심마니가 산삼에 표시를 하고 나서야 움직일 수 있었다. 산삼을 캐면 그 자리에 엽전 몇 개를 집어넣고 흙을 덮은 다음 제사를 지낸 후에 하산했다. 산신에게 고마움을 표현하며 예의를 갖추는 것이라고 한다.

약재로서 인간의 아픈 곳을 낫게 하고, 높은 가치 덕분에 조상들의 자부심이 되어준 인삼. 독립운동자금을 마련하는 밑천으로서 항일운동을 지속하는 힘이 됐고, 지금은 만성피로에 시달리는 현대인의 강장제 역할까지 한다. 우리의 역사는 지금도 인삼과 함께 흘러간다.

해양쓰레기를 먹이로 착각하는 해양동물들

여름 바다는 뜨거운 열기와 사람들의 활력으로 에너지가 넘친다. 겨울에 만나는 바다는 차갑고 쓸쓸하지만 낭만적인 분위기가 감돈다. 바다는 언제나 그 자리에서 변함없이 있는 것 같다. 그러나 육지에서 바라보는 바다와는 달리, 바다는 인간이 버린 쓰레기로 병들어간다. 해를 거듭할수록 증가하는 해양쓰레기 때문이다. 특히 겨울이 시작되는 입동, 소설 무렵부터는 북서풍이 분다. 제주도의 경우 북서풍이 부는 겨울에는 중국과 육지의 양식장에서 밀려오는 해양쓰레기들로 몸살을 앓는다고 한다.

 1997년, 하와이에서 열린 요트 경기를 마치고 돌아가던 찰스 무어 선장은 드넓은 태평양 한가운데에서 이전에는 전혀 보지 못한 거대한 쓰레기 더미와 마주쳤다. 찰스 무어 선장의 표현에 따르면 '플라스틱 건더기가 떠 있는 거대한 수프'같았던 이 쓰레기 더미의 크기는 무려 한반도 면적의 7배에 달했다. 육지에서 떠내려갔거나 선상에서 버린 해양쓰레기들이 아무도 살지

않는 바다 한가운데에 어마어마한 섬을 만든 것이다. 그러나 쓰레기 섬은 태평양에만 있는 것이 아니다. 2011년 동일본 대지진의 여파로 바다로 흘러나온 쓰레기들 또한 문제가 됐고, 우리나라에서도 해마다 8만 4천여 톤에 달하는 해양쓰레기가 푸른 바다를 얼룩지게 한다.

해양쓰레기 유형은 다양하지만, 플라스틱이 60% 이상이다. 이 중에는 사람들이 자주 사용하는 생활 플라스틱 쓰레기도 있지만, 어업에 사용하는 폐어망, 폐어구 및 양식장 스티로폼 부표가 상당한 비율을 차지한다. 플라스틱은 분해되는 데 수백 년의 시간이 필요한데다가 쓰레기들끼리 부딪히면서 5mm 이하의 미세플라스틱이 떨어져 나온다. 미세플라스틱을 먹이로 착각해 먹은 해양생물이 잇달아 죽으면서 생태계에 위협을 가져온다. 유엔환경계획에 의하면 매년 100만 마리 이상의 바다새와 10만 마리가 넘는 해양 포유류가 플라스틱으로 인해 죽는다.

해양쓰레기는 동물들이 굶주림조차 느끼지 못하게 서서히 죽어가도록 만든다. 플라스틱, 비닐 등 해양쓰레기를 먹은 동물들은 가짜 포만감을 느껴서 먹이를 찾지 않거나 제대로 소화를 시킬 수 없어 고통 속에 죽어간다. 2019년, 스코틀랜드 해안가에서 죽은 채로 발견된 향유고래의 배를 가르자 쓰레기 100kg이 쏟아졌다. 어획을 위해 놓은 그물에 물개, 거북이 등 많은 해양생물이 엉켜버려 물 위로 올라오지 못해 익사한다. 플라스틱 빨대가 코에 꽂혀 고통스러워하는 거북이 영상은 전 세계적으로 해양쓰레기의 심각성을 불러일으켰다. 해양쓰레기가 해양 동물들의 생명만을 위협하는 것은 아니다. 선박사고의 10%가 해양쓰레기 때문에 발생한다. 지난 2015년 백령도를 향해가던 하모니플라워호의 추진기에 밧줄, 어망 같은 해양쓰레기가 끼이는 사고가 발생했다. 엔진이 제대로 돌아가지 않아 과열되는 사고였다. 다행히 인명사고는 없었지만 만일을 우려해 여객을 탑승시키지 않고 회항했다.

해양쓰레기의 심각성을 깨달은 여러 국가들이 다양한 방법으로 해양쓰레기 제거에 나서고 있다. 해양쓰레기 수거 전문 선박을 개발하거나 우리나라의 경우 어구, 부표 보증금 제도를 도입해 어민들이 바다에 폐어구를 유기하지 않도록 유도하기도 한다. 이름은 '해양'쓰레기이지만 사실 바다에 쌓이는 쓰레기 중 대부분이 육지에서 발생해 바다로 떠내려간 쓰레기들이다. 여름 장마철이 되면 강물에 쓰레기가 둥둥 떠 있는 모습이 미디어에 자주 등장한다. 태풍, 장마 등으로 인해 배수구와 하수도에 빗물이 넘치고 강물이 불어나면서, 땅 위의 쓰레기가 강을 통해 바다로 쓸려간 결과다. 전 세계 해양쓰레기의 80%는 육지에서 흘러온 쓰레기로 추정된다. 우리가 일상 속에서 버리는 쓰레기 양만 줄여도 해양쓰레기 문제의 상당 부분이 해결될 수 있다. 해양쓰레기는 먼바다에서 발생하는 문제로 치부하지 말고, 지금 바로 내 손에서부터 해결할 수 있다는 의식을 가져야 한다.

쓰레기는 눈앞에 보이지 않는다고 해서 완전히 사라지는 것이 아니다. 사람이 살지 않는 바다에 버린다고 해도 바닷물이 오염되고 해양생물이 쓰레기를 먹으면서 언젠가는 인간에게 되돌아온다. 우리가 무심코 버린 쓰레기가 일으키는 생태계 교란의 위험성을 잊지 말아야 한다. 지구 표면의 70%를 차지하는 바다가 오염되면, 바다에서 많은 자원을 얻는 인간의 생명도 함께 위태로워진다.

대설
동지

동물 두루미
식물 귤
환경 미생물

큰 눈이 내린다는 대설과 밤이 길어지는 동지 무렵부터 본격적인 겨울이 시작된다.
겨울철새 두루미는 우리나라에 건너 와 봄이 올 때까지 월동한다.
가을걷이를 마친 논밭은 한가하지만,
귤밭에서는 황금빛 귤이 새콤한 맛을 뽐내며 여물어 간다.

하늘 높이 날아라, 두루미

겨울이 되면 우리나라 해안과 습지는 월동하려는 겨울철새들로 북적인다. 매해 어김없이 찾아오는 겨울철새들은 멀리서 온 손님처럼 반갑기만 하다. 겨울철새인 두루미도 10월 말 즈음 우리나라를 찾는다. 두루미는 중국 북부, 몽골, 러시아 시베리아 지역에서 머물다가 겨울이 되면 영하 30~40℃에 이르는 혹독한 추위를 피해 우리나라에 온다. 그러다 봄이 다가오는 2월 말 즈음에 북쪽지역으로 이동하기 시작한다. 두루미와 학이 별개의 동물이라고 생각하는 경우가 많은데, 두루미를 한자로 쓰면 '학(鶴)'이다. 즉, 두루미와 학은 같은 동물이다. 두루미는 약 6백만 년 전에 살았던 화석이 발견될 정도로 오랜 역사를 가진 새다. 아시아를 비롯해 아프리카, 호주, 유럽의 선사시대 동굴벽화에서도 발견될 정도라니 거의 대부분 지역에서 두루미가 서식했다고 볼 수 있다.

인간은 동물들의 습성, 외모 등 다양한 특징을 의인화하는 경우가 많다. 그중에는 꾀 많은 쥐, 교활한 뱀처럼 부정적인 모습으로 그려지는 동물이 있는가 하면, 고상한 백로나 늠름한 호랑이처럼 인간에게 선망의 대상이 되는 동물들도 있다. 두루미도 조상들이 매우 사랑했던 동물 중 하나다. 최대 150cm에 달하는 큰 키와 가느다랗고 기다란 목, 검은 날개깃에 새하얀 몸통은 하늘에서 신선이 내려온 것 같은 고매한 모습을 자랑한다. 실제로 조상들은 두루미를 선학(仙鶴), 즉 '신선이 타고 다니는 새'라며 칭송했다. 정수리의 붉은 부분은 천상계에서 높은 벼슬을 하는 것 같은 기품을 보여준다. 두루미는 아름답고 고고한 자태와 긴 수명 덕분에 조상들이 가장 선망했던 새라고 해도 과언이 아니다.

인간은 대부분 오래오래 행복하게 살고 싶어 한다. 현대사회보다 평균 수명이 짧았던 과거에는 더욱 그러했을 것이다. 예로부터 수명이 길거나 불로장생한다고 여겨지는 동식물 열 가지를 모아 '십장생(十長生)'이라고 불렀다. 십장생은 태양, 구름, 산, 물, 소나무, 거북, 사슴, 불로초, 돌, 두루미를 뜻한다. 십장생은 중국의 신선사상에서 유래했는데, 우리나라에서도 수많은 미술, 문학, 생활용품 등에 십장생을 그려 넣으며 장수를 기원했다. 십장생 중 하나가 된 두루미도 신성한 새로 여겨질 만큼 수명이 길다. 두루미의 평균 수명은 30~50년에 달한다. 가장 오래 산 두루미는 83년을 살았다는 기록도 있다. 두루미를 이름에 넣어 자녀의 장수를 기원한 부모의 이야기도 있다. '김수한무 거북이와 두루미 삼천갑자 동방삭~'이란 이름을 한 번쯤은 들어봤을 것이다. 1980년대에 인기 코미디 프로그램에도 등장했던 이 이름은 오래 산다는 존재들을 죄다 이어 붙였다. '수한무(壽限無)'는 수명에 제한이 없다는 뜻이며 거북이, 두루미는 십장생 중 하나로 불로장생을 상징한다. 동방삭은 중국 한무제 때의 관리로 삼천갑자(18만 년)만큼 오래 살았다는 설화의 주인공이다. '김수한무'로 시작해 '바둑이는 돌돌이'로 끝나는 긴 이름은 창작의 산물이지만 동방삭 설화는 우리나라와 중국에서 내려오는 구전설화(글에 의하지 않고 말로 전해 내려오는 설화)다. 어렵게 얻은 자녀가 삼십일밖에 살 수 없다는 말을 들은 어머니가 저승사자의 명부에서 '삼십일'을 '삼천 년'으로 고쳤다는 내용이다. 예로부터 조상들은 두루미는 천년이 지나면 푸른색이 나는 청학(靑鶴)이 되고 이천 년이 지나면 검은색의 현학(玄鶴)이 되어 결국 불사조가 된다고 믿었다. 두루미처럼 오래 살고 싶다면 내면이 깨끗하고 어질어야 하며 욕심을 내서는 안 된다고도 믿었다.

두루미를 닮고 싶었던 조상들의 마음은 비슷한 옷을 지어 입었던 데에서도 볼 수 있다. 고려시대와 조선시대 사대부들은 두루미의 자태를 본떠 만

든 기다란 한복인 '학창의(鶴氅衣)'를 지어 입었다. 하얀 바탕의 창의에 깃과 소매는 검은색 천으로 띠를 둘렀다. 두루미처럼 깨끗하고 올곧은 선비의 기상을 드러내는 데 가장 어울리는 의복이었다. 옷뿐만 아니라 전쟁에서 이길 때 쓰는 진법도 두루미에서 따왔다. 이순신 장군이 한산도 앞바다에서 왜군을 물리칠 때 펼쳤던 '학익진(鶴翼陣)'은 학이 날개를 펼친 것처럼 반원 형태를 하는 진법이다. 학익진 전법을 통해 한산도 앞바다 전투에서 대승을 거뒀다고 하니, 두루미는 선비와 무장에게 모두 사랑받았던 고귀하고 용맹스러운 존재인 것이다.

두루미의 고고함에 반한 조선시대 선비들은 두루미를 애완동물로 키우기까지 했다고 한다. 조선 숙종 때의 실학자 홍만선은 농서이자 가정생활서인 〈산림경제(山林經濟)〉에서 '학을 기르는 데는 오직 울음소리가 맑은 것을 최고로 치며…'라고 하는 등 두루미 키우는 방법과 야생조류를 길들이는 방법을 기록했다. 고전소설 〈춘향전〉에서도 두루미와 삽살개를 애완동물로 키운 흔적이 보인다. 암행어사가 된 이몽룡이 일부러 허름한 몰골을 하고 성춘향의 집을 찾아가면서 '전에 내가 있을 적에는 수미산 학두루미 한 자웅(쌍)이 있었더니…'(박동진 창본 춘향가)라고 했다는 대목이 있다. 조선의 풍속화가 김홍도의 그림 〈삼공불환도(三公不換圖)〉에는 두루미 두 마리가 마당을 나란히 걷는 모습이 그려져 있다. 인간에 대한 경계심이 강한 두루미가 바로 옆에 인간이 서 있는데도 놀라지 않는 것을 보면, 두루미를 애완동물로 길렀던 것이 사실일 가능성이 크다. 실제로 선비들은 두루미가 날지 못하도록 두루미의 깃털을 잘라냈다고 한다. 이 대목에서 인간의 욕망에 대한 두 가지 상반된 면을 확인할 수 있다. 선비들은 두루미의 고매한 모습을 찬양하고 닮고자 했으면서, 두루미가 날지 못하게 깃털을 잘라 애완동물로 삼은 것을 과연 고상한 선비의 처사라고 말할 수 있을지는 잘 모르겠다.

서양에서도 두루미는 이야기 주인공으로 곧잘 등장한다. 두루미가 등장하는 가장 유명한 이야기는 이솝의 〈여우와 두루미〉다. 심술궂은 여우는 두루미를 자신의 집으로 초대하지만, 여우의 집에 간 두루미는 깜짝 놀란다. 부리가 긴 두루미에게 여우가 일부러 넓은 접시에 수프를 담아 내왔기 때문이다. 여우는 맛있게 수프를 먹었지만, 두루미는 한 입도 먹지 못한 채 여우의 모습을 바라만 봐야 했다. 두루미는 자신이 한 턱 내겠다며 여우를 집으로 초대했다. 여우가 찾아오자 두루미는 입구가 좁은 긴 병에 수프를 담아 여우를 대접했다. 주둥이가 짧은 여우는 수프를 먹지 못했고 두루미는 그 모습을 보며 맛있게 수프를 먹어치웠다는 이야기다. 이솝 우화 속에서 자신을 골탕 먹인 여우에게 재치 있게 복수하는 두루미의 모습은 다른 입장에 처한 사람들을 배려해야 한다는 교훈을 남긴다. 두루미의 '고고하고 단아한 자태'를 선호하는 동양과는 달리 서양에서는 두루미를 영리하고 꾀 많은 존재로 바라본다는 점이 흥미롭다.

 역사나 이야기 속이 아니라 우리 실생활에서 늘 두루미를 만날 수 있는 곳은 바로 지갑 속이다. 오백 원 동전의 앞면에는 양팔 가득 날개를 펼치고 광활한 하늘을 날아가는 두루미가 새겨져 있다. 오백 원 동전은 1982년부터 발행되기 시작했는데, 우리나라의 무궁한 발전과 경제 발전을 기원하는 의미에서 두루미를 그려 넣었다고 한다. 주화 속 그림은 역사적 검증을 통해 논란의 여지가 없는 그림을 발행 당시의 사회적 상황을 반영해 선정한다고 한다. 오백 원 동전이 나오기 전까지는 이순신 장군과 거북선, 현충사를 그린 오백 원 지폐를 사용했다. 그러나 오백 원 동전이 발행된 1980년대는 우리나라가 한창 경제 발전과 민주화라는 커다란 역사적 변곡점을 지나고 있을 때였다. 동전 중에서 가장 크기가 큰 오백 원에 두루미가 들어간 것은 두 팔을 벌려 펼친 넓은 날개로 더 나은 미래로 향하기를 바라는 우리 국민들의 바람이 담긴 것이라고 해도 좋겠다.

 두루미의 이름은 '뚜루루루~, 뚜루루루~'라고 우는 울음소리를 따라 지었다. 두루미는 여러 마리가 무리를 지어 살며 신호를 주고받는 등 의사소통을 적극적으로 한다고 한다. 10월 하순 즈음부터 우리나라의 철원, 연천, 파주, 강화 등 비무장 지대의 습지나 농경지 등을 찾아 겨울을 난다. 예전에는 인천 지역 갯벌에서 서식했으나 개발로 인해 서식지가 매립되면서 비무장 지대로 서식지를 옮겼다고 알려져 있다. 두루미는 천연기념물이자 환경부 지정 멸종위기 야생생물 I 급, 국제자연보호연맹(IUCN) 적색목록에도 올라와 있다. 예로부터 수천 마리의 두루미가 우리나라를 찾았지만, 두루미의 무분별한 남획과 서식지 파괴가 이어지면서 이제는 한 해 150~200마리 정도만 우리나라를 찾는다고 한다. 두루미를 고귀한 새라고 여기는 것처럼 두루미의 서식지를 보전하려는 노력만 있다면 멸종위기종에 오를 일은 없을 것이다.

　한때 종이학 천 마리를 접어 선물하는 문화가 유행했다. 종이학을 하나하나 천 마리를 접으며 상대방에 대한 마음을 표현하는 방법 중 하나였다. IT 기술이 발달한 지금은 예전처럼 종이를 접어 마음을 전하는 일은 많지 않다. 그러나 학처럼 머리를 빼고 안타깝게 기다린다는 뜻의 사자성어 '학수고대(鶴首苦待)'에서 보듯, 아주 오랜 옛날부터 두루미를 보며 인간이 가졌던 고귀함에 대한 바람이 현대사회에도 널리 퍼지기를 기대해 본다.

금빛으로 겨울을 빛내는 귤

　시장에 귤이 보이기 시작하면 비로소 겨울이 왔다는 느낌이 든다. 귤은 대표적인 겨울 제철 과일로 하나둘 먹다 보면 한쪽에는 어느새 귤껍질이 수북하게 쌓인다. 대설·동지가 있는 양력 12월은 귤을 먹을 수 있어서 기다려지는 달이다. 요즘은 하우스 농법 덕분에 사계절 내내 귤을 먹을 수 있지만, 왠지 추운 겨울이 돼야 귤이 더 맛있게 느껴진다.

　귤나무의 정식명칭은 당귤나무로, 6~7월에 열매가 열린 후 겨울에 노란색으로 익는다. 달콤하면서도 비타민C와 유기산 등 영양소도 풍부해서 '겨울 보약'이라고 불리기도 한다. 귤을 순우리말로 알고 있는 사람들이 많지만 실은 한자어 '귤 귤(橘)'에서 나온 이름이다. 귤은 감귤, 밀감, 일본어 미캉(み

かん), 영어로는 만다린(mandarin), 탄제린(tangerine), 클레멘타인(clementine) 등 다양한 이름으로 불린다. 우리가 즐겨 먹는 주먹만 한 크기의 귤은 '온주 밀감'으로 중국 온주(원저우)지역에서 유래했다. 우리나라 사람들은 제주산 귤을 즐겨 먹기에 귤의 원산지가 우리나라일 것으로 짐작하는 경우가 많다. 그러나 귤은 인도 앗삼 지역과 동남아시아가 원산지로 추정된다. 우리나라에서는 삼국시대 이전부터 귤을 재배한 것으로 알려져 있다. 이후 우리나라 땅에서 꾸준히 귤을 재배해왔지만, 우리가 현재 즐겨 먹는 귤인 '온주 밀감'을 재배하기 시작한 때는 약 1세기 전인 1911년이다. 19세기 말, 조선 땅을 밟은 선교사 에밀 타케가 한라산에서 왕벚나무를 발견한 후 일본에 있는 동료 신부에게 보냈다. 동료 신부가 답례로 온주밀감 나무 14그루를 보내왔고, 이를 제주도에 심으면서 제주 온주 밀감 재배 역사가 시작됐다.

　옛날에는 귤 재배가 쉽지 않았기 때문에 귤은 나라에서 상으로 내릴 만큼 귀한 과일이었다. 〈조선왕조실록〉에서 귤이 얼마나 귀했는지 알 수 있는 일화가 있다. 조선시대 성균관에서는 '황감제(黃柑製)'라는 과거 시험을 치르곤 했다. 유생들의 학업 의지를 북돋우고 학문에 정진하도록 독려하고자 성균관 유생을 대상으로만 치른 시험이다. 황감제라는 이름에서 볼 수 있듯, 시험에 응시한 유생들에게 제주도에서 진상한 귤을 나눠주고 시제를 내린 다음 시험을 치르게 했다. 그러나 학문을 열심히 닦으라는 임금의 뜻과는 달리 추태가 벌어지기도 했다. 숙종 25년에는 유생들이 임금이 하사한 귤을 차지하려고 몸싸움을 벌였기 때문이다. 이러한 싸움은 시험이 거듭될수록 심해졌다. 숙종은 이를 보고 "명색이 선비로서 임금의 하사품이 귀중한 줄을 모르는 더 한심한 일"이라고 대노하면서 처벌을 지시했다는 기록이 있다. 귤의 가치는 귤이 뇌물 품목 중 하나였다는 데서도 볼 수 있다. 이기붕은 이승만 대통령의 비서이자 1960년 4월 19일, 자유당 정권이 개표까지 조작하면서 부통령으로 당선시키고자 했던 인물이다. 부정 개표에 반발한 학생들을 중심으로 부정선거 무효와 재선거를 주장하면서 4.19혁명이 일어났는데, 이때 이기붕의 자택에서 귤 한 상자가 발견된 것이 부정축재의 근거로 언급되기도 했다.

귤은 조선 건국 당시부터 나라에 바쳐야 하는 공물이었다. 귤은 모두 제주에서 공납해야 했는데, 귤 재배로 인한 농민들의 피해가 이만저만이 아니었다. 현대사회의 시각으로는 고위직이 선호하는 귀한 과일을 재배한다면 부자가 되거나 그만큼 지위가 상승해야 한다고 생각할 것이다. 그러나 조선시대에는 그렇지 않았다. 나라에서는 귤 한 개까지도 징수하고자 횡포를 부렸다. 정약용의 〈목민심서(牧民心書)〉에서는 관리들이 귤과 유자나무를 재배하는 농민을 상대로 탐횡을 부리는 내용이 나온다. "매년 가을이 되면 관에서 대장을 가지고 나와 그 과일 개수를 세고 나무둥치에 표시를 해두고 갔다가 그것이 누렇게 익으면 비로소 와서 따 가는데, 혹 바람에 몇 개 떨어진 것이 있으면 곧 추궁하여 보충하게 하고 그렇게 하지 못할 것 같으면 그 값을 징수한다. 광주리 째 가지고 가면서 돈 한 푼 주지 않는다." 심지어 징수하러 나온 관리를 대접하기 위해 농민들은 닭과 돼지를 잡으며 고혈을 짜내야 했다. 또한 귤나무 주인이 자기 나무에서 귤을 따 먹으면 나라의 재산을 훔쳤다는 '절도죄'로 처벌받기도 했다. 광해군 시절의 기록에 따르면 제주 농민에게 부과된 정해진 귤 진상 수량보다 많게는 5배에 달하는 귤을 징수했다고 한다. 그만큼 초과된 분량은 관리들의 주머니로 들어간 것이다.

흉년이 들어도 농민들은 늘 귤이 가장 많이 열린 풍년을 기준으로 한 수량을 바쳐야 했다. 귤을 재배하는 것이 이득이기는커녕 고통의 원인이 되자 농민들은 귤나무를 죽이는 상황까지 이르렀다. 농민들은 귤나무를 자르거나 나무에 구멍을 뚫어 후추를 집어넣고는 귤나무가 말라 죽게 했다. 귤나무의 싹이 보이는 족족 잘라버리거나 뿌리에 뜨거운 물을 부어 귤나무를 고사시키고는 관의 대장에서 빠지려고 했다. 귤은 임금에게는 귀한 과일이었을지 모르나 농민들에게는 가혹한 형벌이었던 것이다.

귤이 인간에게 환경이 중요함을 강조하는 사자성어로 쓰이기도 했다. 가장 유명한 사자성어는 '귤화위지(橘化爲枳)', '귤이 회수를 건너면 탱자가 된다'가 있다. 중국의 강인 회수 남쪽의 귤을 회수 북쪽에 옮겨 심으면 탱자가 된다는 것이다. 탱자는 탱자나무의 열매로 귤처럼 노란빛을 띠고 비타민C가 풍부하지만 귤보다 강한 신맛을 낸다. 심는 지역에 따라 귤이 되거나 탱자가 된다는 의미는 인간이란 성장 환경에 따라 선한 인간이 되거나 악한 인간이 된다는 의미를 담고 있다. 중국 제나라 사람이 초나라에서 도둑질을 하다 잡혔는데, 초나라를 방문한 제나라 사신 안영이 "제나라에 있을 때는 도둑질을 몰랐으나 초나라에서 도둑질을 한 걸 보니 초나라의 풍토가 좋지 않은가 보다"라고 말한 데서 유래했다고 한다.

조선시대에는 농민수탈의 원흉이었던 귤나무가 시간이 흘러 자식을 대학에 보낼 정도로 수익을 내는 '대학나무'로 불렸다. 늦게라도 귤을 재배하는 농민들의 수고와 귤의 가치를 인정받은 것이라 다행이다. 하지만 최근에는 다시 귤 소비가 줄고 있다. 귤을 대체할 수입과일들의 인기가 오르고 귤 재배 농가 수도 줄어드는 등 여러 요인이 있다. 귤껍질은 환경오염의 원인이 되기도 한다. 껍질을 벗기면 딱딱하게 굳어져 잘 썩지 않고 산성 때문에 산에 함부로 버리면 다람쥐 등 야생동물에게 악영향을 끼칠 수 있다. 열대과일이라 임금님께 진상될 만큼 귀했던 귤. 이제는 너무 흔해서 오히려 소비량이 떨어지는 귤을 보며 흥망성쇠(興亡盛衰)란 사자성어가 떠오른다.

미생물이 주인공인 세계

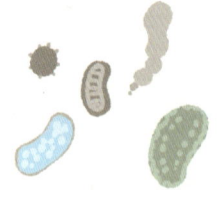

눈에 보이지 않으면서도 보이는 생물. 미생물은 이러한 역설을 온몸으로 증명하는 존재다. 인간은 눈에 보이는 세계만이 실재한다는 착각 속에 살아간다. 그러나 너무나 작기 때문에 보이지 않을 뿐, 미생물은 생물처럼 엄연히 자신의 세계를 구성하며 살아간다. 지구에서 살아가는 모든 생물들의 삶에 깊숙이 침투해 무력하게 만드는 강력한 힘을 갖고 있다.

미생물은 한자로는 '微生物', 영어로는 'microorganism'이라고 표현한다. 문자 그대로 아주 작은 미생물이 인간의 눈에 띄게 된 것은 '현미경' 덕분이었다. 보이지 않는 세상을 보게 해 준 현미경을 발명한 인물은 재미있게도 네덜란드의 안경 제조업자였던 한스 얀센이다. 1590년, 한스 얀센이 볼록 렌즈와 오목렌즈를 겹쳐 만든 것이 최초의 현미경이었다. 직물상인 안톤 판 레벤후크는 현미경을 이용해 미생물의 존재를 처음 관찰한 인물이다. 레벤후크 이전에는 전혀 상상하지 못했던 미생물의 세계가 처음으로 인간의 삶 앞에 펼쳐졌다.

미생물이 처음으로 발견된 때는 16세기였지만 미생물의 역사는 현미경이 발견된 이전부터 무수히 오랫동안 이어져 왔다. 미생물은 언제부터 생겼을까? 지구가 생성된 후 생명체가 나타났을 때부터 존재했다는 설이 있다. 유구한 시간 동안 미생물은 다양한 숙주를 거치며 진화해왔다는 것이 공통된 의견이다. 미생물의 종류는 무려 100만 종에 달한다고 알려져 있다. 미생물은 대표적으로 세균, 바이러스, 원생생물(동물계, 식물계, 균계에 속하지 않는 생물의 집단), 진균(곰팡이, 효모, 버섯 등)처럼 다양한 생물체를 포함하는 집합

체다.

미생물은 인간에게 해로운 질병을 퍼뜨리는 존재로 인식되기도 했다. 유럽 인구의 3분의 1을 앗아간 페스트, 천연두를 비롯해 콜레라, 장티푸스, 결핵 등 무수한 사망자가 생겼던 전염병도 미생물이 원인이다. 그러나 미생물이 인류에게 악영향만 끼친 것은 아니다. 20세기의 가장 유익한 발견이라 불리는 항생제 페니실린은 푸른곰팡이에서 얻은 화학물질이다. 각종 질병을 예방할 때 맞는 백신도 약간의 세균을 인위적으로 신체에 주입해 면역성을 부여하는 의약품이다. 김치, 간장 등을 발효시키는 것은 곰팡이이며, 생물이 죽었을 시 분해(부패) 과정을 통해 자연으로 돌아가게 하는 것도 미생물이다. 최근에는 미생물 분해 작용을 이용해 강한 독성을 지닌 비소, 강을 오염시키는 녹조 및 방사능 독성을 유발하는 중금속을 제거하는 등 환경에 이로운 '환경 미생물'이 주목받고 있다.

미생물은 인간에게 해로운 독 같은 존재이자 동시에 인간의 삶을 유익하게 만드는 동반자이다. 두 가지 면을 동시에 가진 미생물이야말로 어떠한 선입견이나 고정관념 없이 인간을 평등하게 대하는 존재가 아닐까 싶다. 인종, 성별, 국적, 연령 등 인간에게 중요한 판단 근거로 작용하는 것들이 미생물에게는 전혀 의미가 없다. 누구에게나 이로운 미생물이 되면서도 누구에게나 똑같이 치명적인 존재가 되기도 한다. 미생물로 인해 수많은 사람들이 사망했던 역사를 보면 만물의 영장이라고 자신만만하던 인간이 미생물 앞에 얼마나 취약한지 다시금 깨닫게 된다. 지구의 주인은 인간이 아니라 미생물이라는 말도 있다. 우리 눈에 보이지 않지만 미생물은 인간을 숙주로 삼아 우리의 삶을 완전히 바꿔놓는 어마어마한 영향력을 발휘하고 있다. 지나온 시간만큼 앞으로 기나긴 역사를 쓸 미생물과의 조화로운 미래를 고민해야 할 때다.

소한
대한

동물 곰과 펭귄
식물 난초
환경 지구 밖 생명체

대한보다 더 춥다는 소한이라는 말도 있지만, 소한이나 대한이나 매섭기는
마찬가지다. 긴 추위는 봄이 온다는 희망을 더 간절하게 붙잡게 한다.
한 끼를 죽으로 때울 정도로 힘든 겨울을 보내면서도, 정갈히 새해를 준비하며
집안을 정돈하던 시기이기도 하다. 눈이 있는 겨울과 어울리는 동물
곰과 펭귄, 그리고 사군자 난초의 이야기를 만나보자.

북극곰과 남극펭귄

지구상에는 정말 귀여운 생물체들이 많이 존재한다. 극한의 환경인 북극과 남극에도 우리에게 익숙한 귀여운 동물이 산다. 바로 북극곰과 펭귄이다. 그런데 왜 북극곰은 북극에서만, 펭귄은 남극에서만 살까? 남극에 사는 곰이나 북극에 사는 펭귄은 없을까? 답은 의외로 간단하다. 북극곰의 고향은 북쪽이고 펭귄의 고향은 남쪽인데, 지구 반대편까지 이동하지 못했기 때문이다.

펭귄은 전 세계에 총 18종이 살고 있다. 사람들은 펭귄이라고 하면 하얀 눈 위를 뒤뚱뒤뚱 걷는 남극펭귄만을 떠올리지만 실제 남극에서 사는 펭귄은 황제펭귄, 아델리펭귄, 젠투펭귄, 턱끈펭귄, 마카로니펭귄 등 몇 종이 되지 않는다. 그래서 펭귄의 고향은 남극보다는 남반구라고 표현하는 것이 더 정확할 것이다. 펭귄은 갈라파고스와 남아메리카 지역에도 있고 심지어 아프리카의 남쪽 지역에도 서식하고 있기 때문에 따뜻한 곳에서도 잘 살아간다. 적도 부근인 갈라파고스 군도에 사는 갈라파고스펭귄들 중에는 남반구와 북반구에 걸쳐서 서식하는 경우도 있다.

남쪽의 서식지에서 평화롭게 살던 펭귄을 두고 인간들은 참 이상하게도 북쪽으로 옮겨 놓으려고 시도했었다. 유럽인들이 다른 대륙으로 영역을 넓혀가던 18세기 이후, 다양한 동물과 식물들도 본래의 서식지를 벗어나 인간과 함께 먼 대륙으로 이동하게 된다. 19세기에 유럽인들은 남쪽 펭귄들을 북극에 풀어 놓기도 했었다. 하지만 북극은 상위 포식자들이 많이 사는 험난한 지역이었고, 남극의 안전한 환경에 익숙했던 펭귄들은 포식자에게 모두 잡아먹히고 말았다. 남극의 육상에는 포식자가 없기에 안심하고 살던 펭권에게 있어, 곰, 여우, 늑대 등 육상에 많은 포식자가 있는 북극은 펭귄이 살기에는 어려운 환경이었던 것이다. 20세기 노르웨이 극지연구소에서는 1936년과 1938년 두 차례에 걸쳐 펭귄을 북반구인 노르웨이에 데려오기도 했지만, 경제적인 효과와 생물다양성을 기대한 연구소의 의도와 달리, 대부분의 펭귄은 환경에 잘 적응하지 못했고, 사람들 또한 처음 보는 펭귄을 불길한 동물로 여겨 쏘아 죽이기까지 했다. 북쪽으로 펭귄 옮기는 시도 모두 실패로 끝났다.

하지만 펭귄이라는 이름만은 북쪽에서 왔다. 북극해를 중심으로 서식하던 '큰바다쇠오리'가 과거에 펭귄으로 불렸기 때문이다. 고대 켈트어로 '흰 머리'라는 뜻의 펭귄이란 이름을 물려준 큰바다쇠오리는 볼록한 배와 작은 날개 그리고 귀여운 부리까지 펭귄의 생김새와 꼭 닮았다. 인간에게 온순했던 성격까지도 펭귄과 닮았던 큰바다쇠오리는 부드러운 베개의 속 재료와 고기를 얻기 위해 포획이 늘면서 개체수가 감소하였고, 결국 80여 개의 박제만 남은 채 1844년 멸종하였다.

인간의 탐욕은 또 다른 형태로 북극곰 서식지에도 영향을 미치고 있다. 북극곰은 하얀 털에 큰 덩치, 작은 눈과 야무진 코를 가진 귀여운 동물이다. 하지만 순한 외모와 달리 북극곰은 상당히 사나운 편이다. 먹을 것이 넉넉지 않은 북극에 적응해야 했기 때문일 것이다. 잡식성인 불곰과 달리 북극곰은 완전한 육식성이다. 주로 북극해에 사는 물범이나 작은 고래를 잡아먹거나 죽은 고래를 먹는다. 북극곰의 조상이 불곰이다. 곰들의 유전자를 살펴보면, 불곰의 일부가 북극곰으로 진화한 것으로 보이며 시기는 약 34만에서 48만 년 전 정도로 추측된다.

250만 년 전부터 북반구에는 4만 년에서 10만 년 단위로 빙기와 간빙기가 번갈아 찾아왔다고 한다. 이른바 대빙하 시대이다. 현재의 그린란드 지역에서 시추한 얼음 속에는 이 시기의 전나무 꽃가루가 발견되기도 했다. 지금과는 굉장히 다른 환경에서 살고 있던 불곰의 조상들은 먹을 것을 찾아 자연스럽게 북쪽으로 이동해 북극까지 다다랐을 것이다. 이러한 이동이 가능했던 것은 그 당시의 지형이 오늘날과는 달랐기 때문이다. 당시의 북극은 아시아와 아메리카 대륙 그리고 그 위의 빙하로 연결되어 있었다. 아마도 북쪽에 살고 있던 불곰들 중 일부가 땅만큼이나 커다란 유빙을 타고 이동하다가 북극에 정착했을 것이고, 북극에서 바다표범과 물고기를 주식으로 삼으며 오랫동안 번식해 지금의 북극곰이 되었을 것이다.

북극곰들은 북극에 적응하며 눈과 같은 하얀색의 털을 갖게 되었다. 하얀 털은 보호색 역할을 하지만 북극곰을 추위로부터 막아주기도 한다. 북극곰은 10cm 두께의 피하지방과 이중구조의 모피를 가지고 있어 극한의 추위 속에서도 잘 살아갈 수 있다. 피부에서 가까운 털들은 촘촘하게 나 있고 5~15cm로 상당히 긴 바깥 털은 공기층을 만들어 차가운 바람으로부터 피부를 보호한다. 이 털은 흰색으로 보이지만 사실 투명하며 광섬유처럼 태양의 열을 피부로 전달하는 역할을 하기도 한다.

매력적인 하얀 털 말고도 북극곰이 가지게 된 것은 바로 지방을 잘 걸러내는 혈액이다. 불곰과 북극곰의 유전자를 분석해보면 2만 개 중 20여 개 정도만 차이를 보이는데, 이 중 대부분이 지방과 관련이 있다. 북극곰은 몸무게의 반이 지방이라고 한다. 동물의 장기를 통해 몸에 지방을 축적하는 에스키모들의 식생활에서 알 수 있듯이, 추운 극지방에서 지방은 생존을 위해 꼭 필요한 영양소이다. 오랜 시간 북극에서 살며 지방 중심의 육식 생활을 하게 된 북극곰들도 혈액에서 지방을 걸러내는 능력을 발달시키며 동맥경화나 콜레스테롤로 인해 목숨을 잃지 않도록 진화해 왔다. 이는 먹이를 구하기 힘든 서식환경과도 연관이 있다. 물범 사냥철인 3월과 6월 사이 먹이를

충분히 섭취해 두지 않으면 북극곰은 생존의 위기를 겪게 된다. 그런데 최근 지구 온난화로 인해 이 시기의 사냥이 힘들어지기 시작했다. 최근 비쩍 마른 몰골로 먹이를 구하기 위해 북극을 헤매고 다니는 북극곰의 모습이 자주 목격되고 있다.

북극곰의 개체수가 급격히 감소하기 시작한 것은 북극의 얼음이 녹고 있다는 사실과 직결된다. 겨울이 찾아와 북극의 바다가 얼면 물범은 그 위에 올라와 새끼를 낳는다. 얼음을 뚫어 숨구멍을 만든 물범들은 이 구멍을 통해 바다를 오가며 물고기를 잡아 눈 더미에 숨겨놓은 새끼를 키운다. 북극곰은 물범들이 만들어 놓은 숨구멍 근처에서 잠복하다가 구멍으로 올라온 물범을 잡아먹는데, 이때 지방을 잘 비축해 두지 않으면, 되려 북극곰의 목숨이 위태로워진다. 온난화로 인해 북극의 바다얼음이 줄어들면, 북극곰의 사냥터가 감소해 물범을 잡기 어렵기 때문에 북극곰은 그대로 굶을 수밖에 없다. 물범 사냥을 충분히 해 놓지 않으면 어미 북극곰뿐만 아니라 새끼 북극곰들의 생존도 위험해진다.

  북극곰은 곰 종류 중에서 덩치가 가장 크다. 몸길이 2.5m에 175kg 이상 나가는 몸무게를 유지하기 위해 20대 성인남성의 하루 권장량(2,500kcal)의 6배가 넘는 영양분(약16,000kcal)을 섭취해야 한다. 북극곰은 그에 걸맞은 뛰어난 두뇌와 1톤의 힘을 자랑하는 카리스마 넘치는 동물이다. 그러나 바로 지금 이 순간에도 지구 온난화로 굶어 죽는 북극곰이 있을 것이다. 이대로라면 2100년, 지구상에서 가장 생명력이 강한 동물 중 하나인 북극곰은 북극의 얼음과 함께 영원히 사라질지도 모른다.

향기로 전해진 난초의 역사

동양에서는 매화, 국화, 대나무 그리고 난초를 사군자(四君子)라 한다. 매화는 이른 봄, 눈이 채 녹기도 전에 추위를 무릅쓰고 제일 먼저 꽃을 피우는 식물이다. 국화는 늦가을 첫 추위와 서리를 이겨내며 꽃을 피우는 식물이며, 대나무는 모든 식물이 잎을 떨어뜨린 추운 겨울에도 푸르고 싱싱한 잎을 간직하는 식물이다. 난초는 깊은 산중에서 은은한 향기를 멀리까지 퍼트리는 식물로, 네 식물 모두 학식과 인품이 높은 군자를 상징하기에 부족함이 없다. 그중에서도 난초는 여러모로 선비들의 사랑을 받았다.

  서양란에 비해 동양란은 독특하고 귀한 향기를 낸다. 화려함을 자랑하는 서양란에 비해 동양란은 소박한 꽃을 피운다. 옛날 사람들도 그처럼 소박하고 단아한 난꽃의 깊고 그윽한 향취에 이끌렸을 것이다. 그래서인지 난초의 향에는 사람을 교화시키는 힘이 있다고 여겨졌다.

난초는 외떡잎식물이다. 외떡잎식물은 씨앗 배에서 처음으로 피어난 떡잎이 한 개라는 뜻이다. 반대로 씨앗 배에서 두 개의 떡잎이 나오는 식물은 쌍떡잎식물이라고 한다. 외떡잎식물은 꽃잎의 수가 3의 배수인 경우가 많다. 잔디, 벼, 보리, 밀, 튤립 등이 외떡잎식물이다. 외떡잎식물들은 대부분 잎이 가늘고 면적이 좁다. 우리가 흔히 나뭇잎을 한 장 떼어내면 잎을 가지와 연결하면서 떠받치기도 하는 가늘고 딱딱한 부분을 볼 수 있는데, 이를 잎자루라고 한다. 외떡잎식물은 잎자루가 없고 대신 길고 가는 모양으로 잎이 자라난다. 이렇게 자라나는 것을 나란히맥이라고 한다. 강아지풀이나 우리가 일반적으로 떠올리는 동양난초의 잎이 이 나란히맥에 속한다. 이파리가 길게 자라나는 이유는 물과 영양분을 이동시키기 위해서다. 길게 쭉쭉 뻗어 자라는 이파리 덕분에 동양난은 붓과 먹으로 다채롭게 표현되기 적당한 소재가 되었다. 사군자에서도 계절 순으로 보면 매화, 난, 국화 그리고 대나무다. 하지만 유생들이 사군자화를 배울 때는 난, 국, 매, 죽의 순서로 배웠다고 한다. 난의 생김새가 한자의 서체와 비슷했기 때문이다.

중국에는 서화동원(書畵同源)이라는 말이 있다. 글자와 그림이 맥을 같이 한다는 의미이다. 중국의 한자가 사물의 형태에 뿌리를 둔 상형(象形)문자이기 때문에 글자와 그림의 근본이 같다고 본 것이다. 사군자의 경우에도 글씨와 자연을 같은 선상에 놓고 이해하는 학습의 도구가 되었다. 이를 위해 옛날 사대부들은 글을 쓰며 붓을 잡는 방법이나 자세, 호흡과 같은 면을 갈고 닦아가며 사물의 이치를 익혔다. 동양화에서 나타나는 아름다움을 이해하기 위해서는 옛 조상들이 자연을 받아들여 내면화하던 방식부터 알아둘 필요가 있다.

조선 후기 추사 김정희는 아들에게 보낸 글에서 "예서법(隸書法)은 가슴속에 청고하고 고아한 뜻이 들어 있지 않으면 손을 통해 나올 수 없고, 가슴속의 청고하고 고아한 뜻은 또 가슴속에 문자향(文字香)과 서권기(書卷氣)가 들어 있지 않으면 능히 팔 아래 손끝으로 발현시킬 수 없다."며, "난 치는 방법은 예서와 가장 가까우니 반드시 문자향과 서권기를 갖춘 다음에야 얻을 수 있다."고 하였다. 훗날 구한말의 서화가인 석재 서병오는 "난초는 그리는데 법이 있으니 반드시 신기가 있어야 한다"며 "난초를 그리는 것은 비록 조그마한 재주요 하찮은 기예이나 성령을 기를 수 있다."고 했다. 여기에서 '신기'나 '성령'이라는 말은, 서화동원의 관점에서는 곧 자연을 이해하는 것이라 할 수 있다.

난의 종류는 무척 다양하며 스펙트럼이 방대하다. 자연적으로 교배나 변이가 잘 일어나고 인간에 의한 육종도 활발하기 때문이다. 전 세계적으로 난초의 품종은 약 11만 개가 넘는 것으로 추정되며 아직도 그 수가 늘고 있다. 그렇다면 어떤 식물을 난초라고 말할 수 있을까? 난초의 꽃은 좌우로는 대칭이지만 위아래로는 대칭을 이루지 않는다. 수술과 암술은 꽃술대 안에 모여 있으며 꽃잎 중 한 장은 곤충을 유인할 수 있도록 고도로 변형된 특징을 갖는다. 이것을 난초의 입술꽃잎이라고 한다. 입술꽃잎이야말로 난꽃의 가장 큰 특징 중 하나이다. 난꽃은 주로 3장의 꽃잎을 갖는데 그중 하나의 모양이 변형되는 것이다.

특히 서양란은 입술꽃잎의 모양이 화려하고 다채롭다. 서양란은 남아메리카와 동남아시아 지역이 원산지다. 주로 유럽에서 개량되었기 때문에 서양란이라고 하며 추위에 약하기 때문에 유럽에서는 주로 온실에서 재배된다. 우리나라에서도 이제 동양란만큼이나 서양란을 흔하게 찾아볼 수 있다. 특히 개업식이나 행사 축하 화분으로 선물하는 경우가 많아졌다. 서양란이 축하 선물로 각광받는 이유는 그 화려함 때문일 것이다. 서양란의 꽃은 화려하기도 하지만 개화기가 긴 특징을 갖는다. 개화기가 긴 서양란에 비해 동양란은 보통 2~3주 정도만 꽃을 피운다. 2주 후에는 꽃대를 밑동에서 잘라주는 것이 좋은데 그렇지 않으면 꽃이 영양분을 과다하게 소모할 수 있기 때문이다.

동양란이라고 하면 보통 보춘화, 풍란, 석곡 등의 3종을 의미한다. 사군자 속에 등장하는 것과 같은 동양란은 일반적으로 보춘화에 속하는 난초로 춘란과 한란이 이에 속한다. 원래 중국 고대의 난은 국화과인 향등골나무였다. 향등골나무는 잎과 꽃에서 강한 향기를 풍기는 향초로서 벌레의 독이나 액을 쫓는데 쓰이거나 구애의 선물로 쓰였다고 한다. 또한 목욕을 할 때 물에 넣어 향을 내기도 하고 음식의 향료로 쓰였다. 이 식물이 군자의 의미를 갖게 된 것은 그 향의 청결함 때문이었다.『삼국유사』에서도 가락국기의 수로왕이 아유타국의 공주 허황옥과 그 일행을 맞이할 때 난초로 만든 마실 것과 혜초로 만든 술을 대접하였다는 기록이 있다.

10세기의 문헌인 『청이록(清異錄)』에는 "난은 비록 꽃 한 송이가 피기는 하나 그 향기는 실내에 가득 차서 사람을 감싸고 열흘이 되어도 그치지 않는다. 그러므로 강남 사람들은 난을 향조(香祖)로 삼는다."라는 구절이 있는데, 이는 한줄기에 꽃 한 송이가 피는 춘란의 모습과 흡사하다. 우리나라에서 이런 형태의 동양란이 재배되기 시작한 것은 고려 말기로 추정된다.『역옹패설』에는 "일찍이 여항(餘杭)에 객으로 머물러 있을 적에 어떤 사람이 난을 분에 심어서 선물로 주었다. 이것을 서안 위에 놓아두었는데, 한참 손님을 접대하고 일을 처리하는 동안에는 그 난이 향기로운 줄을 몰랐다가 밤이 깊어 고요히 앉았노라니 달은 창 앞에 휘영청 밝고 그 향기가 코를 찌르는 듯

하였다"는 구절이 남아 있다. 난향이 담긴 문헌에는 실제로 그 아름다운 향기가 남아 있을 것만 같다.

지구 밖 생명체를 찾는 일

인간은 어디에서 왔을까? 과학의 발달이 무르익었지만 아직까지 이 단순한 질문에 답을 달기가 어렵다. 약 46억 년인 지구의 역사에서 인간의 시기는 매우 짧다. 지구의 역사가 1년이라면 인간은 마지막 날인 12월 31일에 태어난 것과 같다는 말도 있다. 인간은 수천 년 동안 과학과 문명을 발전시키며 이런 사실을 천천히 터득해 왔다. 지구의 일기장과 같은 지층과 암석, 화석 속 원소들을 분석할 수 있게 되면서 생명체에 대한 많은 의문들이 풀리기 시작했다. 원시 생명체와 단세포 식물들이 살던 선캄브리아대, 어류와 양서류가 번식한 고생대 그리고 공룡을 비롯한 파충류의 시대였던 중생대와 인간을 비롯해 다양한 포유류가 진화해 온 신생대를 거치며 지구의 생명체들은 나름의 방식으로 생존과 멸종을 거듭해 왔다는 사실도 알게 되었다.

 지구의 역사 속 솜털처럼 짧은 시간 동안 인간은 너무나 많은 것을 변화시켰다. 학자들은 인간이 이미 농경을 시작하면서 생태계를 파괴하기 시작했다고 말한다. 이후 대륙 간의 이동이 잦아지고 화석 연료를 사용하면서 지구 생태계의 파괴 속도는 빨라지기 시작했다. 최근에는 기후 환경변화에 의

한 직접적 피해가 발생하면서 새로운 담론이 제기되고 있다. 이 상태가 지속된다면 결국 중생대의 공룡 멸종과 같이 지구 생물체들의 대량 전멸로 이어질 수 있다는 것이다.

지구의 환경 위기를 대처하는 방법 중 하나로 거론되는 것이 외부 행성으로의 이주이다. 인간은 무한의 우주를 상상하며 지구와 같은 살기 좋은 행성을 기대하고 있는 것 같다. 과연 이 우주 어딘가에 생명체가 사는 행성이 있을까? 지금까지의 과학은 우주에 약 1,000억~2,000억 개의 은하가 존재할 것이라고 밝히고 있다. 그러나 아직까지 우리는 가까운 태양계 안에서도 생명체에 관한 아무런 단서를 찾지 못하고 있다.

생명체가 존재하기 위해서는 물이 필요하다. 우리 지구도 바다의 단세포 생물로 시작해 오늘에 이르렀다. 태양계에서 지구를 제외하고 물이 가장 풍부한 행성은 목성의 위성인 유로파라는 행성이다. 유로파는 지름이 지구의 4분의 1밖에 되지 않는 작은 행성이다. 지표는 얼어붙어 있고 그 두께는 최대 25킬로미터에 이르는 것으로 관측된다. 과학자들은 이 두꺼운 얼음층 아래 60킬로미터에서 150킬로미터에 이르는 거대한 바다가 존재할 것이라 추측하고 있다. 추측이 맞다면 유로파의 바다에는 지구보다 두 배나 많은 물이 있을 수도 있다. 그리고 그 깊은 바닷속에 생명체가 살고 있지 않으리라는 법도 없다.

생명체가 존재하기 위한 또 하나의 조건은 온도이다. 너무 뜨겁지도, 춥지도 않아야 생명체가 살아갈 수 있다. 이 조건을 충족하는 구역을 골디락스 존이라고 한다. 그러나 골디락스 존 이외에도 생명체가 살 수 있는 조건을 충족시키기 위해서는 우주의 숱한 우연들이 허락되어야만 한다. 그 절묘한 확률을 과연 인간이 알고 있는 숫자로 표현할 수 있을까? 태양과 지구와의 절묘한 거리를 생각해보면, 또 아름다운 바다와 자연환경을 떠올려보면 우리가 사는 이 별이 얼마나 희박한 확률로 생명을 품고 있는지 깨달을 수 있다. 인간이 살 수 있는 외부 행성을 탐험하기보다 우리가 지금 살고 있는 이 행성, 지구를 아끼는 방법을 먼저 생각해야 하지 않을까 싶다.

3

생태계를
위한
노력들

1

기후와
생태계의
변화

환경기념일

달력을 보면 환경 관련 기념일들이 여기저기 조그맣게 표시되어 있다. 물의 날, 습지의 날, 해양의 날, 지구의 날 등 이런 기념일이 있다는 것은 지구 생태계와 동식물 보호를 위해 누군가 움직이고 있다는 의미다. 직접 돕지는 못할지라도 기념일 하루만이라도 지구 곳곳에서 살아가는 생명체들에 관심을 기울여 보았으면 한다. 지구 생태계와 우리의 관계가 달라질지도 모른다.

국제 생물다양성의 날

지구에는 우리 인간 말고도 다양한 생물들이 함께 살아간다. 생물들은 서로 먹이사슬 관계에 있거나 공생하며, 때로는 먹이를 두고 경쟁하면서 진화한다. 생물들의 삶은 서로 맞물려 있으므로 다양한 생물이 존재할수록 생존에 유리하다. 이처럼 지구에 생물이 다양하게 분포하는 일을 '생물다양성'이라고 부른다. 생물다양성이 중요한 문제로 떠오르면서 '국제 생물다양성의 날'도 생겼다.

유엔은 매년 5월 22일을 국제 생물다양성의 날로 지정하여 생물다양성에 대한 인식을 넓히고 있다. 1992년 5월 22일은 케냐 나이로비에서 '생물다양성 협약'이 채택된 날이다. 2000년까지는 조약이 체결된 날짜인 12월 29일을 국제 생물다양성의 날로 기념했으나, 2001년부터 협약이 채택된 날인 5월 22일을 기념하고 있다. 유엔은 국제 생물다양성의 날에 나무를 심자는 캠페인을 벌이는 중이다. 이 나무 심기 행사를 '그린 웨이브(Green Wave)'라 부른다.

생물의 다양성은 생태계의 균형과 지속가능성에서 중요한 문제이다. 생태계에서는 미세한 변화가 전혀 예상하지 못한 방향으로 전개되는 일이 많다. 다양한 생물 종을 보호하는 일이야말로 생태계를 유지하면서 지속 가능한 방식으로 자연 자원을 이용하는 일과 직결된다. 생물다양성 문제를 무시하고 자연 자원을 무차별적으로 개발할 때 생태계의 약한 고리는 금세 끊어진다. 생물다양성은 자연을 각 국가에 귀속된 자원으로 보는 관점이 아니라, 전체적인 상호작용 속에서 하나로 연결되는 인류 전체의 유산으로 여기는 관점이다.

이런 관점이 중요한 이유는 최근 생물자원과 관련된 국가 간 갈등이 점차 고조되는 경향 때문이다. 한 국가가 생물자원을 남용하는 일은 단지 국가 내의 문제로 그치지 않는다. 생물다양성의 부분적 균열은 곧 전 세계 생물다양성을 위협하는 결과로 나타난다. 자원을 많이 가진 나라와 그렇지 않은 나라, 첨단산업이 발달하여 생물자원을 많이 이용하지 않아도 되는 나라와 그렇지 않은 나라는 자원을 이용하는 관점과 방식이 다를 수밖에 없다. 생물다양성을 보전하여 얻는 이익이 한 국가의 이익이 아닌 전 세계의 이익인 만큼, 생물다양성 보전에도 전 세계 국가들이 함께 협력하면서 긴밀하게 서로 도와야 한다.

세계 물의 날

물과 분리된 인간의 삶은 상상하기 어렵다. 지구의 풍부한 물은 생명체의 탄생을 도왔고, 생명체와 인간이 살기 좋은 환경을 만들어 주었다. 인간은 오랫동안 물을 중심으로 문명을 만들며 살아왔다. 도시를 건설하고 산업을 발전시키며 대도시의 위생을 유지하는 일에서 물이 가진 중요성은 절대적이다. 물은 도시뿐 아니라 인간의 몸을 이루는 주요 성분이기도 하다. 인간이 생존하기 위해서는 각종 영양분과 함께 물이 꼭 필요하다. 이렇게 중요한 물이 부족해지면 우리는 어떻게 될까?

불행하게도 지구의 자원은 각 지역에 균등하게 분포되어 있지 않다. 물도 마찬가지다. 각종 공업용수까지 넉넉하게 사용하는 국가가 있는가 하면, 기본적인 식수조차 해결하지 못하는 국가도 있다. 물의 불균등한 사용은 개별 국가들이 해결할 수 있는 수준의 문제가 아니다. 인접한 국가나 멀리 떨어진 다른 대륙의 국가들까지 협력해야만 해결이 가능한 문제이다. 이 물 문제를 해결하기 위해 1992년 유엔총회는 세계 물의 날을 선포했다.

국가를 넘어선 전 지구적 관심과 노력으로 물 문제를 해결하자는 유엔의 주장은 전 세계의 대중들에게도 많은 공감을 얻었다. 1993년 처음 시작된 이후 매년 3월 22일은 세계 물의 날이라는 이름으로 불린다. 수많은 유엔 가입국들이 물 문제를 해결하기 위해 구체적인 해결책을 고민하면서 연대하기 위해 노력한다. 물이 인류의 생존에 필수적인 존재인 만큼 물 문제에 보이는 관심과 지원 역시 정부와 비정부기구의 활동을 가리지 않고 폭넓게 진행된다.

1996년 프랑스에서 국제 물정책기구로 설립된 세계 물 위원회는 1997년부터 3년마다 세계 물 포럼을 진행한다. 포럼의 목적은 수자원을 효율적으로 보호하고 관리하면서 지속 가능한 방식을 모색하기 위함이다. 우리나라의 한국수자원공사와 한국농어촌공사가 세계 물 위원회에 회원으로 가입되어 있다. 2015년 4월에는 대구엑스코(EXCO)를 기념하여 우리나라 대구에서 제7차 세계 물 포럼이 개최되었다. 우리 생명력의 근원인 물에 대해 생각하는 날로 매년 3월 22일 세계 물의 날을 기억해야겠다.

세계 습지의 날

물이 생명의 기원과 터전이라면, 바다나 강이 아닌 곳에서도 물은 생명에 영향을 미친다. 대표적인 곳이 습지다. 습지는 말 그대로 젖어있는 땅이다. 바다와 강이 만나는 곳에 퇴적물이 쌓이면 삼각주가 형성된다. 삼각주의 기름진 땅은 곡창지대를 형성하여 인류의 농경과 생존을 가능하게 했다. 시간에 따라 바닷물에 잠겼다 드러나기를 반복하는 갯벌도 마찬가지다. 바닷물이 빠져나간 뒤에 갯벌을 살펴보면 수많은 해양생물의 움직임을 느낄 수 있다. 삼각주와 바다의 갯벌을 포함하여 늪처럼 물에 잠겨있는 땅을 습지라고 부른다.

 습지는 각종 식물과 곤충을 비롯하여 어패류와 양서류에서 조류와 포유류까지 수많은 생명체가 살아가는 공간이다. 지구의 전체 면적에서 약 6%가 습지에 해당하고, 지구상에 살아가는 생물 중 약 2%가 습지에서 살아간다. 습지에서 살지는 않더라도 번식이나 산란을 위해 습지를 이용하는 생물도 많다. 이렇게 많은 생물이 살기 때문에 갯벌은 바다 이상으로 인간의 어업활동에 중요한 곳이다. 안타깝게도 이런 습지의 중요성이 강조되기 시작한 시기는 비교적 최근이다. 간척사업이나 대규모 개발 등으로 많은 습지가 사라진 후에야 인간을 포함한 지구 생태계에 습지가 미치는 영향이 감지되었다.

습지의 중요성을 처음 확인한 국제협약은 람사르협약이다. 습지 자원을 보전하고 현명하게 이용하기 위한 방향을 만들어가기 위해 1971년 2월 2일 이란의 람사르에서 체결되었다. 이를 기념하기 위해 1997년부터 2월 2일을 세계 습지의 날이라고 부른다. 우리나라도 1997년부터 람사르협약에 가입했다. 람사르협약에 가입한 국가는 자국의 습지 한 곳 이상을 람사르습지로 정하여 보호할 의무가 있다. 우리나라의 첫 번째 람사르습지는 강원도 인제군의 용늪이며, 두 번째는 경남 창녕의 우포늪이다.

2008년에는 경남 창원에서 제10차 람사르협약 당사국총회가 열렸다. 이후 우리나라에서도 습지 생태계를 보전하려는 노력이 더욱 활발해지는 상황이다. 습지는 많은 동식물의 거처일 뿐 아니라, 오염된 공기를 정화하는 데에도 탁월하다는 사실이 최근에 밝혀졌다. 풍부한 담수 능력으로 홍수와 가뭄 피해를 줄이거나 지표면 온도를 낮추어 지구온난화를 방지하는 효과도 습지의 장점이다. 매년 2월 2일 세계 습지의 날이 돌아올 때마다 하루쯤은 습지가 우리 삶에 미치는 영향을 떠올려봐도 좋겠다.

세계 해양의 날

우리 지구 전체 면적의 70%를 차지하는 바다. 바다를 위한 날이 없다는 건 말이 안 된다. 세계 해양의 날은 리우회의와 관련이 깊다. 1992년 브라질 리우데자네이루에서 열린 환경 관련 유엔 회의를 줄여서 리우회의라고 흔히들 부른다. 리우회의에서는 환경과 관련하여 다양한 의제들이 논의되었고, 국

제협약으로까지 발전했다. 세계 해양의 날도 리우회의에서 캐나다가 한 제안에서 시작되었다. 2008년 유엔이 캐나다의 제안을 채택한 후 2009년부터 매년 6월 8일을 세계 해양의 날로 기념하고 있다.

바다는 각 국가의 영토에 포함되면서도 국가의 범위 안에 두기 어려운 생태계이다. 지구의 바다는 굉장히 넓을 뿐 아니라 끊임없이 흐르고 섞이기 때문이다. 바다의 크기를 헤아리다 보면 지구에서 인간이 살아가는 면적이 굉장히 좁게 느껴질 정도이다. 바다의 조류는 광합성으로 엄청난 양의 산소를 지구에 공급하고, 바다에는 이 조류를 먹이로 하는 생명체의 생태계가 형성된다. 플랑크톤 같은 미생물부터 바다의 상위포식자이자 포유류인 고래까지 수많은 생명이 이 생태계 안에서 살아간다.

드넓은 바다는 오랫동안 지구의 오염을 정화하면서 버텨왔지만, 최근에는 바다의 오염이 한계에 도달했다는 분석이 여기저기서 쏟아지는 상황이다. 인간이 사용하는 플라스틱과 비닐, 스티로폼과 헝겊은 어느새 바다를 뒤덮고 바다 생명체들의 생존을 위협하고 있다. 미세플라스틱과 각종 오염물질은 정화되지 못한 채 바다와 바다 생명체들의 몸에 축적된다. 이 축적된 물질들은 어업을 통해 다시 우리의 밥상에 오른다. 물론 원양어선의 남획이나 지속가능성을 고려하지 않는 파괴적인 어업으로 바다 생명체가 고갈되는 일 역시 중요한 문제이다.

바다는 누구의 소유도 아닌 동시에 모두가 책임지고 보살펴야 할 대상이다. 바다 역시 무한한 생명력으로 우리를 보살피고 있다. 바다의 회복 가능성은 곧 지구 생태계와 기후 위기의 회복 가능성과도 직결된다. 플라스틱 컵과 빨대, 비닐은 물론 치약과 샴푸 등 각종 세제를 덜 사용하면서 불편을 감수하는 우리의 노력이 바다를 살린다. 바다를 살리는 일은 곧 이 지구에 살아가는 우리 모두를 살리는 일이다.

지구 생태용량 초과의 날

우리가 지구의 유한한 자원을 과도하게 사용하고 있다면 얼마나 더 사용하고 있을까? 지구의 자원 사용에 관한 통계를 알 수 있다면, 환경 문제에 대한 우리의 경각심을 높여 더 많은 실천으로 이어지게 만들 수 있지 않을까? 이런 고민이 구체적으로 표현된 날이 있다. 바로 '지구 생태용량 초과의 날'이다. 다른 환경 관련 기념일들이 매년 같은 날짜에 해당한다면, 지구 생태용량 초과의 날은 매년 날짜가 바뀐다.

생태발자국 측정 기준을 개발한 국제생태발자국네크워크(Global Footprint Network)는 1년간 물과 공기, 토양 등 자원을 이용하는 데 지구가 허용하는 최대치의 양을 계산해놓고, 언제 그 양에 도달하는지를 확인한다. 지구가 허용하는 생태용량을 우리가 모두 소진해버렸음을 확인하는 날이 바로 그

해에서 지구 생태용량 초과의 날이 된다. 여기서 생태용량은 지구 생태계가 소진된 자원을 재생산하고 오염원을 흡수하여 정화하는 능력의 한계치를 의미한다.

1986년 처음 시작된 이래로 지구 생태용량 초과의 날은 매년 조금씩 앞당겨지는 추세이다. 1990년까지만 해도 지구 생태용량 초과의 날은 12월에 머물러 있었다. 생태용량이 초과하긴 했어도 아직 많이 초과하지는 않은 상태였다. 1995년부터 지구 생태용량 초과의 날이 11월로 옮겨왔고, 2010년대에 들어서면서는 8월에 지구의 생태용량을 초과해버리는 참담한 결과가 나타났다. 그 이후 지구 생태용량 초과의 날은 조금씩 날짜가 앞당겨져, 2019년에는 7월에 맞이하게 되었다.

지구 생태용량 초과의 날이 조금씩 앞당겨지는 추세이기는 해도 날짜가 늦춰지는 상황 또한 이따금 나타난다. 지난 2020년과 같은 상황이다. 2020년 지구 생태용량 초과의 날은 이전 해인 2019년에 비해 3주 정도 뒤로 미뤄졌다. 2020년은 코로나19 팬데믹으로 인류의 생명이 위협받는 시기였다. 갑작스러운 팬데믹으로 관광을 포함한 지구 전체의 산업과 인류의 삶이 눈에 띄게 위축된 시점이기도 했다. 인류의 삶이 위축되는 일이 곧 지구의 생태용량 초과에 대한 증가세를 역전시킨다는 일은 놀라운 동시에 씁쓸한 일이다. 더 늦기 전에 인류가 지구와 함께 생존하는 길을 모색할 때가 왔다.

지구의 날

지구의 날은 미국에서 처음 시작되었다. 1969년 미국 캘리포니아주 산타바바라 인근에서 한 정유회사가 원유 시추 작업을 하던 중에 폭발사고가 일어났다. 폭발로 시추 시설이 부서지면서 갈라진 틈으로 약 10만 배럴의 원유가 흘러나왔다. 당시 미국에서는 이 사건이 널리 알려지면서 환경에 대한 국민의 관심이 고조되었다. 그 여파로 1970년 캘리포니아에서는 환경법안과 연방환경정책법이 통과되었다. 환경에 대한 미국인들의 관심과 움직임은 점차 캘리포니아를 넘어 미국 전역으로 퍼져나갔다.

1970년 4월 22일에는 미국 상원의원 게이로드 닐슨과 대학생 데니스 헤인즈가 원유 유출 사고에 대한 선언문을 발표하고 관련 행사를 준비했다. 행사일인 4월 22일은 1969년 존 맥코넬이 샌프란시스코에서 열렸던 유네스코 회의에서 지구의 날로 제안했던 날짜이다. 게이로드 닐슨과 데니스 헤인즈의 선언에 동참하는 이들이 점차 늘어나면서 4월 22일은 지구의 날로 정착되었다.

존 맥코넬이 지구의 날로 제안했던 4월 22일은 북반구에서 봄이 시작되는 날인 춘분이다. 동아시아뿐 아니라 기독교 문화권이나 이슬람 문화권에서도 중요하게 여기는 날이다. 춘분에는 태양의 황경이 $0°$가 되며, 낮과 밤의 길이가 같아진다. 봄의 시작인 춘분과 함께 우리의 터전, 지구에 대해 생각하고 이야기해보자는 미국인들의 이야기에 많은 이들이 공감했다.

가장 오래된 환경 관련 기념일 중 하나에 속하는 지구의 날. 지구의 날이 만들어지고 알려지면서 지구의 환경 문제는 인간의 삶과 의식 속으로 더욱 깊숙이 파고들기 시작했다. 지구를 보호하기 위해 그렇게 여러 사람이 힘을 합친 일도 그때가 처음이었다. 세대와 성별과 지역과 직업을 막론하고 지구를 살리는 일에 모두가 힘을 합칠 수 있다는 사실을 많은 이들이 알게 되었다. 봄이 시작되는 춘분에 지구를 살리려는 우리의 노력도 시작되었음을 기억하자.

기후환경 관련 국제회의와 협약들

스웨덴의 환경운동가 그레타 툰베리는 파리협정을 준수하기 위해 모인 2019년 유엔 기후행동 정상회의에서 각국의 대표들을 앞에 두고 실천과 변화를 촉구하는 격앙된 외침을 들려주었다. 기후환경 위기와 관련하여 유엔을 비롯한 많은 곳에서 국제회의가 이루어진다. 각국의 정상들이 국제회의에서 만나 나누는 이야기들과 합의된 국제협약들은 우리 삶에도 많은 영향을 미친다.

람사르협약 (1971)

이란의 람사르는 습지 보호로 유명해진 도시다. 경치가 아름다워 휴양지로 손꼽히는 카스피해 연안에 있다. 카스피해라는 이름 탓에 바다로 아는 이들이 많지만, 사실 카스피해는 아시아와 유럽 사이에 있는 거대한 호수이다. 이런 호수를 내륙호수라고 부르는데, 371,000km^2에 달하는 카스피해의 크기는 내륙호수 중에서도 가장 크다. 지형 특성상으로는 호수이지만, 담수호보다 염분 농도가 높다. 광활한 면적과 높은 염분 농도는 고대부터 카스피해를 바다로 오해하도록 만들었고, 지금까지도 카스피해는 바다로 불린다.

카스피해를 바다로 볼지, 호수로 볼지는 단지 명칭의 문제만은 아니다. 카스피해에는 석유와 천연가스를 비롯한 천연자원이 풍부하고 어업활동도 활발하다. 여러 나라를 잇는 수상교통이나 수자원을 개발하려는 각국의 이익이 충돌하는 곳이 바로 카스피해이다. 바다와 호수는 국제조약이 미치는

영향이 각각 다르다. 카스피해가 바다인가, 호수인가에 대한 논쟁은 이 지역을 놓고 갈등하는 여러 국가의 첨예한 이익을 반영한다. 한편으로는 이렇게 개발에 대한 이권이 충돌하는 곳에서 환경을 보호하자는 주장도 나타나게 마련이다.

이런 지리적 배경 속에서 람사르는 1971년 습지 보호를 위한 국제협약의 체결장소가 된다. 람사르협약은 생물의 서식지를 보전하려는 협약으로 아주 중요하며, 이 분야에서는 최초의 국제협약이다. 람사르협약이라는 이름으로 유명해졌고 때로는 습지협약이라 불리지만, 정식명칭은 'The Convention on Wetlands of International Importance Especially as Waterfowl Habitat 물새 서식지로서 국제적으로 중요한 습지에 관한 협약'이다. 협약이 제정된 날짜인 2월 2일을 세계 습지의 날로 기념한다.

람사르협약의 목적은 물새 서식지인 습지대를 보호하기 위함이다. 협약이 체결된 람사르에도 물새 서식지로 유명한 습지가 있다. 국토를 넓히려는 간척과 매립으로 지금도 전 세계에서 수많은 습지가 사라지는 중이다. 갯벌과 내륙의 습지는 수많은 생물 종의 서식지이다. 습지가 사라지면 당연히 물새를 포함한 수많은 생물이 서식지를 잃게 된다. 1971년 첫 협약이 체결된 이후 3년마다 총회가 열린다. 2021년 4월 기준으로 171개국이 람사르협약에 가입하였으며, 전 세계 2,421개 습지가 생물다양성을 보전하려는 약속을 담은 람사르습지로 등록되었다.

몬트리올의정서 (1987)

환경에 별 관심을 가지지 않는 사람도 오존층이나 프레온가스 이야기는 한 번쯤 들어본 적이 있으리라 예상된다. 최근에는 환경운동을 하는 이들도 1990년대에 비해 오존층이나 프레온가스 이야기를 거의 하지 않는다. 프레온가스의 사용을 규제하는 일에 전 세계가 협력한 덕에 오존층에 대한 위협이 많이 사라졌기 때문이다. 오존층 문제에 대한 전 지구적 협력이 시작된 시점이 바로 몬트리올의정서이다. 정식명칭으로는 'Montreal Protocol on Substances that Deplete the Ozone Layer 오존층 파괴물질에 관한 몬트리올의정서'이다.

우리가 프레온가스라고 부르는 물질은 묶어서 CFC라고 통칭하는 유기화합물이다. 형태나 성분이 조금씩 다르지만, 주로 냉각제나 추진제로 쓰였다. 휘발성이 강하고 불에 타지 않으며 인체에 독성이 없다고 알려져, 유독하고 폭발위험이 컸던 암모니아나 프로판가스를 빠른 속도로 대체했다. CFC는 점차 에어컨과 냉장고, 소화기를 비롯한 각종 스프레이 제품 등에 폭넓게 이용되기 시작했다. 프레온은 미국의 듀폰사에서 출시했던 CFC 제품의 상표명이다. 이렇게 유용한 CFC가 지구의 오존층을 파괴한다는 주장이 1970년대에 처음 제기되었다.

일부 과학자들이 제기한 주장에 많은 이들이 반신반의했고, 오존층이 파괴되었다는 명확한 증거는 1970년대까지 발견되지 않았다. 무엇보다 CFC처럼 값싸고 인체에 해롭지 않은 대체물질이 개발되기 전에는 획기적으로 사용량을 줄이기가 어려웠다. 그러던 중 1985년 NASA에서 남극 사진을 촬영하면서 오존층의 파괴를 공식적으로 확인했다. CFC 사용과 오존층 파괴의 관계가 사실로 드러난 만큼 전 지구적 규모의 협력이 시급하게 이루어져야만 했다. 1987년 캐나다 몬트리올에서 오존층 파괴를 막기 위한 협약이 체결되었다.

몬트리올의정서에는 CFC 사용에 대한 자발적인 규제와 개발도상국에 대한 지원 노력이 담겨있다. CFC를 대체하는 물질을 개발하는 재정 지원과 협약에 참여하지 않는 국가들에 대한 통상 제재도 시작되었다. 몬트리올의정서는 이후에도 오존층 파괴물질을 확인하여 꾸준히 규제물질 목록에 포함하면서 오존층 파괴를 막는 실질적인 노력을 해왔다. 이런 노력 덕분에 최근에는 오존층이 빠른 속도로 회복되고 있다는 소식도 들려왔다. 환경을 위한 전 지구적 노력이 헛되지 않으며, 작은 관심이 지구를 살리는 초석이 될 수 있음을 보여주는 사례로 몬트리올의정서를 꼽을 만하다.

생물다양성협약 (1992)

지구의 생물들은 오랜 진화의 과정을 거치며 지금처럼 다양하게 변화해왔다. 생물 종의 다양성은 지구 생태계 안에서 여러 생물의 상호작용을 촉진하며, 생태계 보전과 집단 내 개체들의 유전적 다양성에 영향을 미친다. 인간 역시 마찬가지로 지구의 모든 생물과 상호작용하면서 생존하고 진화한다. 특정 생물 종이나 특정 지역의 생물 개체가 줄어들어 생물다양성이 감소하면, 그 여파가 인류를 포함한 생태계 전체에 미치게 된다.

20세기 들어 여러 생물 종의 멸종과 개체수 감소가 확인되면서, 생물 종의 다양성에 대해 이전보다 많은 이들이 관심을 가지기 시작했다. 유엔환경계획(UNEP)은 여러 환경단체의 요청을 받아 1987년부터 생물다양성협약을 준비했다. 국가 간 합의를 여러 차례 거친 후에 1992년 5월 케냐 나이로비에서 합의 텍스트를 채택하였다. 1992년 6월에는 브라질 리우데자네이루에서 열린 리우회의에서 조인식을 하고 서명을 받았다. 168개 국가와 기관의 서명을 받아 1993년 12월에 '생물다양성협약(Convention on Biological Diversity)'이 발표되었다.

생물다양성협약의 목적은 생물다양성을 보전하고, 생물다양성을 구성하는 요소들의 지속 가능한 이용을 추구하며, 생물 유전자원과 관련된 이익을 공평하게 공유하는 데 있다. 생물다양성협약은 기본적으로 지구 환경 문제의 심각성을 세계가 공감하고 있다고 전제하면서, 인간이 아닌 모든 생물 종의 존엄성을 그 자체로 인정해야 한다고 주장한다. 곡물을 포함한 식물이나 식용으로 이용하는 동물들이 식량이나 자원으로써 인간에게 갖는 가치도 여기에 포함된다. 인간에게 꼭 필요한 자원이라는 의미에서도 생물 종의 다양성은 중요하다.

생물다양성협약에서 중요하게 강조하는 점 중 하나는 한 번 사라진 종은 다시 재생되지 않는다는 사실이다. 이런 인식을 바탕으로 각국 정부는 자국 내에서 유전자원에 대한 주권적 권리를 강화하고 있다. 선진국은 생물 종의 다양성을 보전하기 위해 유전자원을 폐쇄적으로 이용하기 시작하면서, 개발도상국에도 생물자원에 대한 가치를 다르게 인식하라고 압박했다. 유전자원에 대한 접근이 제한된 개발도상국은 선진국에 유전자원을 제공하는 대신 기술 이전이나 재정 지원을 요구하는 방식으로 대응한다. 생물 종의 다양성이 생태계의 중요한 자원임을 인식하고 지속 가능한 방식으로 그 자원을 이용하겠다는 전 세계 국가들의 노력이 어떤 결실로 나타날지 주목해볼 일이다.

리우회의 (1992)

1972년 스웨덴 스톡홀름에서 최초의 환경 관련 국제회의인 유엔인간환경회의가 열렸다. 당시 북유럽은 산성비 피해로 몸살을 앓고 있었고, 환경 문제를 해결하기 위해선 국가의 경계를 넘어 전 지구적 규모의 대응이 필요하다는 사실에 많은 이들이 공감하는 상황이었다. 113개국의 대표와 유엔 관계자들이 모여 지구의 환경 문제에 대한 국제적 논의를 시작했다. 먼저 세계 각국이 자국의 환경 실태를 보고하고 대응책을 함께 고민하였다. 여기에 식량을 비롯한 각종 자원 이용과 인구 문제, 지구의 북반구와 남반구 간 경제 불균형과 빈곤 문제 등 세계 각국이 환경과 함께 고민해야 할 문제들도 더불어 제기되었다.

 스톡홀름에서 유엔 인간환경회의가 열린 지 꼭 20년 되는 해인 1992년에 세계 각국의 대표들은 더 큰 규모로 다시 만나게 된다. 1992년 브라질의 리우데자이이루에서 열린 이 회의는 우리에게 리우회의라는 이름으로 기억된다. 당시까지 환경 관련 국제회의 중에서 가장 큰 규모였던 세계 185개국이 참여하였다. 리우회의에는 각국의 대표들뿐 아니라 민간단체들도 함께하면서 더 다양한 문제들이 논의되었다.

리우회의에는 국가 간 협의인 '유엔환경개발회의(UNCED: United Nations Conference on Environment & Development)'와 민간단체들의 협의인 '지구환경회의(Global Forum '92)'가 모두 포함된다. 생물다양성 보전 협약과 기후변화에 대한 유엔 기본 협약 등도 리우회의를 통해 탄생했다. 지구환경을 보전하고 자원을 이용하는 문제에서 리우회의는 다양한 의제들을 논의하면서 형식적 논의에 그치지 않는 실질적 대안을 마련하려고 노력했다. 환경과 개발 문제를 둘러싸고 선진국과 개발도상국의 이해관계가 대립하는 지점들도 드러났다.

개발도상국 입장에서는 환경과 개발 중 어디에 중점을 두어야 할지가 국가 입장에서 큰 문제였다. 미국 같은 선진국도 이산화탄소 규제나 생물다양성 보전에서 유전자원의 지적 소유권 문제 등을 쉽게 양보하지 않으려 했다. 그런 면에서 리우회의는 환경 문제를 전 지구적으로 논의하기 위해 앞으로 어떤 노력이 필요한지를 구체적으로 확인하는 자리였다. 리우회의에서 특히 화제가 된 일은 캐나다 소녀 세번 스즈키가 한 연설이었다. 당시 12세였던 스즈키는 자신을 어린이 환경조직의 대표라고 소개했는데, 지금도 환경운동가로 활동 중이다. 다음은 스즈키가 1992년 리우회의에서 했던 연설의 전문이다.

세상의 모든 부모에게

안녕하세요. 저는 세번 컬리스 스즈키입니다. 저는 에초(ECHO — 환경을 지키는 어린이 조직)의 대표로 여기에 왔습니다. 저희는 12살에서 13살 사이의 캐나다 아이들로서 무엇인가 변화에 이바지하려고 하는 그룹인데, 바네사 수티, 모건 가이슬러, 미쉘 퀴그, 그리고 제가 회원이에요.

여러분 어른들께서 살아가는 방식을 바꾸지 않으면 안 될 거라는 말을 드리기 위해서 6000마일을 여행하는 데 필요한 돈을 저희 스스로 모금했답니다. 오늘 여기에 온 저는 어떠한 숨겨놓은 의제를 따로 가진 것이 없습니다. 저는 저의 장래를 위해 싸우고 있습니다. 제 장래를 잃어버린다는 것은 선거에서 진다든지 증권시장에서 얼마쯤 잃는다든지 하는 것과 같은 것이 아닙니다.

저는 앞으로 올 모든 세대를 위하여 말하려고 여기에 섰습니다. 저는 그 울음소리가 들리지 않는 세계 전역의 굶주리는 아이들을 대신하여 여기에 섰습니다. 저는 이제 어디로든 갈 데가 없게 되었기 때문에 이 행성 위에서 죽어가고 있는 수많은 동물을 위하여 말하려고 여기 섰습니다. 우리는 이제 더 이상 말하지 않고 그냥 있을 수는 없게 되었습니다.

저는 오존층의 구멍 때문에 이제 햇빛 속으로 나가기가 두렵습니다. 저는 공기 속에 무슨 화학물질이 들어있는지 모르기 때문에 숨쉬기가 두렵습니다. 저는 아빠와 함께 밴쿠버에서 낚시하기를 즐겼습니다. 그런데 바로 몇 해 전에 우리는 물고기들이 암에 걸려 있는 것을 발견하였습니다. 그리고 지금 우리는 날마다 동물과 식물들이 사라지고 있다는 것 — 영원히 소멸하고 있다는 이야기를 듣고 있습니다.

저는 언제나 야생동물들의 커다란 무리를 보고 싶었고, 새들과 나비들로 가득 찬 정글과 열대 숲들을 보기를 꿈꾸어왔습니다. 그렇지만 그런 것들이 제가 엄마가 되었을 때 우리 아이들이 볼 수 있도록 이 세상에 과연 존재하고 있기나 할지 모르겠습니다.

여러분들은 이런 소소한 것들에 대해 제 나이 때 걱정하였던가요? 이 모든 것이 실제로 우리 눈앞에서 일어나고 있는데도, 우리는 마치 우리가 충분한 시간과 해결책을 모두 가지고 있는 것처럼 행동하고 있습니다.

저는 어린아이일 뿐이고, 해결책을 가지고 있지 않습니다. 그렇지만 저는 여러분들에게도 해결책이 있는지 묻고 싶습니다. 여러분은 우리의 오존층의 구멍을 어떻게 수리할 것인지 모릅니다. 여러분은 연어를 죽은 강으로 되돌아오게 할 방법을 모릅니다.

여러분은 사라져버린 동물을 되살려 놓는 방법을 모릅니다. 그리고 여러분은 지금은 사막이 된 곳에 숲을 푸르게 되살려 놓을 수 없습니다. 여러분이 고칠 방법을 모른다면, 제발 그만 망가뜨리기를 바랍니다! 여러분은 여러분 정부의 대표로, 기업가로서, 조직가로서, 기자나 정치가로서 여기에 와 계신지 모릅니다. 그렇지만 진짜를 말하면 여러분은 어머니와 아버지, 형제와 자매, 아주머니와 아저씨들이며, 그리고 여러분은 모두 누군가의 아이입니다.

저는 어린아이일 뿐입니다. 그렇지만 저는 우리가 모두 5억 명으로 된 가족, 아니 3천만 종으로 된 한 가족의 일부라는 것을 알고 있습니다. 우리는 모두 같은 공기, 물, 흙을 나누어 가지고 있습니다. 국경과 정부들이 그걸 변경하지는 못할 겁니다.

저는 어린아이일 뿐입니다. 그렇지만 저는 우리가 모두 하나이며, 하나의 목표를 향해 하나의 세계로서 행동해야 한다는 것은 알고 있습니다. 저는 분노하고 있지만 눈멀어 있지는 않습니다. 저는 두려워하고 있지만 제가 어떻게 느끼는가를 세상에 말하는 것을 망설이지 않습니다.

우리나라에서 사람들은 너무 많은 쓰레기를 만들어냅니다. 우리는 사고 버리고, 사고 버립니다. 그러면서도 북반구 나라들은 가난한 사람들과 나누려 하지 않습니다. 우리가 충분한 정도 이상으로 가지고 있을 때도 우리는 우리의 재산 중 조금이라도 잃고 싶어 하지 않고, 나누어 갖기를 두려워합니다. 캐나다에서 우리는 특권층의 삶을 살고 있습니다. 풍부한 음식과 물과 집이 있을 뿐만 아니라 우리에게는 망원경, 자전거, 컴퓨터, 텔레비전이 있습니다.

이틀 전 여기 브라질에서 우리는 큰 충격을 받았습니다. 우리는 길거리에서 살고 있는 몇몇 아이들과 얼마 동안 시간을 보냈습니다. 그중 한 아이가 우리에게 이렇게 말했습니다. "내가 부자가 되었으면 좋겠다. 그래서 내가 부자라면 나는 모든 거리의 아이들에게 음식과 옷과 약과 집, 그리고 사랑과 애정을 주겠다."

아무것도 가진 것이 없는 거리의 아이가 기꺼이 나누겠다고 하는데, 모든 것을 다 가지고 있는 우리는 어째서 그토록 인색한가요? 저는 이 아이들이 제 또래라는 것을 자꾸 생각하게 됩니다. 어디서 태어나는가, 하는 것이 굉장한 차이를 만든다는 것, 저 자신도 리우의 파벨라스(빈민가)에서 살고 있는 저 아이들의 하나일 수도 있었다는 것을 자주 생각하지 않을 수 없습니다. 저 자신이 소말리아에서 굶주려 죽어가는 한 어린이일 수도 있고, 중동의 전쟁희생자 또는 인도의 거지일 수도 있었습니다.

저는 아이일 뿐입니다. 그렇지만 전쟁을 위해 쓰이는 모든 돈이 빈곤을 해결하고, 환경적 해답을 발견하는 데 쓰인다면 이 지구가 얼마나 근사한 곳이 될 것인지, 알고 있습니다. 학교에서, 유치원에서도, 여러분은 우리에게 착한 사람이 되라고 가르칩니다. 여러분은 우리가 서로 싸우지 말고, 절약하고, 서로를 존중하고, 청결히 하고, 다른 생물들을 해치지 말고, 나누고 ─ 탐욕스럽게 되어서는 안 된다고 가르칩니다. 그러면서 어째서 여러분은 우리에게 하지 말라고 한 바로 그러한 행동을 하십니까?

여러분이 이러한 회의에 참석하고 계신 이유가 무엇이며, 누구를 위해서 이런 회의를 갖고 계시는지 잊지 마십시오. 우리는 여러분 자신의 아이들입니다. 우리가 어떤 종류의 세계에서 자랄 수 있을 것인지를 여러분은 지금 결정하고 있는 겁니다.

"모든 것은 잘 될 게다. 우리는 최선을 다하는 중이야. 세상의 종말은 오지 않을 거야"라고 부모들은 아이들을 안심시킬 수 있어야만 합니다. 그렇지만 여러분은 그런 말을 우리에게 더 이상 할 수 없는 것으로 보입니다. 도대체 우리 어린아이들이 여러분 회의의 우선순위 항목에 올라 있기나 합니까?

저의 아빠는 항상 말합니다. "너의 말이 아니라 행동이 진짜 너를 만든단다." 그래요. 여러분들이 행하는 행동은 밤마다 저를 울게 합니다. 여러분 어른들은 우리를 사랑한다고 말합니다. 저는 여러분에게 호소합니다. 제발 여러분의 행동이 여러분의 말을 반영하도록 해주십시오. 들어주셔서 고맙습니다.

― 세번 컬리스-스즈키 Severn Cullis-Suzuki

*인용 ― 녹색평론 제18호 (1994년 9-10월호)
일부 표현을 맞춤법 표기에 맞게 수정하였습니다.

교토의정서 (1997)

1992년 리우회의에서는 온실가스로 인한 지구온난화를 줄이기 위해 기후변화에 관한 유엔기본협약(이하 기후변화협약)을 채택하였다. 기후변화협약의 주요한 목적은 선진국들의 온실가스 배출을 제한하는 데 있었다. 온실가스 규제가 국제협약을 통해 명문화된다는 사실은 중요했지만, 협약 자체만으로는 강제성이 없다는 점이 기후변화협약의 아쉬운 면이었다. 온실가스 의무 배출량을 정하는 등 협약의 내용을 명확히 규정하기 위해 1997년에 일본 교토에서 다시 한번 회의가 열렸다. 이 회의에서 기후변화협약을 수정하여 시행령인 교토의정서를 채택하였다.

1992년 리우회의 이후 교토의정서가 채택된 교토 회의를 포함하여 총 4차례의 당사국총회가 열렸다. 1995년에 독일 베를린에서 1차, 1996년에 스위스 제네바에서 2차, 1997년에 일본 교토에서 3차, 1998년에 브라질 아르헨티나에서 4차 당사국총회가 각각 열렸다. 1차 회의에서 2000년 이후 온실가스 감축 목표를 결정할 필요가 제기되었고, 3차 회의에서 선진국의 온실가스 감축 목표가 비로소 합의에 이르렀다.

교토의정서가 채택되기까지 선진국과 개발도상국 간에는 여러 의견 차이가 존재했다. 선진국들은 경제적 여건에 따라 감축 목표를 다르게 하겠다고 주장하면서, 온실가스 배출권을 거래하는 제도의 도입을 제안하였다. 또 미국이나 캐나다처럼 방대한 산림자원을 보유한 국가들은 자국의 삼림이 온실가스를 흡수하여 정화하고 있으니, 이 점을 인정해 주기를 원했다. 온실가스 감축에도 시장경제의 원리를 도입하자는 주장들이었다. 개발도상국들은 선진국이 먼저 자발적으로 온실가스 감축 목표량을 결정하기를 거듭 요구하였다.

그 결과 교토의정서에는 2008년부터 2012년까지 선진국들이 자국의 온실가스 배출량을 감축하겠다는 목표가 명시되었다. 목표량은 최소 5%부터 나라마다 조금씩 다르다. 이 목표량을 강제할 만한 조항들도 포함되었다. 온실가스 배출권을 거래하거나 공동이행과 개발체제 등을 통해 개발도상국과 선진국이 온실가스 문제에 함께 대응할 제도들도 도입되었다. 온실가스를 사고파는 제도는 비용 때문에 온실가스 저감 기술에 대한 투자를 망설이던 선진국의 정책 방향을 변화시키고, 개발도상국으로 기술과 지원이 확대될 계기를 마련해주었다.

파리협정(2015)

2020년 교토의정서의 만료가 예정된 가운데, 협약을 연장해야 할 시기가 다가왔다. 기후변화 중에서도 온실가스 문제에서는 미국이 특히 문제가 되는 경우가 많았다. 미국은 세계에서 온실가스를 가장 많이 배출하는 나라 중 하나이면서도, 온실가스 감축 문제에 적극적으로 나서지 않으려는 미온적인 태도를 보였다. 불안한 국제상황 속에서 아쉽게도 교토의정서는 갱신되지 못한 채 만료되었다.

교토의정서가 갱신되는 문제와 관계없이 기후변화 위기는 여전히 진행 중이었고, 유엔의 기후변화회의도 매년 계속 개최되고 있었다. 1992년 리우회의 이후 1995년 독일 베를린에서 시작된 유엔 기후변화협약 당사국총회는 2015년 당시 21차까지 진행된 상황이었다. 교토의정서가 만료되더라도, 기후변화 문제를 논의할 국제회의가 매년 열리는 상황이었으므로 충분히 더 진전된 논의가 가능했다. 리우회의 이후 20년 이상 계속된 세계 각국의 기후변화 대응 노력이 집약된 결과가 바로 2015년 프랑스 파리에서 새로 채택된 파리협정이다.

파리협정에는 교토의정서가 만료된 2021년 이후 기후변화에 대응할 구체적 내용이 담겼다. 각국의 대표들은 지구의 온도가 산업화 이전에 대비하여 2℃ 이상 올라가지 않도록 유지하자는 목표에 합의하였다. 이 목표를 위해 각국이 스스로 온실가스 감축 목표를 정했다. 목표가 얼마나 실행되었는지를 공동으로 검증하는 제도도 마련하였다. 195개국 만장일치로 채택된 이후 파리협정은 2016년 유럽 의회에서 비준되어 국제법으로도 효력을 발휘하기 시작했다. 당시 미국 대통령 버락 오바마를 비롯한 각국의 주요 인사들은 파리협정을 지구와 기후변화 위기에서 중요한 전환점으로 꼽으며 환영했다.

파리협정은 1992년 리우회의부터 시작된 기후변화 위기 대응을 위한 세계 각국의 수십 년 노력이 비로소 눈에 보이는 결과로 나타나는 지점이었다. 물론 파리협정 이후 세계정세가 순탄하지만은 않았다. 오바마 이후 미국의 트럼프 정부는 파리협정을 탈퇴하며 협정을 위기에 몰아넣었으나, 트럼프의 뒤를 이은 바이든 정부는 취임과 함께 파리협정 복귀를 선언하였다. 지난 2020년 문재인 대통령은 파리협정을 이행하고 기후변화 위기에 대응하기 위해 2050년까지 우리나라에서 탄소중립을 달성하겠다고 선언했다. 기후변화 위기에 대응하는 전 세계의 노력과 함께 이제 우리의 삶도 변화를 맞이할 때가 왔다.

기후환경 위기 대응 단체들

기후환경 위기 대응을 위해 국가조직뿐 아니라 민간조직들도 움직인다. 기후환경 위기 대응 단체들은 자발적으로 모여 정부 차원의 힘이 미치지 못하는 곳에서 활발하게 활동한다. 여러 활동은 인터넷 네트워크를 기반으로 금세 전 세계로 퍼져나간다. 효과적인 캠페인을 위해 과격한 퍼포먼스를 선보이거나, 여러 지역의 단체들이 연합하기도 한다. 기후환경 위기 대응 단체들은 국제협약이나 회의만큼이나 큰 영향력을 발휘하고 있다.

국제자연보전연맹

국제자연보전연맹(International Union for Conservation of Nature and Natural Resources)은 역사가 오래된 환경 관련 국제단체이다. 환경 문제에 대한 인류의 관심은 아주 최근에 나타난 현상만은 아니다. 국제사회에서는 20세기 초반부터 환경파괴와 자원 문제에 대한 논의가 시작되었다. 산업혁명과 신대륙에 대한 유럽의 정복전쟁은 지구의 환경을 파괴하고 특정 지역 생물의 급속한 멸종을 초래하였다. 20세기 초에 제1차 세계대전과 식민지를 늘리기 위한 여러 침략전쟁을 겪으면서 환경파괴의 심각성을 공감하는 나라들이 점점 늘어났다.

1928년 국제자연보전연맹이 처음 결성되었고, 제2차 세계대전 이후에는 환경파괴에 대한 논의를 더 미룰 수 없는 상황이 되었다. 1948년 파리 회담 이후 국제자연보전연맹이 정식 국제기구로 활동을 시작했다. 스위스 제네

바 인근에 본부가 있으며, 정부 기관을 비롯하여 비정부기구와 전 세계 전문가들이 함께 활동한다. 11,000명이 넘는 활동가가 6개의 위원회에서 활동하며, 위원회는 세계보호지역위원회, 종보전위원회, 환경법위원회, 교육·커뮤니케이션위원회, 환경·경제·사회정책위원회로 구성된다.

20세기에 두 차례의 세계대전을 겪으며 인류는 전쟁이 인간에게뿐 아니라 지구와 지구에 사는 모든 생명체에게도 해롭다는 사실을 뼈저리게 깨달았다. 삼림은 순식간에 불에 타 사라졌고, 강과 바다는 쉽게 오염되었다. 많은 생물 종이 사라졌고, 전쟁을 위해 남용된 자원은 금세 고갈되었다. 두 차례 세계대전이 끝난 뒤에도 지구상에서 전쟁이 완전히 사라지지는 않았다. 거의 쉬지 않고 언제나 지구 어딘가에서는 전쟁이 계속되었다. 전쟁이 계속된다는 말은 인간과 생명체가 계속해서 죽어가고 있다는 말과 같다.

국제자연보전연맹은 이 죽어가고 있는 생명체의 목록을 만들어왔다. 일명 적색목록(Red List)이다. 멸종위기종을 분류하고 목록을 만들던 경험을 살려 특정 생물 종의 멸종 가능성을 평가하는 기준도 개발했다. 전문가들이 이 기준에 따라 객관적인 평가를 통해 멸종위기종 목록을 만든다. 평가방식의 전문성과 객관성으로 인해 국제자연보전연맹이 만든 멸종위기종 목록에 대한 신뢰도는 높은 편이다. 멸종위기종 목록에 오른 생물 종과 서식지를 보호하기 위한 전략을 마련하는 부분에서도 국제자연보전연맹은 큰 역할을 하고 있다.

그린피스

환경과 기후 위기에 관심이 많지 않은 사람이라도 '그린피스(Greenpeace)'라는 이름은 한 번쯤 들어본 적이 있으리라 짐작된다. 지구상에서 가장 유명한 환경단체를 꼽아보면 '그린피스'가 어김없이 등장한다. 그만큼 활발한 활동과 홍보 능력을 보여주는 그린피스의 역사는 1970년대까지 거슬러 올라간다. 전 세계가 미국과 소련을 중심으로 나뉘어 싸웠던 시대인 1970년대는 양쪽 진영이 핵무기 개발에 열을 올리던 냉전시대였다. 비록 포탄과 총성이 터지는 전쟁은 아니었지만, 핵무기의 개발은 곧 지구와 인류 전체에 대한 위협이나 마찬가지였다.

그린피스는 1970년 냉전시대의 핵 개발에 반대하는 반핵 단체로 출발했다. 처음 이름은 태평양에서 핵 실험을 하지 말라는 의미에서 'Don't Make a Wave Committe(파도를 만들지 마시오 위원회)'로 불렸다. 1971년부터는 미국과 캐나다의 환경운동가와 언론인, 반전운동가 등이 참여한 전문적이고 국제적인 환경보호 단체로 거듭났다. 알래스카의 화산섬 암칫카에서 이루어지는 핵 실험에 반대하기 위해 떠나는 배에 'Greenpeace'를 써넣은 일을 계기로 지금까지 '그린피스'라 불린다.

'그린피스'라는 단순하고 직관적인 이름은 단체의 활동을 알리기에 도움이 되었고, 점점 더 많은 사람의 참여를 불러 모았다. 환경운동가와 반전운동가들이 모여 효율적인 활동을 조직했고, 언론인들은 이들의 활동이 각종 매체를 통해 생생하게 전달되도록 했다. 환경 문제에 공감하는 부유한 후원자들의 힘도 컸고, 대학생들이 주도한 캠페인은 그린피스의 대중적인 인지도를 점점 높였다. 조직의 규모가 늘어나면서 그린피스는 핵 실험 반대에서 고래를 잔인하게 사냥하는 포경선의 실태를 고발하는 등 활동 영역을 점점 넓혀나가기 시작했다.

현재 그린피스의 활동 무대는 태평양에서 전 세계로 확장되었다. 전 세계 사람들을 위해 그 시기에 꼭 필요한 환경 관련 활동을 한다. 1990년대에는 CFC를 대체하는 친환경 냉매 기술 개발을 지원했고, 2000년대 이후에는 대기업들이 재생에너지를 사용하도록 독려하고 있다. 북극에서 이루어지는 석유 시추와 환경파괴를 막고, 미세플라스틱이 함유된 제품의 사용을 규제하는 법안을 마련한 일도 그린피스의 중요한 성과이다. 우리가 지구 안에서 살아가면서 지구를 사랑하는 마음을 놓지 않는 한은 그린피스의 귀한 외침들도 힘을 잃지 않으리라 믿는다.

기후 프로젝트

여러 사람의 목소리가 한데 합쳐져 힘을 내는 단체가 있다면, 한 사람의 목소리가 여러 사람에게 잘 전달되도록 힘을 기울이는 단체도 있다. 지구온난화 문제 등을 주로 다루는 기후 프로젝트는 미국의 부통령을 지냈던 앨 고어가 주축이 되어 만든 단체이다. 빌 클린턴 대통령과 러닝메이트였던 앨 고어는 퇴임 후 2006년 '기후 프로젝트(The Climate Project, TCP)'를 설립하였다. 기후변화 위기를 전 세계에 알리고 싶은 앨 고어의 소신이 단체를 만드는 중요한 원동력이 되었다.

영향력이 큰 인물이 주도하는 만큼 단체의 활동이 보여주는 힘도 크다. 2006년에 기후 프로젝트는 지구온난화 위기를 경고하는 앨 고어의 연설을 담은 다큐멘터리를 제작했다. 영화에는 앨 고어가 진행한 1,000회가 넘는 강연 장면들이 사용되었다. 이 영화의 제목은 《불편한 진실》이다. 2007년 아카데미는 이 영화에 장편 다큐멘터리상을 수여했다. 아카데미 수상 이후 영화 《불편한 진실》과 기후 프로젝트의 활동은 더욱 유명해졌다. 앨 고어는 지구온난화 위기를 알리는 데 힘쓴 공로를 인정받아 2007년 노벨 평화상을 수상하기도 했다.

 기후환경 분야에 대한 앨 고어의 관심은 퇴임 이후 갑작스럽게 생겨나지는 않았다. 부통령 임기를 시작하던 1992년에 이미 기후변화에 관심을 드러내며 《위기의 지구》라는 책을 출간한 적도 있었다. 기후변화 위기에 대한 앨 고어의 관심은 부통령 재임 당시 활동에서도 잘 드러난다. 앨 고어는 교토 의정서 창설에 주도적으로 목소리를 내고, 미국 내에서 온실가스 배출 최소화와 국립공원 확대 조치가 정책화되는 데 많은 힘을 보탰다.

 한 사람의 소신이 전 세계 수많은 사람에게 영향을 미칠 수 있음을 보여주는 좋은 예가 바로 기후 프로젝트이다. 기후 프로젝트는 현재 전 세계 사람들과 소통하면서 더 많은 사람이 기후변화 위기를 알리는 전문가가 될 기회를 만들고자 한다. 많은 이들에게 기후변화 위기에 대한 자료를 제공하고 훈련 기회를 주면서, 환경 분야의 전문가가 될 자질을 갖추도록 하는 일이다. 이 훈련 과정은 무수히 많은 앨 고어가 전 세계에서 활동하도록 돕는 일과 같다. 기후환경 위기에 대응하는 일을 한 사람에게만 맡길 수 없듯, 한 사람의 목소리에서 시작한 기후 프로젝트도 이제는 단지 한 사람의 목소리가 아니게 되었다.

세계 자연 기금

세계 자연 기금(World Wide Fund For Nature)은 전 세계 곳곳에서 활동하는 국제적인 비영리 환경보전단체이다. 1961년 스위스에서 설립되었고, 현재 100여 개국에서 500만 명 이상의 후원자와 함께 활동하고 있다. 영어 약자인 WWF를 공식 기관명으로 쓴다. 현재 단체명은 World Wide Fund

For Nature(세계 자연 기금)이지만, 기관이 설립된 초기에는 World Wildlife Fund(세계 야생동물 기금)였다.

야생동물 보호 활동으로 시작한 세계 자연 기금은, 현재 인류를 포함한 동식물과 지구의 자연환경 전반을 보호하는 단체로 변모하였다. 단체가 시작될 때는 특정 지역에서 멸종위기종 야생동물을 보호하는 일에 집중하였으나, 인류와 자연이 조화를 이루며 살아가기 위해 신경 써야 할 곳이 점점 많아졌다. 관심 대상은 특정 지역에서 전 세계로, 관심 분야도 생물다양성 보전에서 기후와 토양, 수질, 에너지, 식량 등 지속 가능한 발전을 위한 전략으로 확장되었다. 지구 안에서 살아가는 인류와 모든 생명체는 자연환경과 끊임없이 상호작용하며 분리되어 존재할 수 없기 때문이다.

지금은 환경단체가 대중의 후원금을 모아 개인이 주도하기 힘든 거대 프로젝트를 지원하는 일이 흔하지만, 과거에는 그렇지 않았다. 이런 모금방식을 정착시켜 큰 성공을 거둔 단체로 세계 자연 기금을 꼽기도 한다. 아주 많은 수의 사람들에게 조금씩 소액을 모금하는 형태는 대중들이 부담 없이 환경 프로젝트에 참여할 수 있게 한다. 모금은 그 자체로 프로젝트의 재원이며, 모금과정 자체가 홍보를 겸하게 되므로 프로젝트에 대한 대중의 관심과 호응도 높아진다.

세계 자연 기금의 모금방식은 큰 성공을 거두었고, 대중이 일상 속에서 수행 가능한 환경 관련 실천들로도 연결되었다. 2010년에 진행한 이벤트인 지구촌 전등 끄기 캠페인을 대표적인 예로 들 수 있다. 2018년에는 '지구생명보고서 2018'을 발표하여 인간이 지구에 미친 영향을 정리하여 보고하면서 다시 한번 우리의 실천을 재촉하였다. 《우리의 지구》라는 다큐멘터리 시리즈를 넷플릭스와 공동으로 제작하기도 했다. 경이로운 지구와 그 안에서 살아가는 생물들, 야생의 풍경을 다큐멘터리로 감상하며 지구와 우리의 미래를 다시 그려보면 어떨까?

아바즈

기후 위기와 환경 문제에 관심이 많지만, 어떻게 참여해야 할지 모르겠다는 사람들도 많다. 후원금을 내고 단체가 진행하는 캠페인에 참여하는 일도 좋지만, 내가 사는 지역의 문제를 발굴하여 다른 지역 사람들과 연대하여 공동으로 대응해야 할 상황도 종종 생긴다. 아바즈(Avaaz)는 이런 이들과 함께하기 위해 만들어진 단체이다. 아바즈는 홈페이지에서 '시민들 스스로 전 세계의 중요한 사안을 결정하는 글로벌 행동 커뮤니티'라고 자신들을 소개한다.

2007년에 만들어진 아바즈는 온라인 시대에 태어난 단체답게 온라인활동

에 중점을 둔다. 전 세계에서 일어나는 일을 실시간으로 공유하고 민주적으로 의사결정을 하는 과정에서 인터넷만큼 빠르고 효율적인 소통 수단은 없다. '아바즈'라는 단어는 아시아와 아랍의 여러 지역에서 '목소리'라는 뜻으로 쓰인다. 세계 곳곳의 목소리를 듣고 네트워크로 연결하겠다는 의지가 '아바즈'라는 이름에 담겨있다. 아바즈를 설립한 이들은 미국과 영국의 공공정책 전문가들이지만, 이들의 네트워크는 온라인을 통해 세계 곳곳으로 연결된다.

아바즈의 캠페인은 세계의 각 지역에 사는 이들이 느끼는 자신들의 문제에서 시작된다. 환경전문가나 활동가들마저도 세계 각 지역의 문제를 세세히 알기는 어렵다. 그런 의미에서 지역에 사는 이들은 자기 지역을 지키는 활동가이다. 대륙 간의 경제적 격차나 자원의 분배, 종교나 인종에 따라서도 문제를 인식하는 지점이 달라진다. 아바즈의 캠페인은 여기서 시작된다. 지역에 사는 이들이 온라인으로 청원서를 보내오면, 전 세계의 회원들이 여기에 응답하면서 세계적 규모의 단체 행동이 시작된다.

기업이나 재단의 후원을 받지 않고, 개인들의 후원으로만 단체를 운영하는 점도 아바즈의 특징 중 하나이다. 특정 주제에 매몰되지 않으면서 각 지역의 생생한 문제에 솔직하게 반응하기 위해서일 거라고 짐작된다. 전 세계 거의 모든 대륙과 국가에 걸쳐 활동하는 대규모 단체가 웹사이트와 이메일을 중심으로 아주 최소한의 인력으로만 운영된다는 점도 흥미롭다. 난민들을 돕고, 유럽연합에 살충제 사용을 금지하도록 압력을 넣고, 브라질의 열대우림을 파괴하는 건설계획을 중단하게 하고, 선진국들이 해양보호구역을 설정하도록 요구한 일들이 모두 이 자유롭고 평등한 온라인 환경단체에서 지난 몇 년 동안 해낸 일들이다.

지구의 벗

환경 문제에 관심이 많은 이라면 '지구의 벗(Friends of the Earth)'이라는 이름을 들어본 적이 있을 것이다. 1969년 미국에서 설립된 지구의 벗은 세계 곳곳에서 활동하는 환경단체들의 연합이다. 각 나라와 지역에서 독립적으로 활동하는 단체들이 필요한 사안에 서로 협력하는 형태이다. 우리나라에도 지구의 벗에 소속된 단체가 있다. 환경운동연합이 2002년부터 지구의 벗 소속 한국 지부로 활동 중이다. 1988년 우리나라의 여러 환경단체를 통합하여 만들어진 환경운동연합은, 현재 우리나라에서 가장 오랜 역사와 아시아 최대 규모를 자랑하는 환경단체로 성장하였다.

지구의 벗은 각 지역에서 오랫동안 활동해온 단체들이 국제적인 네트워크를 통해 연대를 강화한다는 점에서 의미가 크다. 기후환경 관련 국제회의와 협약들이 전 지구적 규모로 연대해야만 기후환경 위기에 대한 대응이 가능함을 보여준다면, 지구의 벗이 보여주는 네트워크도 마찬가지다. 지역별 활동만으로는 기후환경 위기에 대응하는 힘에 한계를 느낄 수밖에 없다. 이런 지역성을 극복하고 중요한 주제들에 공동으로 캠페인을 펼치면서, 지구의 벗은 지구 전체와 함께한다는 의미를 점점 강화해가는 중이다.

환경운동연합은 지구의 벗이 주목하는 국제적인 기후환경 관련 주제로 '기후정의와 에너지', '숲과 생물다양성', '식량주권', '신자유주의에 저항하는 경제정의'를 든다. 공장을 개발도상국에 둔 다국적 기업은 자신들이 환경과 관련하여 지속 가능한 방식으로 기업을 운영하고 있는지, 직원들의 임금과 복지 수준이 적절한지를 고민해야 한다. 지구의 벗은 생물다양성과 지구의 미래를 이야기하면서도, 기후 문제가 경제적 정의와 분리될 수 없는 문제임을 지적한다. 공정한 방식의 개발이야말로 지속 가능한 개발이기 때문이다.

지구의 벗이 하는 활동은 자칫 환경운동의 영역을 벗어난 일인 듯 보일 수 있다. 기후환경 문제를 사회적이고 경제적인 정의의 관점에서 본다는 점에서 그렇다. 대부분의 환경운동은 선진국에서 시작되었고, 지금도 선진국 중심의 활동에 그칠 때가 많다. 개발도상국은 기후환경 위기에 대응할 여력이 없거나, 선진국이 제기하는 문제에 공감하지 못하는 경우가 많다. 선진국이 자국의 기후환경 위기에 대응하기 위해, 개발도상국의 자원을 오남용하거나 기본권을 무시하는 사례도 많다. 전 지구적 차원에서 기후환경 위기에 대응하기 위해 개발도상국의 동의와 협력을 얻는 일은 굉장히 중요한 일이다. 지속 가능한 개발만이 지구와 우리 모두를 살리는 일임을 잊지 말아야 한다.

2

동식물 보호 활동

또 하나의 작은 지구를 위해,
국립생태원

개별 생명체는 생태계라는 사슬 안에서 서로 연결된다. 인간 역시 이 생태계의 일원으로서 생태계를 보호하기 위해 수많은 노력을 하고 있다. 충청남도 서천군에 있는 국립생태원은 우리나라 생태계를 보호하기 위해 여러 연구가 이루어지는 곳이다. 최근에는 최첨단 과학기술을 적용한 새로운 생태 연구들도 시작되었다.

딥러닝과 빅데이터 활용하는 생태 연구

정보통신 분야 강국인 우리나라는 생태 연구에서도 최신기술과 빅데이터를 활용하는 방법을 적극적으로 모색 중이다. 아주 넓은 지역을 오랜 시간 추적하고 관찰해야 하는 생태 연구에는 비용과 인력, 시간이 많이 소요된다. 한철을 아예 외딴곳에서 보내며 자료를 수집할 때도 많지만, 그렇게 확보한 자료를 인력과 비용 부족으로 활용하지 못하기도 한다. 무인센서카메라를 활용하여 조사지역의 야생동물을 24시간 내내 관찰하는 일이 가능해졌지만, 그만큼 수집되는 영상자료의 양이 많아졌기에 사람의 눈으로 일일이 판독하기는 불가능해졌다.

  최근 4차 산업혁명으로 인공지능은 다양한 분야에 접목하여 활용되고 있으며 딥러닝을 통해 인간의 학습 능력과 같은 기능을 컴퓨터에서 실현한다. 2020년 6월부터 국립생태원과 한국과학기술원 인류세연구센터는 딥러닝

알고리즘을 활용하여 지난 5년간 DMZ 일원에서 수집된 방대한 영상자료에 대한 분석 체계를 구축하는 연구를 진행하였다. 자료의 활용 가능성이 커지면서, 군부대와 협조하여 DMZ 일원의 야생동물 모니터링을 위한 무인생태관찰장비를 계속 늘려가고 있다.

미확인 지뢰지대 등 직접조사가 불가능한 DMZ 일원 수중생태계에 서식하는 생물종에 대해서는 Environmental DNA(이하 eDNA) 분석이 도입되었다. eDNA 분석은 물, 토양 등 다양한 환경에서 남아있는 생물의 DNA를 통해 생물종의 서식 유무를 파악하는 방법이다. 현재 어류, 곤충, 포유류 등 다양한 생물체의 종을 탐지하고 발굴하는 데 사용된다. eDNA는 특히 수중생물에 대한 조사에서 효율성이 입증되어 수중생물의 다양성을 평가하는 데 많이 활용된다. 국립생태원은 2020년 DMZ 일원에서 채집한 샘플을 eDNA로 분석하여, 멸종위기 야생생물 II급인 버들가지와 다묵장어, 묵납자루, 돌상어 등 4종을 포함한 총 37종의 어류를 확인하였다.

ICT 활용하는 생태 안전장치와 에코뱅크

요즘 ICT라는 용어가 유행이다. ICT는 정보기술을 뜻하는 IT에 Communications를 결합한 단어이다. 오디오와 전화가 컴퓨터 네트워크와 연결된 상태를 말하기도 한다. ICT를 활용하면 여러 사람이 동시에 네트워크에 접속하여 정보를 공유할 수 있을 뿐 아니라, 저장하고 조작하는 일도 가능하다. 통신사에서 운영하는 내비게이션 시스템을 예로 들 수 있다. 이 시스템은 휴대폰에서 작동하면서 음성으로 조작된다.

국립생태원은 협업을 통해 최근 한 통신사의 내비게이션 시스템에 로드킬

신고 기능을 추가하였다. 로드킬은 야생동물이 도로에서 교통사고로 죽거나 다치는 경우를 말한다. 도로에서 발생한 로드킬은 야생동물의 생명은 물론 운전자의 안전도 위협한다. 이 통신사의 내비게이션 시스템을 이용하면, 운전 중에도 로드킬을 안전하게 신고할 수 있다. 내비게이션 음성인식 시스템을 실행 후 '로드킬'이라고 말하기만 하면 된다. 운전자들이 신고한 내용을 기반으로 도로관리청이 로드킬 사체를 처리한다. 이때 국립생태원 에코뱅크의 로드킬 조사용 앱인 '굿로드'를 통해 수집된 정보는 빅데이터로 활용된다.

ICT를 활용하여 새로운 방식의 생태정보 서비스도 가능하다. 에코뱅크는 생물·생태자료의 공유 및 활용을 지원하기 위한 사용자 맞춤형 생태정보 서비스 플랫폼으로 국가생태정보포털시스템을 표방한다. 에코뱅크에 접속

하면 누구나 쉽게 생태정보를 이용할 수 있고, 자유롭게 제공할 수도 있다. 방대한 자료에 여러 사람이 접속하면서 자유롭게 정보를 이용하고 제공하는 과정을 통해 자연스럽게 생태 빅데이터가 구축된다. 정보통신 분야 강국이 가지는 이점을 적극적으로 활용하는 동시에, 생태정보와 연구 분야에 대한 국민의 관심을 높이는 계기이기도 하다.

생물과 자연에서 답을 찾는 생태모방 연구

각종 동식물이 환경에 적응하는 능력은 인간의 상상력이 미처 따라가지 못할 정도로 뛰어날 때가 많다. 지속 가능한 삶을 위해 동식물의 환경 적응 능력을 배워야 한다는 주장에는 근거가 충분하다. 실제로 동식물의 기본구조나 생존 원리를 응용한 친환경 기술들이 속속 개발되는 추세이다. 이름하여 생물과 생태(자연)에서 답을 찾는 생태모방기술이다. 생태모방기술은 자연에서 영감을 얻어 우리 삶을 지속 가능하게 만든다. 자연과 동식물을 정복하고 파괴하던 관점에서 벗어나 자연에서 배우는 관점으로 인간의 삶이 전환되는 지점에 생태모방 연구가 있다.

최근에 생태모방 연구가 가장 활발하게 이루어지고 있는 분야 중 하나는 사용종료매립지의 안정화였다. 각종 폐기물이 매립된 매립지 안정화를 위해 확공용 굴착공법을 개발하면서 도토리거위벌레의 기능을 모방하였다. 도토리거위벌레는 큰 턱으로 무언가를 잘 깎아낸다. 이 턱의 기능을 모방한 확공용 굴착공법 기술로 매립지의 유독성 가스 누출을 방지하고, 매립지를 안정화하는 시간을 단축하기 위해 노력 중이다. 동식물의 구조와 기능을 탐구하여 원천기술을 개발하는 생태모방기술은 일종의 지적재산이기도 하다.

신기술을 활용한 산업 분야에서는 친환경 혁신 생태계를 구축하는 일이 가시화되고 있다.

생태모방기술을 적용한 사례는 더 있다. 조류 깃털의 구조색을 모방한 연구는 반사형 디스플레이와 조류 충돌 방지를 위한 광학 요소 기술 개발에 활용될 전망이다. 솔방울이 수분을 빨아들이거나 없애는 원리는 자연 친화적이며, 무전력 가습기나 제습기의 개발에 응용할 수 있다. 유명한 애니메이션 캐릭터 '스폰지밥'은 흡착기능이 뛰어난 해면동물이다. 바다에서 미세 플라스틱을 포획하는 부표는 이 해면동물의 뛰어난 흡착기능을 응용한 것이다. 국립생태원은 이런 생태모방기술과 산업 분야를 효율적으로 연결하기 위해 생태모방 연구 플랫폼 'Ecobiom'을 시범 운영 중이며, 생태모방 서비스 플랫폼(생태모방지식 DB)도 구축하는 중이다.

생태계 위협 요인 관리 정책

산업화와 교역 증가로 우리 생태계는 안전하지 않으며, 끊임없는 위협에 노출되어 있다. 우리 생태계를 위협하는 두 가지 요인을 꼽는다면, LMO와 외래생물을 들 수 있다. LMO는 유전자변형생물체(Living Modified Organisms)를 줄여서 부르는 말이다. 새로 조합된 유전물질을 포함하는 이 생물체는 유전자 전이 등을 통해 생태계를 교란할 위험이 있다. 외래생물은 인위적이거나 자연적인 이유로 본래의 서식지를 벗어나 다른 생태계를 교란한다. 한때 외래생물의 대명사처럼 여겨졌던 황소개구리가 바로 유명한 대표 외래생물이다.

LMO와 외래생물이 생태계를 얼마나 교란하는지를 알기 위해 위해성에 대한 심사와 평가, 환경영향 조사 등이 이루어져야 한다. 국립생태원은 최근 환경부 LMO 위해성평가기관으로 지정되어, LMO 확산 방지를 위해 자연환경을 모니터링하고 사후 관리체계를 마련하는 동시에 우리나라 자연생태계의 LMO 위해성 평가에도 앞장서고 있다. LMO를 검출하기 위한 단일 검출법 및 동시검출법을 개발하고 있으며, 새로운 유전자 증폭 기술과 항체 면역 반응을 이용하는 등 다양한 종류의 새로운 검출법도 개발 중이다. LMO 유출에 대한 DB를 구축하고 지역주민과 함께 참여하는 시민참여 모니터링 역시 꾸준히 진행한다.

외래생물에 대해서도 마찬가지로 유입을 차단하는 동시에 조사와 관리가 병행되어야 한다. 최근 우리나라에도 라쿤이나 뉴트리아 같은 외래생물이 늘어나고 있다는 소식이 들려온다. 국립생태원에서는 라쿤을 위해성이 우려되는 생물로 지정하고, 생태계를 교란하는 외래생물 목록을 지정하여 국내 유입이 원천 차단되도록 노력하고 있다. 이를 위해 농림축산검역본부와의 방제 협력 대응체계는 물론, 환경부와 관세청을 포함한 통관관리 협업체계도 구축되었다.

모두가 누리는 생태계서비스 제도

우리는 모두 생태계 안에서 살아가면서 나름의 혜택을 누린다. 먹고, 마시고, 호흡하는 일뿐 아니라 생존에 유용한 각종 도구도 생태계에서 얻는다. 우리가 생태계로부터 얻는 이런 혜택을 생태계서비스라고 부른다. 우리는 생태계서비스를 통해 삶을 영위하며, 지구 생태계 안에서 살아간다면 누구나 이 서비스를 누린다. 그 사실이 너무나 당연하게 여겨지곤 해서 우리가 이렇게 풍성한 혜택을 누리고 있다는 사실을 종종 잊어버리기도 한다. 국립생태원은 여러 가지 제도를 정착시켜 생태계서비스 개념을 널리 알리기 위해 노력한다.

생태계서비스 지불제를 통해 생태계서비스 보전과 증진을 위해 노력한 토지소유자에게는 보상을 시행 중이다. 자연자원총량제라는 이름으로 난개발을 막기 위한 정책이 시행된 적도 있다. 개발로 얻는 이익만큼 자연자원과 그 서비스의 감소량을 상쇄하도록 강제하는 제도이다. 인간이 생태계로부터 얻는 혜택을 평가하고 알리기 위해 평가 방법에 대한 모색도 이루어지는 중이다. 생태계서비스 지불제와 자연자원총량제는 모두 우리 생태계를 강화하고 지속 가능한 발전을 가능하게 만드는 제도들이다.

중앙아메리카에 있는 코스타리카는 생태계서비스 지불제를 성공적으로 시행한 나라로 평가된다. 1997년 생태계서비스 지불제를 도입한 이후 현재까지 코스타리카의 산림면적은 큰 폭으로 늘어나는 추세이다. 생태계서비스 지불제 도입 이전 20%에 불과했던 산림면적은 현재 약 50%로 늘어났다. 우리나라에서도 2020년에 법률 개정을 통해 생태계서비스 지불제가 「생물다양성 보전 및 이용에 관한 법률」에 포함되었다. 코스타리카의 사례처럼 우리나라 생태계도 더욱 강화되길 기대해보아도 좋겠다.

생물다양성협약과 람사르협약 이행을 위한 국제교류

생물다양성협약과 람사르협약은 국제적으로 중요한 기후환경 관련 협약이다. 생물다양성협약은 1992년 브라질 리우회의에서 시작되었고, 우리나라는 1994년에 회원국으로 가입하였다. 「생물다양성 보전 및 이용에 관한 법률」이 2012년 공포되어 2013년부터 시행 중이다. 국가 차원에서 생물다양성협약을 체계적으로 이행하고, 생물다양성을 보전하기 위한 국제적 협력에 적극적으로 동참하기 위해서이다.

람사르협약은 습지를 보호하기 위한 협약이다. 전 세계적으로 생태계를 보전하고 강화하는 측면에서 습지의 중요성은 점점 더 커지는 추세이다. 습지에는 내륙습지와 바다의 갯벌, 벼농사를 짓는 논 등이 모두 포함된다. 우리나라에는 내륙습지가 적은 편이지만, 넓은 갯벌과 논이 분포되어 있다. 1997년 람사르협약에 가입한 우리나라는 람사르협약을 이행하고 습지를 보전하기 위한 여러 노력을 추진 중이다.

국제권고 기준에 따라 보호하는 습지의 면적을 점점 확대해가고 있으며, 전국 곳곳에서 지방자치단체와 함께 람사르습지도시 국제 인증도 추진한다. 습지는 탁월한 탄소흡수원인 동시에 수많은 생물 종의 서식지이다. 습지를 보호하면서 얻는 이익은 습지를 메워 개발하면서 얻는 이익과는 비교할 수도 없이 크다. 국립생태원은 국제협약 이행 등 활발한 국제교류를 통해 우리가 살아가는 생태계를 강화하면서 기후환경 위기 극복을 위한 국제적 요구에 부응하기 위해 노력 중이다.

생태계의 균형과 안정을 위해,
멸종위기종복원센터

인구가 폭발적으로 늘어나고 인류의 터전이 넓어지는 만큼 야생생물의 숫자는 크게 줄어들었다. 인간이 살아가기 위해 야생생물의 터전을 침범하는 일이 계속되면서 절멸되었거나 절멸될 위기에 처한 종들도 많아졌다. 더 늦기 전에 절멸 위기에 놓인 야생생물을 보호해야 한다. 국립생태원 멸종위기종복원센터는 멸종위기에 처한 야생생물을 체계적으로 보호하고 복원하기 위해 노력하는 곳이다.

야생생물과 CITES(멸종위기에 처한 야생동·식물 국제 거래에 관한 협약)

가끔 야생생물을 불법으로 거래하는 이들이 적발되어 언론에 등장한다. 자연 속에서 살아가야 할 야생생물을 누군가의 소유물로 삼는 일은 개체와 생태계 전체 모두에 불행을 초래하는 일이다. 뉴트리아처럼 이렇게 유통된 야생생물이 버려져 생태계를 교란하는 사태가 벌어지기도 한다. 이런 상황에서 각국의 정부들은 '국제적멸종위기종'을 지정하고 이들에 대한 거래를 제한하는 '멸종위기에 처한 야생동·식물 국제 거래에 관한 협약 CITES*'을 만들었다.

 CITES는 국제 자연 보호 연맹(IUCN)회원 협의에서 1973년에 채택되어

* Convention on International Trade in Endangered Species of Wild Flora and Fauna

1975년부터 시행되었다. 국제협약이 강제성을 띤다고는 하지만 무엇보다 협약에서 중요한 점은 회원국들의 자발적 참여이다. CITES는 국제협약이지만 각국이 자발적으로 국내법을 제정하고 시행하도록 돕는다. 우리나라 역시 CITES 이행을 위해 야생생물 보호 및 관리에 관한 법률(이하 야생법)에 관련 내용을 포함하여 시행하고 있다.

CITES에 따라 살아있는 동식물을 수출 혹은 수입하고자 하는 이는 모두 야생법에 적용을 받는다. 관련 서류 작성과 절차를 엄격하게 지키지 않으면 벌금이나 과태료가 부과되거나 징역형을 받는다. 허가 없이 수입된 야생생물은 몰수된다. 정해진 법을 지키는 일도 중요하지만, 멸종위기종 야생생물에 대한 인식을 개선하는 일도 중요하다. 국립생태원은 각종 교육콘텐츠 배포와 교육을 통해 시민들의 멸종위기종 보전 역량을 강화하는 일에도 앞장선다.

멸종위기종복원센터 개원

2018년 10월 경상북도 영양군에 멸종위기종복원센터가 설립되었다. 멸종위기종복원센터가 문을 열기 전에도 우리나라에서는 멸종위기 야생동물이 복원된 사례가 있었다. 대표적인 예가 지리산 반달가슴곰이다. 새로 설립된 국립생태원의 멸종위기종복원센터는 더욱 체계적인 야생동물 복원에 중점을 둔다. 단순하게 종을 복원하여 증식시키기만 하는 일은 생태계를 교란하는 결과를 초래하기도 한다. 기존의 생태계를 교란하지 않으면서 생태계의 끊어진 고리를 이어주는 활동이 바로 멸종위기종복원센터의 활동이다.

미국 옐로우스톤 국립공원의 멸종위기종 복원사례는 국제적으로 바람직

한 복원사례로 기억된다. 1990년대 초반 옐로우스톤 국립공원에서는 늑대가 멸종된 후 사슴 개체수가 급격하게 늘어난 상황이 이어졌다. 사슴 개체수가 늘어나면서 나무와 초지가 급속도로 황폐해지는 등 생태계의 균형이 어그러졌다. 이런 상황에서 전략적인 늑대의 복원은 사슴 개체수를 감소시켜 초지를 복원하고 나무가 자랄 수 있는 환경을 만들어주었다. 나무가 성장하니 새와 곰 등 다른 동물의 개체수도 다양하게 증가하여 생태계가 건강하게 회복되었다.

국제적으로는 잘못된 복원사례들도 많으므로 멸종위기종복원센터에서는 생태계 전체의 균형과 안정된 회복을 고려하여 복원을 추진한다. 먼저 장기적으로 국가 차원에서 야생동물 보호 기본방향을 설정하고 '멸종위기종 분류군별 복원 가이드라인'을 마련한다. 국내외의 복원사례를 분석하여 복원절차를 정립하고 이해관계자의 의견을 수렴한다. 이런 방식으로 현재 우선복원대상종 16종에 대한 보전계획이 수립되어 있다.

멸종위기종복원센터의 활동

멸종위기종 야생생물에 대한 체계적인 복원계획을 수립하고 복원을 진행한다. 복원계획은 특정 생물 종의 증식뿐 아니라 전체적인 생태계의 건강한 복원과 함께 이루어져야 한다. 2020년에는 공동 조사와 포획을 통해 우선복원대상종의 원종이 도입되었다. 원종을 증식하기 위한 맞춤형 증식기술도 함께 개발한다. 복원 종을 방사하기 전에 원서식지의 환경을 복원하는 일도 빼놓을 수 없다.

도입된 원종을 길러내기 위한 맞춤 사육시설도 조성한다. 조류의 경우에는 알의 특성을 파악하여 인공으로 부화시키는 방식으로 번식을 확대한다. 인공부화를 통한 개체 증식기술과 함께 산란 유도와 자연 번식을 위한 시스템도 함께 갖춘다. 인공부화보다는 원서식지에서 번식이 확대되는 방향으로 연구가 진행되는 중이다. 최근에는 참달팽이 번식에 세계 최초로 성공하였고, 남생이와 소똥구리의 증식도 큰 폭으로 늘었다. 나도풍란이나 만년콩 등 식물은 종자 발아 기술을 개발하여 개체를 증식한다.

증식하고 복원된 생물 종을 방사하고 개체가 더 많이 생존하도록 돕는 일도 멸종위기종복원센터의 활동이다. 저어새와 좀수수치는 자연 적응 훈련 등 생존율을 향상하기 위한 훈련을 받은 후 방사되었다. 이 과정에서 국민 참여가 이루어지기도 했다. 강화도에 방사된 저어새 중 일부가 중국에서 겨울을 나고 돌아온 것이 확인되었고, 좀수수치의 야생개체군도 자연회복력 수준으로 높아졌다. 각 생물 종의 특성과 생태계를 면밀하게 파악하고 복원에 성공한 멸종위기종복원센터의 활동 덕에 가능해진 성과였다.

미래의 우리 모두를 위해, 습지센터

습지는 생명체의 오랜 터전이다. 지금도 많은 야생생물이 습지를 터전으로 삼아 살아간다. 훌륭한 탄소흡수원인 습지는 인간의 삶과 지구 생태계 전체를 보호하는 역할을 한다. 국립생태원 습지센터는 이렇게 고마운 습지를 보전하고 관리하기 위해 만들어진 곳이다.

국립생태원 습지센터

국립생태원 습지센터는 경상남도 창녕군에 있다. 2012년 설립되었고 국립환경과학원에서 국립습지센터라는 이름으로 운영하였다. 2019년에 국립생태원으로 조직이 이관되면서 국립생태원 습지센터로 명칭이 변경되었다. 습지센터는 국내에 있는 습지를 체계적으로 보전하고 관리하기 위한 습지 조사·연구 전문기관이다. 습지센터는 습지 조사연구의 선진화로 습지의 가치를 재창출하고, 현명한 습지 이용문화를 정착하는 데 목표를 둔다.
 습지는 탄소흡수원이며, 수많은 생물 종이 살아가는 터전이다. 습지는 흡수한 탄소를 저장하는 동시에 각종 오염물질을 정화하고, 홍수를 방지하며, 지하수가 마르지 않도록 해 주고, 기후를 안정시키는 일에도 도움이 된다. 습지를 보전하는 일은 곧 습지에서 살아가는 생물다양성을 유지하는 일이며, 우리 모두를 위해 습지를 현명하게 이용하는 일과 직결된다.
 국립생태원 습지센터에서는 습지를 보전하기 위한 정책을 지원하는 일은 물론 국민들이 습지 보호에 자발적으로 나설 수 있도록 하는 일에도 중점을 둔다. 이를 위해 습지 관련 기관과 단체들이 국내외에서 네트워크를 구축하는 일도 돕는다. 습지를 보호하는 일은 습지센터만의 일이 아니다. 습지를 보전하기 위해서는 습지 주변에 사는 시민들의 협조와 이해관계자들의 역량 강화가 꼭 필요하다. 국립생태원 습지센터는 습지가 미래를 위해 모두에게 혜택을 나눠주는 존재임을 강조한다.

우리나라 습지 보호 현황

국립생태원 습지센터가 위치한 경상남도 창녕군에는 람사르습지로 지정된 우포늪이 있다. 둘레가 7.5km, 면적이 70만 평에 달하는 우포늪은 우리나라에서 가장 큰 내륙습지이다. 지형상 내륙습지가 발달하지 않은 우리나라에서 우포늪은 귀한 습지 환경을 제공한다. 1997년 람사르습지로 지정된 강원도 인제군의 용늪을 시작으로, 국내에는 2021년 5월 기준 총 24곳의 람사르습지가 등록되어 있다.

우포늪이나 용늪 같은 내륙습지뿐 아니라 최근에는 바다의 갯벌도 람사르습지로 지정되어 보호되는 중이다. 순천시와 보성군 일대의 순천만은 2006년에 일대 전체가 람사르습지로 지정되었다. 순천만은 멸종위기종인 흑두루미가 겨울을 보내고 가는 지역이기도 하다. 강화군 길상면에 있는 매화마름군락지는 국내에서 최초로 람사르습지로 지정된 논 습지이다. 갯벌이나 늪만큼이나 논도 습지로서 중요한 역할을 한다. 2016년 지정된 동천하구는 순천만 습지와 주변 농경지를 연결하는 습지 형태의 지형이다.

2012년에는 서울 여의도의 밤섬 일대가 람사르습지로 지정되었고, 2020

년에는 광주시의 장록습지가 국내 첫 도심 습지로 지정되었다. 습지를 도시와 멀리 떨어진 공간으로 이해한다면 큰 오산이다. 습지가 무인도나 외딴섬에 있는 경우도 많지만, 우리가 사는 도시 가까이에서도 얼마든지 습지를 찾을 수 있다. 습지는 도시 가까이에서 우리의 생존을 돕는 공간이다. 우리 역시 마찬가지로 습지를 보전하기 위해 노력해야 한다.

습지 보호 활동의 필요성

국립생태원 습지센터는 생물다양성협약과 람사르협약에 따라 국제권고기준에 맞춰 우리나라의 습지 보호지역을 확대하려고 노력한다. 습지 보호지역으로 지정하기 위해서는 지역 내에 멸종위기 야생생물이 얼마나 서식하고 있는지를 확인하고 조사 결과를 보고서로 발간한다. 보고서 발간은 습지보호지역 지정에 확실한 근거를 부여한다. 조사 과정에서 지역에 거주하는 생물다양성이 정밀하게 파악된다.

국립생태원 습지센터의 이런 노력 덕에 국내의 습지보호지역과 람사르습지는 점점 늘어나고 있다. 습지센터에서는 람사르습지 지정뿐 아니라 람사르습지도시 인증지역 확대를 지원하고 있다. 람사르습지도시는 람사르습지로 등록된 습지 인근에 있는 도시의 지역사회가 습지의 보전과 현명한 이용에 참여함을 인증받는 제도이다. 전세계에서 18곳밖에 인증을 받지 못했을 정도로 관리가 엄격하다. 습지센터에서는 고창군의 운곡습지와 갯벌, 서귀포시의 물영아리오름, 서천군의 갯벌, 한강의 장항하구 습지 등 지역에서 람사르습지도시 국제인증 신청을 준비하는 중이다.

국립생태원 습지센터가 습지 보전을 위해 다양한 조사와 연구 활동을 벌이고 여러 계획을 추진 중이지만, 우리 시민들이 스스로 습지 보호의 주체가 되어야 한다는 점은 명확하다. 습지가 주는 혜택이 우리 모두에게 영향을 미친다면, 습지를 보호해야 할 의무 역시 우리 모두에게 있다. 우리를 둘러싼 생태계와 자연환경은 우리에게 혜택과 의무를 동시에 가르쳐준다.

3
우리 모두 생태학자*

* 찰스 다윈과 제인 구달 두 사람의 생태학자 이야기는 다음 책을 참고하여 작성되었습니다.
  - 《찰스 다윈》 시릴 아이돈, 에코리브르
  - 《종의 기원》 찰스 다윈, 사이언스북스
  - 《제인 구달 이야기》 메그 그린, 명진출판
  - 《제인 구달, 침팬지와 함께한 50년》 제인 구달, 궁리출판

진화론을 주장한 생태학자
찰스 다윈

21세기를 살아가는 우리 중 진화론을 모르는 사람은 없다. 생물이 모두 하나의 종에서 시작되어 진화하였다는 진화론. 진화론 안에서 모든 생명체는 하나의 사슬로 연결된다. 진화론을 이야기할 때 빼놓을 수 없는 학자가 바로 다윈이다. 다윈은 모두가 창조론을 말하던 시대에 진화론을 주장했다. 세상을 바꿀 이론을 내놓은 생태학자 다윈은 어떤 삶을 살았을까?

꿈을 찾지 못한 어린 시절

다윈은 1809년에 영국의 조용한 도시 슈루즈버리에서 태어났다. 할아버지와 아버지가 모두 의사였다. 특히 할아버지는 '왕실 의사' 작위도 거절하고 책을 쓰는 일에 몰두한 사람이었다. 다윈의 할아버지 에라스무스 다윈이 쓴 책 중 《식물원》은 식물학을 정리한 책이고, 《주노미아》는 동물의 생태를 정리한 책이다. 에라스무스 다윈을 유명하게 만든 책이기도 했던 《주노미아》에는 진화론의 씨앗이 될 만한 이야기들도 들어있었다. 물론 당시 서구에서는 기독교의 반발이 심해서 진화에 대해 말하기는 어려운 상황이었다.

다윈의 아버지 역시 할아버지의 조언에 따라 의사가 되었다. 다윈의 아버지 로버트 다윈은 책을 쓰는 일보다 사람을 만나는 일을 좋아했고 사업수완도 좋았다. 책을 쓰거나 전국에서 유명한 의사가 되지는 못했지만, 조용한 도시 슈루즈버리에서 열심히 일하면서 많은 돈을 모았다. 당시 의사들은 비싼 치료비를 내는 환자들만 치료하기도 했는데, 다윈의 아버지는 가난한 환자들을 정기적으로 방문하여 무료 치료도 해주었다. 열심히 돈을 벌면서도 사회에 도움이 되는 일을 해야 한다는 아버지의 사고방식은 다윈의 삶에도 영향을 많이 미쳤다.

다윈이 남긴 업적을 이야기하기 전에 다윈의 할아버지 에라스무스 다윈과 아버지 로버트 다윈을 이야기하지 않을 수 없다. 다윈이 남긴 업적은 혼자만의 업적이 아니기 때문이다. 할아버지의 명성과 아버지의 재산은 다윈의 비글호 탐험과 이후에 이어진 연구에 큰 도움이 되었다. 식물을 키우며 연구하던 할아버지의 열정이 아버지와 다윈에게도 이어졌고, 다윈은 어디서든 성실한 태도로 연구에 집중했다. 다윈의 아버지는 다윈이 연구에 집중하는 데 어려움이 없도록 재정적 지원을 아끼지 않았다.

아버지는 사회에 도움이 될 만한 훌륭한 사람이 되라고 어릴 때부터 강조했지만, 어린 시절 다윈은 꿈을 정하지 못한 채 여러 일에 번갈아 가며 몰두했다. 식물이나 곤충, 조류에 몰두하고 사냥에 빠지기도 했지만, 라틴어와 그리스어로 배우는 고전에는 관심이 없었다. 학교 수업에도 크게 흥미를 느끼지 못했다. 좋아하는 과목에는 집중했지만, 관심 없는 과목에는 지루함을 느꼈다. 학교에서 친구들과 어울리기보다는 집에서 동물들과 놀거나 누나들과 산책하고 이야기 나누기를 좋아했다.

아버지는 다윈의 할아버지가 그랬듯 아들들이 의사가 되기를 원했다. 다윈보다 네 살 많은 형이 먼저 의사 공부를 시작했고, 다윈도 곧 의사가 되기 위해 집을 떠났다. 당연한 일일 수도 있겠지만, 떠밀려서 시작한 의학 공부는 다윈에게 맞지 않았다. 의학 실습에 관심이 없었던 다윈은 차츰 자연사

공부에 관심을 가지기 시작했다. 이 시기에 다윈은 의학과는 멀어졌지만, 탐험에 흥미를 보이기 시작했다. 자연사를 연구하는 이들과 교류를 시작하고, 자연사 연구에 필요한 박제술을 배우기도 했다.

의학 공부가 적성에 맞지 않는다는 사실을 고백하자, 다윈의 아버지는 이번에는 성직자가 되라고 제안했다. 다윈의 아버지는 무신론자에 가까웠지만, 아들이 아무 일도 하지 않고 빈둥대기보다는 사회에 필요한 사람인 성직자가 되기를 바랐다. 다윈은 아버지의 뜻을 거절하지 못하고 신학 공부를 위해 케임브리지로 떠났다. 거기서 신학과 함께 딱정벌레를 연구하며 3년 반을 보냈다. 이 시기에 평생의 인연을 맺은 식물학 교수 존 헨슬로와 교류를 시작했다. 탐험가 알렉산더 폰 훔볼트의 《남아메리카 여행기》 같은 책을 읽으며 탐험의 꿈도 키웠다.

비글호와 함께 떠난 탐험

신학 공부를 했지만, 다윈과 교류했던 이들은 이미 그를 자연학자로 받아들이고 있었다. 공부를 마치고 집으로 돌아온 다윈은 고민이 많았다. 성직자가 되고 싶지 않다는 말을 아버지에게 어떻게 전할까 고민하고 있을 무렵, 식물학자 존 헨슬로의 편지가 도착했다. 남아메리카로 항해를 떠나는 비글호에 자연학자로 다윈을 추천했다는 내용이었다. 당시에는 성직자가 자연학자를 겸하는 일도 흔했고, 선교를 위해 탐험을 함께 떠나기도 했던 터라 신학 공부를 한 다윈이 탐험을 함께 하는 일이 아주 이상하게 여겨지지는 않았다.

문제는 가족들의 반응이었다. 부유하고 안락하게 자란 아들이 거친 항해

를 견디지 못할까 걱정된 아버지와 누나들은 다윈의 항해 동행을 반대했다. 아버지와 누나들이 하는 걱정에는 어릴 적 세상을 떠난 다윈의 어머니 몫까지 포함되었지만, 다윈의 탐험을 응원하고 아버지의 마음을 돌리게 한 이는 외삼촌이었다. 아버지의 친구이기도 한 외삼촌은 다윈에게 이 항해가 얼마나 중요한지를 아버지에게 잘 설득해주었다. 다윈의 할아버지와 외할아버지 대부터 시작된 인연이 다윈을 중요한 탐험으로 서서히 이끄는 중이었다.

  다윈의 탐험을 찬성하는 쪽으로 돌아서면서 아버지의 전폭적인 응원이 시작되었다. 비글호는 영국 해군의 지원을 받았는데, 다윈의 아버지는 급여를 지급하겠다는 해군 측의 제안을 거절했다. 해군의 급여를 받으면 다윈이 할 연구의 독립성이 보장되지 못할까 봐 걱정되었기 때문이다. 또 항해에 필요한 비용 일부를 지원하면서 비글호의 항해 일정이 다윈의 연구를 최우선으로 보장하며 움직이도록 했다. 가족들의 응원을 받으며 다윈은 1831년 12월 비글호와 함께 항해를 시작했다.

항해는 다윈의 예상보다 훨씬 위험하고 고통스러웠다. 비글호는 낡고 작은 배였고, 선실은 비좁았다. 책과 수집 도구를 놓을 자리를 마련하기 위해 다윈은 탁자 위 공간에 그물침대를 설치하고 잠을 잤다. 평생 넓고 깨끗한 집에서 살아왔던 다윈이 처음 겪는 불편한 생활이었다. 더구나 다윈은 항해 초반 끔찍한 뱃멀미에 시달렸다. 안락하게 살아온 청년에게 바다는 견디기 힘든 거친 공간이었다. 다행히 함께 항해하는 선원들과 해군들 모두 다윈을 아끼고 잘 보살피며 연구를 도와주었다.

특히 비글호의 젊은 선장 피츠로이는 자연학에 대한 지식을 갖춘 사람이라 다윈과 여러 이야기를 나누며 다윈이 이론을 정립하는 데 도움을 주었다. 항해가 끝난 후 두 사람은 공동으로 책을 집필하기도 했다. 바다가 주는 괴로움은 남아메리카의 낯선 땅에서 탐험을 시작하면서 곧 사라졌다. 다윈은 배에서 내리면 조개 화석을 줍고, 식물과 동물 표본을 채집하고, 지질을 조사하느라 정신이 없었다. 땅에서의 시간도 안락하지만은 않았다. 말을 타고 장거리를 이동하며 땅바닥에서 잠을 자고, 사냥한 고기로 식사를 해결할 때가 많았다.

영국을 떠나 있으면서도 다윈은 많은 이들의 도움을 받았다. 다윈의 형은 다윈이 필요로 하는 책과 도구들을 보내주었고, 아버지는 요청하는 대로 자금을 지원해주었다. 다윈의 누이들은 다정하고 사려 깊은 편지로 가족의 소식을 전해주며, 항해와 탐험으로 지친 심신을 위로해주었다. 비글호에 다윈을 추천한 식물학자 헨슬로는 다윈이 채취하여 보낸 표본들을 전문가들이 모인 학회에 발표했다. 이들의 노력 덕분에 비글호가 항해를 계속하는 동안부터 다윈의 이름은 영국 학계에 점점 알려지기 시작했다.

대서양의 경도와 위도를 재확인하는 비글호의 작업과 다윈의 탐험이 병행하며 진행되는 동안 드디어 비글호의 마지막 작업만이 남게 되었다. 그 마지막 작업은 갈라파고스 제도의 지도를 그리는 일이었다. 비글호가 작업하는 동안 다윈은 갈라파고스 제도를 누비며 상상하지도 못했던 생물들과 만났다. 거대한 도마뱀과 거북이는 어디서도 본 적 없는 크기였고, 새들은 각각 섬마다 독특한 차이점을 보였다. 갈라파고스에서 만난 생물들은 당시의 이론으로는 설명되지 않았고, 다윈에게 많은 질문과 고민을 남겼다.

1836년 10월 드디어 다윈이 비글호와 함께한 긴 항해가 끝났다. 5년 가까운 시간이 흘렀고, 다윈은 20대 초반의 청년에서 20대 후반의 청년이 되었다. 영국의 학계에서 다윈이 차지하는 위치도 달라져 있었다. 다윈이 수집하고 정리한 표본들과 기록들은 영국의 생물학계를 뒤흔들었다. 다윈의 주장에 찬성하건 찬성하지 않건 간에 다윈의 주장이 광범위한 조사와 성실한 연구에 바탕을 두고 있음을 인정하지 않을 수 없었다. 항해가 끝나갈 무렵 다윈은 자신의 탐험을 평가하며 일기에 이렇게 적었다.

"나는 이번 여행에 너무 만족한 나머지, 모든 자연학자에게 주어진 기회를 놓치지 말고 잡으라고 권하지 않을 수 없다. ……미리 짐작하고 상상했던 것만큼 심각한 어려움이나 위험은 거의 닥치지 않을 것이다(물론 드물게 그런 경우도 있지만). ……최대한 원하는 결과를 얻으려면, 기분 좋게 참을 수 있는 인내와 이타심을 배워야 하고, 혼자 힘으로 해나가고 모든 것을 최대한 이용하는 방법을 익혀야 한다. ……또한 진실로 선한 심성을 가지고…… 아무 욕심 없이 도와주려는 사람들이 얼마나 많은지도 알게 될 것이다."

종의 기원과 자연선택

비글호와 함께 6,400km를 4년 9개월 동안 여행하면서 다윈은 1,700쪽이 넘는 기록을 남겼다. 다시는 하지 못할 모험이었다. 실제로도 그 이후 죽을 때까지 다윈은 영국 땅을 떠나지 않았다. 필요한 표본이 있으면 전 세계에서 연구와 탐험을 계속하는 학자들에게 자료를 요청했다. 많은 이들에게 사랑받으며 살아온 다윈은 모든 이들이 기꺼이 자신을 도우리라 믿었고, 그 믿음은 사실이었다. 다윈의 탐험 이야기를 들은 전 세계의 학자들이 열광했고, 기꺼이 자료를 제공하며 다윈과 편지로 교류하기를 원했다.

영국에 돌아오자마자 유명인사가 된 다윈은 얼마 후에 영국 지질학회의 회원이 되었다. 대학에서 과학 교육을 받지 않은 다윈에게 과학자로 인정받는 일은 중요했다. 다윈은 탐험에서 얻은 기록들을 정리하여 출판하면서 연구를 계속하고 싶었다. 스물일곱 뒤늦은 나이에 다시 진로에 대한 고민이 시작되었다. 어떤 직업을 선택하고 결혼을 해야 할지 말아야 할지, 결혼한다면 누구와 해야 할지가 고민이었다. 다윈은 가능한 연구 이외에 다른 일에 시간을 뺏기고 싶지 않았고, 누군가 자기를 옆에서 계속 돌보아주길 원했다.

항해 중에도 그랬지만 다윈은 몸이 자주 아팠다. 연구에 몰두하면 할수록 몸이 쇠약해졌다. 다행스럽게도 다윈의 아버지는 다윈이 다른 직업을 가지지 않고도 계속 연구할 수 있도록 많은 재산을 나눠주었다. 다윈과 결혼한 아내 역시 다윈 못지않은 재산을 가지고 있었다. 다윈의 아내 엠마는, 다윈이 항해를 떠날 수 있도록 그의 아버지를 설득해준 외삼촌의 딸이었다. 사촌인 두 사람은 어린 시절 자주 만났고, 나이가 들어서도 교류하면서 서로에게 편안함을 느꼈다. 두 사람이 결혼을 떠올렸을 때는 서로에게 더할 나위 없는 짝이었다.

　결혼 후 안정을 얻은 다윈은 아내 엠마의 돌봄 속에서 연구를 계속했다. 당시 서구의 과학계에서는 창조론이 정설로 취급받았다. 신이 각 지역의 다양한 동식물을 환경과 조화를 이루도록 창조했다는 주장이었다. 환경에 적응하는 생물의 능력은 실로 대단해서, 그토록 완벽해 보이는 시스템은 완벽한 신만이 만들 수 있다는 주장이 타당하게 들리던 시대였다. 대학에서 신학을 공부한 다윈 역시 그런 주장을 믿고 있었다. 물론 그 믿음은 비글호와 함께 한 탐험 내내 조금씩 사라졌다.

　탐험에서 돌아온 다윈은 조금씩 진화론에 대해 주변에 이야기하기 시작했다. 다윈의 태도도 조심스러웠고, 받아들이는 이들에게도 쉽지 않은 일이었다. 창조론에서 모든 종은 고정되어 있어야만 했고, 한 번 생겨난 종은 변할 수 없었다. 이따금 나타나는 변종은 과학계의 골칫거리이자 논쟁거리였다. 다윈은 자신의 할아버지 에라스무스 다윈이 《주노미아》라는 책에서 진화론의 싹이 될 만한 이론을 펼쳤음을 확인했다. 이제 다윈이 더욱 체계적으로 반박 불가능한 진화론을 과학계에 보여줄 차례였다.

　다윈은 갈라파고스의 각 섬에서 자신이 만났던 생물들이 하나의 조상에서 갈라져 나와 서서히 변해갔다는 결론에 도달했다. 다윈이 보기에 종은 고정되지 않았고, 고정될 수도 없었다. 부모 세대의 어떤 형질은 자식 세대에게 전해지고, 어떤 형질은 전해지지 않는다. 그런 과정을 거쳐 생물은 세대를 거듭할수록 조상 세대와 다른 형질을 갖게 된다. 당시는 멘델이 유전법칙을 발견하기 전이라 다윈도 유전이나 유전에 적용되는 법칙에 대해서는 알지 못했다. 알지 못했지만, 이런 현상은 주변에서 언제나 쉽게 경험할 수 있는 사실이었다.

　다윈은 남아메리카와 갈라파고스 제도에서 발견한 사실들, 죽은 동식물의 화석과 표본이나 살아있는 동식물의 형태에서 발견한 사실들을 정리하며 정원 관리사나 동물 사육사들과 이야기를 나누었다. 다윈은 특정 형질이 후세에 전해지는 현상을 '선택'이라고 불렀는데, 정원 관리사나 동물 사육사는 이런 선택이 인위적으로도 가능하다는 사실을 확인해주었다. 정원 관리사나 동물 사육사는 식물을 가꾸고 동물을 기르면서 번식 과정에서 특정한 형질이 잘 전해지도록 유도한다. 점점 생존에 유리한 변종이 주요 종으로 정착된다.

다윈은 자신이 발견한 사실을 글로 쓰고 싶은 동시에 망설여졌다. 다윈이 설명하는 '선택'과 '변이'는 창조론을 거스르고 있었다. 과학계로부터 쏟아질 비난이 충분히 예상되었다. 그렇다고 이렇게 엄청난 사실을 알고도 모른 척할 수는 없었다. 1859년 11월 결국 책이 세상이 나왔다. 《자연선택을 통한 종의 기원에 대하여(이하 종의 기원)》라는 제목의 책은 이후 '종의 기원'이라는 이름으로 더 유명해졌다. 초판은 인쇄하기도 전에 이미 예약이 마감되었고, 논란 역시 빠른 속도로 끓어올랐다.

무엇을 발견했는지를 받아들이는 시간

다윈이 비글호 항해에서 돌아온 해는 1836년, 《종의 기원》을 출판한 해는 1859년이다. 갈라파고스 제도에서 품었던 의문이 나름의 결론으로 정리되어 세상과 만나는 데에 이렇게 오랜 시간이 걸렸다. 20년이 훌쩍 넘는 그 시간 동안 다윈은 거의 쉬지 않고 연구를 계속했고, 자주 심각하게 몸이 아팠다. 연구나 집필 자체가 고된 일이기도 했지만, 어쩌면 자신이 발견한 사실 자체에서 오는 고통이 컸을 수도 있지 않을까? 다윈이 발견한 사실과 연구의 결론은 지금껏 자신이 살아온 세계를 뒤흔드는 발견이었다.

다윈은 가끔 가슴이 몹시 두근거리는 증상을 평생에 걸쳐서 겪었는데, 첫 증상은 비글호 항해가 시작되기 직전에 나타났다. 두통이나 구역질, 구토 증상도 자주 겪었다. 스트레스가 심해지면 피부 질환과 원인을 알 수 없는 통증을 겪기도 했다. 신체의 고통과 함께 다윈은 자신의 연구가 사회로부터 비난을 받을까 봐 두려워 심한 정신적 고통을 호소했다. 생명체가 창조되지 않았고 진화한다는 사실을 밝히는 일이 곧 신을 부정하는 일로 여겨지던 시대였다. 다윈은 자신이 그런 엄청난 일을 한다는 사실이 두렵지 않았을까?

한편으로는 엄격하던 그 시대도 조금씩 변화의 기운을 풍기고 있었다. 존경받는 의사이자 학자였던 다윈의 할아버지가 진화론으로 해석될 만한 이야기가 들어간 책을 써서 유명해진 일만 봐도 그렇다. 다윈이 많은 영향을 받은 맬서스의 《인구론》도 인구 증가와 자연선택의 관계를 서술하여 큰 인기를 끌었다. 세계는 조금씩 창조론의 영향에서 벗어나 진화의 비밀을 밝히는 방향으로 이동하는 중이었다. 이 엄청난 세계의 변화 속에서 다윈은 자신이 무엇을 발견했는지를 고통스럽게 받아들이고 있었다.

다윈은 급진적이라기보다는 고지식한 면이 많은 사람이었다. 평생을 부유하게 살았고 연구에만 매진했기 때문에 타인의 삶에 대해서는 잘 몰랐다. 노예제도에 반대하기는 했지만, 유럽 백인이 다른 인종보다 우수하다는 사실을 의심하지 않았다. 남성이 여성보다 능력이 우월하다는 사실도 마찬가지였다. 다윈은 자기 가족을 돌보기 위해 집에 많은 하인을 두는 일을 당연하게 여겼고, 자신이나 남자 형제들과 달리 누이들과 아내가 대학에서 교육을 받을 수 없다는 사실을 이상하게 여기지 않았다.

그런 다윈이 발견한 사실들은 다윈이 굳건하게 믿고 살아온 세계를 변화시키려 했다. 세계를 변화시킨 그 힘은, 과거의 질서대로 살아가던 다윈마저 구시대의 사람으로 만들었다. 다윈에게 과학은 진실을 말하는 힘이었다. 그 진실이 자기가 원하는 진실이 아니더라도 자기가 발견한 진실을 사람들에게 말해야만 했다. 더구나 다윈이 믿고 살아온 세계의 질서는 이제 막 깨어지려는 참이었다. 다윈 말고도 진화론을 주장하거나 연구하던 이들이 더 있었다. 다윈처럼 오래 체계적으로 준비하지 못했을 뿐이다.

다윈의 시대는 세계가 더 이상 창조론과 종교의 질서에 따라 움직이지 않게 된 새로운 시대였다. 영국 땅 곳곳에는 철도가 놓였고, 각 지역의 시간은 하나로 통일되었다. 비용도 비싸고 느렸던 역마차 대신 철도가 대규모로 빠르게 물자와 사람을 실어나르는 시대가 왔다. 부자들만이 책을 사서 읽던 시대도 지나갔고, 미국과 세계 곳곳의 대도시에서 젊은 지식인과 노동자들이 새로운 사상이 담긴 책을 원하고 있었다. 다윈 자신은 원하지 않았을지도 모르지만,《종의 기원》은 그런 시대에 걸맞은 책이었다.

다윈의 예상대로《종의 기원》은 종교계의 격렬한 비난에 직면했고, 그 비난과 맞서 싸워줄 옹호자들 역시 만들어냈다. 학계의 싸움이 지속되는 동안에도 다윈은 싸움에 끼어들지 않고 연구를 계속하며 쉬지 않고 책을 펴냈다. 다윈이 죽기 전 1877년 케임브리지는 다윈에게 명예박사 학위를 수여했다. 1882년 다윈이 사망하자 영국 왕립학회는 다윈을 웨스트민스터 사원에 안장하도록 허락해달라고 가족들에게 요청했다. 다윈을 비난하던 영국 교회는 그의 공로를 인정하면서 뉴턴 곁에 안장했다.

다윈의 연구에서 종교적으로 특히 논란이 된 부분은 인간과 다른 동물의 관계였다. 기독교에서는 인간을 신의 가장 중요한 피조물로 여긴다. 신의 세계에서는 모든 존재가 위계로 연결되며, 인간은 가장 상위 단계를 차지한다. 반면 다윈이 말하는 진화론은 사다리나 위계가 아닌 사슬로 연결된다. 바로 지금 우리가 생태계라는 이름으로 부르는 사슬이다. 생명체는 누군가 창조한 형태 그대로 살아가지 않고 끊임없이 변화한다. 여기에 위계는 소용이 없다. 끊임없이 돋아나는 잔가지들만이 있을 뿐이다. 《종의 기원》은 다음과 같은 이야기로 끝을 맺는다.

"수많은 종류의 식물들이 자라나고 있고, 덤불에서 노래하는 새들과 여기저기를 날아다니는 곤충들, 그리고 축축한 땅 위를 기어 다니는 벌레들로 가득 차 있는 뒤얽힌 둑을 지긋이 관찰해보면 참으로 흥미롭다. 또한 서로 너무나도 다르고, 매우 복잡한 방식으로 서로 얽혀 있는, 정교하게 구성된 이런 형태들이 모두 우리 주위에서 일어나는 법칙에 의해 탄생되었다는 사실을 떠올려 보면 흥미를 느끼지 않을 수 없다. ……처음에 몇몇 또는 하나의 형태로 숨결이 불어 넣어진 생명이 불변의 중력 법칙에 따라 이 행성이 회전하는 동안 여러 가지 힘을 통해 그토록 단순한 시작에서부터 가장 아름답고 경이로우며 한계가 없는 형태로 전개되어왔고 지금도 전개되고 있다는, 생명에 대한 이런 시각에는 장엄함이 깃들어 있다."

침팬지와 평생을 함께한 생태학자
제인 구달

다윈이 진화론을 주장했을 때 많은 이들이 화를 내거나 조롱했다. 그들은 인간이 원숭이와 같은 뿌리에서 나왔다는 사실을 믿고 싶지 않았다. 다윈 이후 인간과 유인원의 관계를 연구하는 학자들은 점점 많아졌다. 특히 제인 구달은 아프리카에서 침팬지를 연구하며 평생을 보낸 사람으로, 침팬지가 인간과 얼마나 가까운지를 전 세계에 알렸다.

동물들과 함께 보낸 어린 시절

제인 구달은 1934년 영국 런던에서 태어났다. 아주 어린 시절부터 동물을 좋아했다. 작고 귀여운 개나 고양이 같은 동물뿐만이 아니라 곤충이나 벌레도 좋아하여 자주 어른들을 기겁하게 했다. 18개월 무렵에는 밖에서 지렁이를 가져다 베개 밑에 숨겨두기도 했다. 제인이 두 살 되던 해인 1936년 런던 동물원에서 침팬지가 처음으로 새끼를 낳았다. 이를 기념하여 '주빌리'라는 침팬지 인형이 판매되었는데, 제인의 아버지도 인형을 하나 사 왔다. 침팬지와 함께 할 인생을 예측하기라도 했는지, 제인은 그 인형을 무척 마음에 들어 했다.

   제인 가족이 아버지의 뜻에 따라 프랑스로 이주하자마자 제2차 세계대전이 발발했다. 이후 제인과 어머니, 동생은 영국에서 할머니와 함께 살게 되었는데, 할머니의 농장에는 동물들이 많아서 제인을 즐겁게 했다. 한 번은 어린 제인이 보이지 않아 가족들이 한참을 찾아 헤맨 일이 있었다. 저녁 늦게 나타난 제인은 다섯 시간이나 닭장에 숨어 닭이 알을 낳는 장면을 지켜보았다며 기뻐했다. 제인의 어머니 밴은 딸을 혼내지 않고, 제인이 자기가 본 장면을 이야기할 때 관심을 보이며 들어주었다.

제인의 어머니는 제인이 자연 속에서 동물들과 자라도록 배려하면서 상상력을 응원해주었다. 어머니는 제인이 어른이 된 후에도 오랫동안 조언자와 조력자 역할을 했다. 어머니와 아버지의 사이가 멀어지면서 제인 가족은 외할머니와 함께 살게 되었다. 글을 배운 제인은 외할머니 집 마당의 큰 나무에 올라가 책을 읽으며 지냈다. 《둘리틀 박사》 시리즈와 《정글북》은 제인이 가장 좋아하는 책들이었다. 제인은 자기 이름이 타잔의 애인 이름과 같다는 사실을 알고 기뻐했다. 모두 제인을 아프리카로 향하게 만든 책들이었다.

열두 살에 제인은 '악어클럽'이라는 자연활동 클럽을 만들었다. 회원은 제인과 동생 주디, 이웃의 두 친구를 포함하여 총 네 명이었다. 이 클럽은 곤충과 식물 표본을 채집하여 전시회를 열기도 하고, 정기적으로 소식지도 만들었다. 전시회에서 모은 기금은 도살장으로 끌려가는 늙은 말을 구조하는 일에 썼다. 어린 제인에게 무엇보다 즐거운 시간은 동물과 함께 보내는 시간이었다. 제인이 동물을 잘 돌본다는 사실을 알게 된 이웃들은 자기네 동물을 돌보아달라고 제인에게 맡기기도 했다.

제인은 어릴 적부터 승마를 배웠다. 승마학교의 원장은 제인이 말을 잘 다루지만, 수업료를 낼 정도로 가정형편이 넉넉하지는 않다는 사실을 눈치챘다. 원장은 제인이 마구간에서 일하면서 승마를 배울 수 있도록 해주었다. 원장의 예상대로 동물과 교감하는 제인의 능력은 탁월했고, 이 능력은 곧 승마 실력으로 증명되었다. 다만 제인은 말을 타고 다른 동물을 사냥하는 일에는 거부감을 느꼈다. 이때 배운 승마 기술은 나중에 제인이 아프리카에서 생활하게 될 때 아주 유용하게 쓰였다.

안타깝게도 제인은 대학에 진학하지 못했다. 제인은 글쓰기에 재능을 보였지만, 다른 과목에는 관심이 없어 장학생이 되지 못했다. 장학금 없이 어머니 혼자 대학 등록금을 대는 일은 불가능했다. 당시 제인의 어머니와 아버지는 이혼한 상태였다. 제인은 대학에 진학하지 못한다는 사실을 받아들이고 미래를 고민하기 시작했다. 동물을 연구하면서 글을 쓰는 일이 제인이 원하는 일이었지만, 자격을 갖추기 위해서는 공부가 필요했다. 공부를 하기 위해선 다시 돈이 필요했으므로, 먼저 돈을 벌어야 했다.

제인은 고등학교를 졸업한 다음 해에 어머니의 추천으로 비서학교에 들어갔다. 학비는 아버지의 지원을 받았다. 재미없는 공부를 마치고 지루한 비서 일을 시작했다. 직장에는 '햄릿'이라 이름 붙인 햄스터를 데리고 다녔다. 다큐멘터리를 찍는 프로덕션에서 일하던 중에 케냐의 농장에 초대한다는 옛 친구의 편지를 받았다. 편지를 받은 후 제인은 호텔 레스토랑 종업원과 우편 배달 등 닥치는 대로 일을 하면서 아프리카로 떠날 경비를 마련했다. 어머니의 오랜 격려대로 꿈이 이루어지고 있었다.

아프리카에서 다시 시작된 꿈

"저는 영국에서 자라던 어린 소녀 때부터 아프리카로 가서 동물들과 함께 생활하며 그들에 대한 책을 쓰고 싶었습니다. 하지만 우린 돈도 없었고, 아프리카는 너무나 멀었죠. 그리고 전 여자아이였고, 사실 여자아이들은 그런 일을 하지도 않았어요." 제인은 강연에서 남들이 보기에 자신이 얼마나 불가능해 보이는 꿈을 꾸고 있었는지를 담담하게 이야기한다. 아프리카에서 지내는 동안 동물을 연구하고 싶다는 꿈은 더 커졌지만, 대학 교육을 받지 않은 제인에게 기회는 쉽게 찾아오지 않았다.

그렇다고 아프리카 땅까지 가서 꿈을 포기할 수는 없었다. 건축회사에서 타이피스트로 일하면서, 틈나는 대로 동물에 관한 책들을 읽고 동물을 관찰하러 다녔다. 그러다 나이로비에 있는 코린돈 박물관 관장인 루이스 리키라는 사람과 만나게 되었다. 리키 박사는 다윈의 진화론을 신봉하면서 아프리카에서 초기 인류의 화석을 찾아다니는 고고학자였다. 리키 박사는 제인과 이야기를 나눠본 후 곧 제인이 동물에 대해 많은 애정과 지식을 가졌다는 사실을 알아차렸다. 제인은 얼마 후 리키 박사의 제자가 되었다.

동물을 좋아하는 제인에게 아프리카는 천국과는 같은 곳이었다. 아프리카에서 제인은 원숭이를 비롯하여 큰귀여우 같은 희귀한 동물을 길러 볼 수 있었다. 여우원숭이, 고슴도치, 몽구스, 뱀, 거미, 쥐 등. 제인이 당시에 모으고 길렀던 동물 목록의 일부이다. 자신만의 작은 동물원을 만들었던 제인은 어느 순간 동물의 삶에 대해 고민하기 시작했다. 야생동물을 길들이고 집에 두려는 일이 과연 옳은가? 사냥을 거부하게 된 일처럼 제인도 나중에는 야생동물을 길들이는 일을 반대하게 되었다.

루이스 리키 박사 부부의 화석 탐사에 동행하는 일은 제인에게 무척 흥미진진한 일이었다. 물이 없어 씻을 수도 없고, 천막에서 잠을 자고, 사자처럼 위험한 동물과 마주치는 위험을 겪으며 화석을 탐사하느라 세렝게티에서 보낸 날들은 제인에게 잊을 수 없는 시간이었다. 그렇게 화석 탐사가 즐거웠는데도 한편으로 제인은 살아있는 동물이 자꾸만 그리웠다. 죽은 동물보다는 살아있는 동물을 만나고 싶었다. 아프리카에 와서 잊지 못할 여러 일을 겪었지만, 어릴 적부터 꾸어왔던 꿈은 점점 더 선명해졌다.

그 무렵 리키 박사가 새로운 제안을 해왔다. 리키 박사는 초기 인간에 관한 연구를 화석에서 살아있는 동물인 유인원까지 확장하고 싶어 했다. 인간과 유사한 유인원을 연구하여 초기 인간의 모습을 유추하겠다는 계획이었다. 리키 박사가 선택한 대상은 인간과 생물학적으로 가장 가까운 침팬지였다. 리키 박사는 제인이 그 일에 적격이라고 보았지만, 사람들의 시선은 달랐다. 인간과 유인원을 비교하는 연구 자체가 조롱의 대상인데다, 제인이 대학 교육을 받지 않았다는 사실은 조롱을 더욱 부채질했다.

연구에 필요한 자금을 모으는 일부터가 쉽지 않았다. 리키 박사가 자금을 모으는 동안 제인은 영국으로 돌아가 해부학이나 포유류 행동학 등 연구에 필요한 공부를 했다. 프로젝트가 언제 시작될지는 기약이 없었다. 이 무렵 제인은 런던에서 한 남자를 만나 사랑에 빠져 결혼을 약속하게 되었다. 두 사람의 약혼이 알려졌을 때 마침 리키 박사가 자금을 모았다는 소식을 보내왔다. 제인은 결혼과 침팬지 프로젝트 사이에서 고민하다가 과감하게 침팬지를 선택했다. 연기된 결혼은 몇 달 만에 취소되었다.

곰베의 침팬지들과 함께

1960년 탕가니카 호수로 떠나는 제인은 혼자가 아니라 어머니와 함께였다. 정글이 위험하니 젊은 여성을 혼자 들여보낼 수 없다는 당국의 결정에 따라 어머니가 동행하기로 했다. 가는 길은 험난했다. 당시는 아직도 유럽의 식민지가 많았던 아프리카에서 무장독립투쟁이 활발하게 일어나던 시기였다. 치안이 좋지 않았고, 피난민이 넘쳐나서 호텔도 이용할 수 없었다. 1960년 7월 16일에 드디어 제인 일행은 곰베로 향하는 보트를 탈 수 있었다. 제인

일행을 보트에 태워준 이는 이들을 다시는 볼 수 없을 줄 알았다고 나중에 고백했다.

사람들의 우려와 달리 제인의 마음은 침팬지를 만난다는 설렘과 원하는 일을 하게 된 기쁨으로 불타올랐다. 제인은 곧 캠프 근처에서 침팬지를 발견했지만, 가까이 다가가기가 어려웠다. 프로젝트의 자금을 계속 지원받으려면 성과가 필요했지만, 침팬지들은 1년이나 제인을 경계하며 받아들이지 않았다. 다시 기다림의 시간이었다. "다행히 저는 그 옛날 닭장에서 인내하는 법을 배웠지요. 앉을 만한 바위를 발견했습니다. 매일 똑같은 색깔의 옷을 입고 쌍안경을 들었고, 서두르거나 너무 빨리, 너무 가까이 다가가려고 하지 않았습니다."

제인과 어머니 모두 말라리아에 걸려 고생하기도 했다. 제인이 하루 내내 침팬지 무리를 관찰하는 동안, 어머니는 지역의 주민들에게 영국에서 가져온 의약품을 나눠주고 간단한 치료를 하기도 했다. 어머니가 주민들과 관계를 잘 맺어놓은 덕에 다들 제인이 하는 연구에 우호적인 반응을 보였다. 침팬지 무리를 멀리서 관찰하는 동안 제인은 중요한 두 가지 사실을 발견했다. 침팬지가 사냥을 하고 고기를 먹는다는 사실, 도구를 사용한다는 사실이었다. 이 사실이 세상에 알려지자 많은 이들이 제인의 연구에 관심을 가지기 시작했다.

과학계의 일부 사람들은 '도구를 사용하는 인간의 특별함'이 부정당한 사실에 불쾌해하며 제인의 경력을 문제 삼기도 했다. 대학 교육을 받지 못한 제인이 과학적 방법으로 연구하지 않았거나, 침팬지에게 도구 사용법을 가르쳐 연구 결과를 조작했을지도 모른다는 의심이었다. 물론 그런 반응이 과학계 전체의 반응은 아니었다. 내셔널지오그래픽협회에서는 제인의 연구에 호의적인 반응을 보였다. 제인이 연구를 계속할 수 있도록 자금을 지원하고,

촬영도 하고 싶어 했다. 이제 제인의 캠프는 방문자들로 붐비기 시작했다.

제인의 연구가 관심을 받을수록 부족한 경력은 계속해서 문제가 되었다. 리키 박사는 이 문제를 해결하기 위해 제인이 케임브리지에서 박사학위 과정을 밟을 수 있도록 요청했다. 이미 학계에서 유명인사가 된 제인은 1962년 1월부터 케임브리지에서 박사학위 과정을 시작했다. 케임브리지와 곰베의 캠프를 오가며 공부가 계속되었고, 1966년 드디어 동물행동학 박사학위를 받았다. 케임브리지에서 학사학위 없이 박사학위를 받은 사람은 당시까지 제인을 포함하여 단 여덟 명뿐이었다.

박사학위를 받았다고 모두가 제인에게 우호적으로 변하지는 않았다. 여전히 제인이 사이비 학자이며, 내셔널지오그래픽협회의 '핀업걸'이라고 조롱하는 이들도 있었다. 특히 학계의 고루한 연구방식과 제인의 방식은 맞지 않는 부분이 많았다. 제인의 지도교수는 제인이 침팬지들에게 이름을 붙여 부른다는 사실을 못마땅하게 여겼다. 당시 학계의 방식으로는 1, 2, 3, … 하는 식으로 숫자를 붙여 불러야 하는데, 제인은 침팬지를 이름으로 불렀다. 사람에게 쓰는 인칭대명사를 침팬지에게 쓴다는 사실도 지적사항에 포함되었다.

제인은 이런 문제들로 지도교수와 충돌하면서, 학계에서 말하는 전문성과 동물을 대하는 태도에 대해 다시 바라보게 되었다. 관찰 대상에게 냉정한 태도를 유지해야만 전문적이라고 말하는 학계의 태도를 이해할 수 없었다. "이렇게 고쳐야 한다면 저는 논문을 쓰지 않겠어요. 침팬지들에게도 성의 구별이 있고, 저마다의 성격이 있고 감정이 있어요. 그들은 많은 부분에서 인간과 비슷해요." 논문은 결국 제인이 주장한 방식을 사용하여 완성되었다. 제인에게 이 문제는 결코 사소한 용어의 문제가 아니었다.

제인이 주장한 대로 침팬지들에게는 각자 성격과 감정이 있었다. 유난히 난폭한 침팬지가 있는가 하면, 느긋하고 유순한 침팬지도 있었다. 약한 동료를 괴롭히는 침팬지가 있는가 하면, 아픈 동료를 보살피는 침팬지도 있었다. 제인에게 먼저 다가와 우정을 표시하거나, 먹을 것을 주지 않는다고 대뜸 화를 내는 침팬지 역시 있었다. 어른 침팬지들은 어린 침팬지들을 보살폈고, 동료나 가족이 죽으면 슬픔에 잠겼다. 오랜 세월을 함께 하면서 제인도 그들을 동료나 가족처럼 여기게 되었다. 그들이 죽으면 제인도 함께 슬펐다.

침팬지 무리와 함께 하는 동안 제인에게도 새 가족이 생겼다. 제인은 내셔널지오그래픽에서 보낸 네덜란드의 사진가 휴고 반 라윅과 호감을 느끼고 1964년에 결혼까지 하게 되었다. 곰베에서 침팬지들과 함께 보내다 사랑에 빠진 두 사람은 신혼살림도 곰베에 차렸다. 어느새 제인의 캠프는 세계 각지에서 제인과 함께 연구하려고 모여든 학자들로 가득했다. 자금이 늘어난 만큼 해야 할 일도 늘었다. 제인은 1964년에 내셔널지오그래픽에 연구센터 설립을 제안했고, 1965년 초에 '곰베강연구센터'가 문을 열었다.

제인의 남편 반 라윅은 제인과 침팬지들을 촬영하여 다큐멘터리로 제작했다. 텔레비전으로 방영된 다큐멘터리 〈미스 구달과 야생 침팬지〉는 전 세계 사람들에게 제인의 모습을 각인시켰다. 과학계에서 제인이 차지하는 영향력도 점점 커졌다. 그럴수록 제인이 곰베를 떠나 다른 지역에서 보내는 시간도 많아졌다. 제인은 미국 프린스턴 대학교에서 강의를 시작했고, 전 세계를 돌면서 강연을 했다. 곰베에서 연구를 계속하기 위한 자금을 마련하려면 꼭 필요한 일이었지만, 침팬지들과 멀어지는 일은 제인에게 큰 슬픔이었다.

침팬지들이 알려준 세계

제인의 명성이 점점 높아가던 1967년에 제인은 아들을 낳았다. 아들을 낳으면서 제인은 암컷 침팬지처럼 아이를 키우기로 마음먹었다. 제인이 유독 애정을 쏟았던 암컷 침팬지 플로는 제인이 보기에 훌륭한 어머니의 표본이었다. 암컷 침팬지는 절대 새끼를 홀로 내버려 두지 않고, 끊임없이 쓰다듬으며 상호작용을 했다. 제인은 많은 어머니가 분유를 먹이던 시대에 일 년 동안 모유를 먹이며, 남편과 교대로 아이를 돌보았다. 아이는 아프리카의 태양 아래에서 거의 벌거벗은 채로 자랐다.

제인은 인간 아이와 어린 침팬지가 다르지 않다고 여겼다. 인간이 느끼는 감정은 침팬지들 역시 느꼈고, 인간이 하는 행동은 침팬지들도 했다. "인간과 침팬지의 DNA 구조는 약 1% 정도의 차이밖에 나지 않습니다. 혈액형만 맞으면 여러분은 침팬지에게서 수혈을 받을 수도 있어요. 면역체계가 거의 흡사하기 때문에 침팬지들은 우리에게 알려진 모든 전염성 질병들에 걸릴 수가 있습니다." 2010년 9월 연구 50주년과 유엔이 정한 생물다양성의 해를 기념하여 우리나라를 방문한 제인 구달이 강연 중에 한 말이다.

실제로 침팬지들은 병에 걸렸다. 인간과 가까이 지낸 침팬지들이 소아마비나 폐렴 등 인간이 옮겨간 질병으로 죽었다. 제인은 어느새 인간이 침팬지들의 삶에 너무 깊숙이 들어가고, 침팬지들의 영역을 빼앗았다는 사실을 깨달았다. 그 무렵 제인의 삶에도 변화가 생겼다. 제인이 강연으로 바빠지고, 남편 반 라윅은 촬영으로 외부에서 지내는 일이 많아지면서 제인과 남편의 사이는 점점 벌어지기 시작했다. 남편이 제인을 보조하는 일을 더 이상 하지 않겠다고 선언하면서 1974년 두 사람은 이혼을 결정했다.

일에 몰두하던 제인은 얼마 후 탄자니아 국립공원 관리책임자이자 국회의원인 브리세슨과 가까이 지내게 되었다. 내전과 무장투쟁이 자주 벌어지던 아프리카에서는 백인들이 표적이 될 때가 많았다. 탄자니아 정부는 제인의 연구소에 많은 외국인이 드나드는 일에 점점 부담을 느꼈다. 실제로 곰베강 연구센터에서 인질 사건이 벌어지기도 했다. 일련의 복잡한 사건 속에서 브리세슨과 제인은 점점 가까워져서 1975년 결혼에 이르렀다. 1980년 브리세슨이 암으로 사망한 이후에도 제인은 결혼반지를 빼지 않았다.

남편 브리세슨의 죽음 이후 제인이 하던 일은 조금씩 성격이 달라졌다. 제인은 이제 침팬지가 인간과 유사하다는 점을 인간이 이용하고 있음을 알게 되었다. 실험실에서 인간을 대상으로 쓰이게 될 각종 제품의 안정성과 의약품의 효과를 실험하기 위해 많은 침팬지가 끔찍한 학대를 당하거나 비참하게 죽어갔다. 실험용으로 쓰기 위해 어린 침팬지를 사로잡으려면 먼저 어미를 죽인 후에야 가능했다. 이미 전 세계 곳곳에서 침팬지를 비롯한 유인원의 터전이 심각하게 훼손되는 상황이었다.

이제 제인의 시선은 아프리카의 침팬지에서 전 세계의 유인원들, 그들이 살아가는 터전으로 넓어졌다. 제인은 죽어가는 침팬지와 함께 파괴된 숲을 보았다. "제가 곰베에 있는 침팬지에만 관심을 집중한 것은 사실입니다. 도움의 손길을 기다리는 동물들에게 더 일찍 관심을 갖지 못한 것에 대해 죄책감도 느끼고 있습니다. 그러나 이제부터 곰베의 침팬지뿐만 아니라 모든 침팬지, 아니 모든 동물들을 보호하기 위해 남은 일생을 바칠 것입니다. 제가 바라는 것은 침팬지뿐 아니라 모든 동물들의 행복과 안전이기 때문입니다."

제인은 침팬지와 함께하느라 세계의 다른 동물을 보지 못한 것이 절대 아니다. 오히려 침팬지와 함께하면서 인간과 모든 동물이 함께 살아가는 세계를 다시 바라보게 된 것이다. 그 세계는 어쩌면 곰베에서 제인의 동료와 가족이 되어주었던 침팬지들이 알려준 세계이다. 제인에게 2010년은 중요한 해였다. 2010년은 곰베에서 처음 침팬지 연구를 시작한 지 50년이 되는 해였다. 2011년 우리나라에서는《제인 구달, 침팬지와 함께한 50년》이라는 책이 출판되었다. 제인은 그 책의 서문을 이렇게 마무리하였다.

'나의 오랜 침팬지 친구들 모두 이 세상을 떠났지만, 이제는 그들의 자식과 손자들이 어슬렁거리며 숲을 돌아다니고 있다. 한 가지는 분명하다. 세월이 지나면서 우리는 우리와 가장 가까운 이 친척에 대해서 새로운 사실을 계속 배우게 되리라는 것이다. 그리고 아프리카와 전 세계의 더 많은 사람들이 우리와 함께 그들과 그들의 집인 숲을 보호하기 위해 싸울 것이다.'

우리 모두 생태학자의 길을 걸으며

국립생태원에는 찰스 다윈과 제인 구달을 기리는 길이 조성되어 있다. 이 숲길을 걸으면 찰스 다윈과 제인 구달의 삶을 느끼며, 그들이 전하는 메시지를 들을 수 있다. 찰스 다윈과 제인 구달은 모두 과학이 주는 진실과 기쁨에 심취했던 이들이다. 이들에게 과학이 말하는 진실은 자연의 언어를 그대로 인간의 언어로 번역하는 일과 같았다. 그렇게 번역된 내용의 핵심은, 인간이 이 세계의 일부라는 사실이다. 인간은 이 세계의 주인이나 전체가 아니라 일부에 불과했고, 다른 존재들보다 크게 특별한 점도 없었다.

그렇다면 이 세계의 일부를 구성하는 이들로서 인간은 무엇이고, 무엇을 해야 하는가. 찰스 다윈과 제인 구달은 인간이 누구인지를 다시 말하고, 우리가 어떻게 살아가야 하는지를 보여준 생태학자들이다. 찰스 다윈과 제인 구달을 따라 이들이 들었던 자연의 메시지에 귀를 기울인다면 우리 모두 생태학자를 따라 걸으며 생태학자가 된다. 한국을 방문하여 2014년 조성된 '제인 구달 길'을 직접 걸어보기도 했던 제인 구달은 '생명 사랑 십계명'을 발표한 적이 있다. '생명 사랑 십계명'의 내용은 다음과 같다.

우리가 동물 사회의 일원이라는 것을 기뻐하자.
모든 생명을 존중하자.
겸손하게 마음을 열고 동물들에게 배우자.
아이들이 자연을 보호하고 사랑하도록 가르치자.
지혜로운 지구 생명의 지킴이가 되자.
자연의 소리를 소중하게 보전하자.
자연을 상처 내지 말고 자연에게 배우자.
우리의 신념에 자신감을 갖자.
동물과 자연을 위해 일하는 사람을 돕자.
우리는 혼자가 아니니 희망을 갖자.